大型质子治疗设施全过程工程咨询实践

深圳市建筑工务署工程管理中心 编著

中国建筑工业出版社

图书在版编目（CIP）数据

大型质子治疗设施全过程工程咨询实践 / 深圳市建筑工务署工程管理中心编著 . -- 北京：中国建筑工业出版社，2024.11. -- ISBN 978-7-112-30420-2

Ⅰ.TU246.1

中国国家版本馆 CIP 数据核字第 2024HJ9634 号

责任编辑：毕凤鸣
责任校对：王 烨

大型质子治疗设施全过程工程咨询实践
深圳市建筑工务署工程管理中心　编著
*
中国建筑工业出版社出版、发行（北京海淀三里河路9号）
各地新华书店、建筑书店经销
北京雅盈中佳图文设计公司制版
北京君升印刷有限公司印刷
*
开本：880毫米×1230毫米 1/16 印张：15¼ 字数：394千字
2024年11月第一版　2024年11月第一次印刷
定价：**198.00元**
ISBN 978-7-112-30420-2
　　　（43766）

版权所有　翻印必究
如有内容及印装质量问题，请与本社读者服务中心联系
电话：(010) 58337283　QQ：2885381756
（地址：北京海淀三里河路9号中国建筑工业出版社604室　邮政编码：100037）

本书编委会

编委会成员： 陈仕华　陈武谨　高冠新　刘志力　张宏军　李永奎　何清华

编写组成员：

建筑组： 何　熹　谭　毅　刘　航　常　毅　杨大伟　高明明
土建组： 王俊彦　殷积彪　曾春阳　曾志强　张　鹏　张宗玮
电气组： 张志聪　宋韦伯　邹世博　董树波　谢信兵
水暖组： 江家宜　张景良　汤益民　郭　奇
造价组： 谈　成　刘　芸　魏　微　梁美花
管理组： 谢坚勋　王　歌　罗　岚　王子伦　王映力

前言

近年来，随着我国科技和医疗健康领域的持续发展，高科技医疗设备和方法正逐步为广大患者带来更为精准和高效的治疗体验。习近平总书记在全国政协十三届四次会议中强调，要集中力量开展关键核心技术攻关，加快解决一批药品、医疗器械、医用设备、疫苗等领域"卡脖子"问题。质子治疗技术作为先进的肿瘤放射治疗技术，是提高肿瘤局部控制率、改善患者长期生活质量、提升癌症诊疗水平的重要发展方向。随着人工智能、影像学等技术的进步，质子治疗成本大幅度下降，精准的质子治疗将逐步成为肿瘤患者治疗的首选。

在此背景下，大型先进质子治疗设施就显得尤为重要。党的十九大报告指出，中国特色社会主义进入新时代，我国社会主要矛盾已经转化为人民日益增长的美好生活需要和不平衡不充分的发展之间的矛盾。医疗服务设施是重要的民生问题。当前，随着城乡医疗基础设施建设的不断完善，看病难等问题得到很大程度的解决，但与人民群众日益增长的美好生活需要相比，医疗服务设施建设不平衡不充分的问题仍然突出。人民群众对先进医疗和保健服务的需求日益强烈，特别是对恶性肿瘤高质量治疗的需求快速增长，这也为大型先进质子治疗设施的建造提出了更高的要求。

深圳市质子肿瘤治疗中心是深圳市"名医（名科）、名院、名诊所"三名工程中的重点项目工程。这一项目不仅标志着深圳市在放射治疗领域的技术跃升，而且反映了该市对于医疗健康事业的深度投入和高度重视。项目的完成将使深圳市成为华南地区乃至整个东南亚地区肿瘤治疗的技术高地，为广大肿瘤患者提供更为先进、精准的治疗方案。此外，与传统的医疗机构不同，深圳市质子肿瘤治疗中心将医疗、教学、科研和培训紧密结合，形成一个多功能、综合的医疗服务体系。这不仅有助于提高医疗服务的质量和效率，更有望为医学界培养更多的顶尖专家和人才。面向未来，深圳市质子肿瘤治疗中心不仅将迅速填补深圳肿瘤治疗的空白，还将为深圳乃至中国肿瘤医疗领域树立一个全新的国际标杆。随着中心的逐渐完善和推广，有望引领深圳走在国际肿瘤治疗的前沿，为广大患者提供与世界医疗水平相媲美的治疗和服务。

鉴于深圳市质子肿瘤治疗中心项目对深圳市城市医疗水平和对人民群众高端医疗服务满足的重要性，深圳市委市政府多次召集会议要求快速高质量推进项目建设，早日投入运营。然而，质子肿瘤治疗中心项目面临着设备定制化、施工质量要求严格、参与主体多元化等方面的复杂性。从设备来看，质子治疗设备价格昂贵，构成复杂，是融合超快计算机技术、高速网络、核技术、自动控制、精密机械、放射医学、高级影像等于一体的高科技医疗设备集成系统。尽管从外观看，质子治疗建筑与其他医疗建筑相似，但实际上不同设备制造商的设计结构、体积、布局等各不相同，涉及复杂的研发、设计、制造、安装、调试等定制化流程。因此，质子肿瘤治疗中心项目需要根据所选的设备专门设计建造，具有设备定制化的复杂性特征。从施工质量要求来看，质子治疗装置对防辐射混凝土质量控制、建筑结构施工精度、预埋件和预埋管质量控制、设备安装和调试的精细化管理等提出了较高的要求，因而质子肿瘤治疗中心项目具有较高的施工技术复杂性特征。从参与主体来看，质子肿瘤治疗中心项目涉及建设单位、医疗工艺设计单位、工程设计单位、设备供应商、施工单位、咨询单位等多元参与主体，具有多元主体动态协调的复杂性特征。国内质子治疗装置研发与质子治疗中心建设仍处于起步阶段，许多技术参数、功能需求以及配合要求尚不明确，建设单位很难仅仅依靠自身力量实现项目目标，需要工程咨询单位提供集成化和全方位的综合咨询服务，协调参建主体之间的目标与利益诉求，协同建设单位实现投资决策的科学化、实施过程的标准化以及运营过程的精细化。综上所述，质子肿瘤治疗中心项目需要通过应用全过程工程咨询模式实现多学科知识、技术、经验、方法和信息的集成与创新，从而一定程度上降解项目复杂性。

面对设备定制化、施工质量要求严格、参与主体多元化等方面的复杂性，项目的建设单位——深圳市建筑工务署，积极推动并应用全过程工程咨询模式，实现多学科知识、技术、经验、方法和信息的集成与创新。在前期策划、设计管理、施工管理、运维管理等项目全生命周期各环节积累了可复制、可推广的全过程工程咨询实践经验，形成了示范效应，是以全过程工程咨询模式驱动项目建设高质量开展的经典案例。全过程工程咨询模式为质子肿瘤治疗中心项目的高质量建设提供了有益启发。深圳市建筑工务署是深圳市政府直属正局级行政管理类事业单位，下设工程设计管理中心、工程管理中心、文体和水务工程管理中心、教育工程管理中心。主要负责市政府投资工程项目（不含交通工程项目和转为社会投资的水务工程项目）的建设管理，项目类型涵盖文体教育、医疗卫生、口岸、市政、公园、保障性住房等。

因此，全过程工程咨询模式如何推动此类大型先进质子治疗设施的高质量发展，成为一个亟待总结与凝练的实践与理论问题，有必要对深圳市质子肿瘤治疗中心项目全过程工程咨询实践进行深度梳理与研究。总结深圳市质子肿瘤治疗中心项目全过程工程咨询实践，识别影响全过程工程咨询服务成效的关键因素，厘清全过程工程咨询模式对项目绩效的影响机理，梳理项目策划、医疗工艺管理、设计管理、招标采购管理、施工管理、BIM应用等关键环节的重点工作，形成可复制、可推广的质子治疗设施全过程工程咨询实践经验。一方面，可以为同类工程开发建设提供有益的参考；另一方面，可以深入全过程工程咨询模式对项目绩效的影响机理的认识，具有一定的实践与理论意义。

在质子肿瘤治疗中心项目高质量开发建设探索与全过程工程咨询服务模式蓬勃发展的背景下，本研究系统分析了深圳市质子肿瘤治疗中心项目采用全过程工程咨询模式的必要性，梳理深圳市质子肿瘤治疗中心项目的管理重难点，明晰其建设管理组织模式、实施过程及建设成效；在深圳市质子肿瘤治疗中心项目案例的基础上，本研究进一步识别全过程工程咨询模式下质子肿瘤治疗中心项目绩效的影响因素，构建全过程工程咨询模式的要素模型，探讨各影响因素对质子肿瘤治疗中心项目绩效影响的路径效应与组态效应，提出质子肿瘤治疗中心项目全过程工程咨询服务绩效的提升路径与策略；基于案例探讨与理论分析，本研究深入挖掘深圳市质子肿瘤治疗中心项目优秀实践，明确项目策划咨询、医疗工艺咨询、工程设计咨询、招标采购咨询、工程施工咨询、BIM等关键环节的重点工作。由此，本研究的逻辑结构为：①案例分析。通过对深圳市质子肿瘤治疗中心项目案例的梳理，探讨质子肿瘤治疗中心项目采用全过程工程咨询服务的必要性，明确深圳市质子肿瘤治疗中心项目的管理重难点、建设管理组织模式、全过程咨询服务实施过程以及建设成效；②理论研究。识别全过程工程咨询模式下质子肿瘤治疗中心项目绩效的影响因素，构建全过程工程咨询模式的要素模型，明晰各影响因素对质子肿瘤治疗中心项目绩效的影响机理，提出质子肿瘤治疗中心项目全过程工程咨询服务绩效的提升路径与策略；③实践应用。梳理项目策划咨询、医疗工艺咨询、工程设计咨询、招标采购咨询、工程施工咨询、BIM咨询以及调试验收与移交咨询项目建设关键环节的重点工作。

全书分为案例篇、理论篇和实践篇三部分。案例篇首先基于项目建设目标和咨询服务发展前景全面剖析项目采用全过程工程咨询服务的必要性；之后根据项目本体复杂性和外部环境复杂性的特征分别从"目标—过程—组织—环境"四个维度对项目管理重难点进行剖析，以构建系统性、概括性的分析框架，从案例分析的视角深入分析深圳市质子肿瘤治疗中心项目的特点、难点；然后在此基础上，从组织角度分析项目建设管理组织模式及其特点，梳理业主方与全过程工程咨询方的项目管理组织机构及职责，提出本项目独具特色的"工艺导向+全咨服务"的全咨服务模式特征；最后梳理总结深圳市质子肿瘤治疗中心项目的建设经验，形成深圳市质子肿瘤治疗中心项目全过程工程咨询服务的基本特点。

理论篇从理论分析的视角重点讨论了深圳市质子肿瘤治疗中心项目的绩效提升机理及全过程工程咨询服务在其中发挥的作用，从理论层面解决了"如何基于全过程工程咨询提升质子肿瘤治疗中心项目绩效"的问题。首先，梳理了现有的国内外针对质子肿瘤治疗中心项目建设管理、绩效提升以及全过程工程咨询的相关研究，梳理后发现现有研究在对质子肿瘤治疗中心项目绩效提升的关键因素及具体实施路径，以及全过程工程咨询对于提升项目绩效的作用等问题存在不足；其次，基于项目本体的复杂性及组织驾驭复杂性的能力，识别了项目绩效的影响因素，并通过 DEMATEL-ISM 方法构建模型，分析了影响因素的多层结构及相互影响关系；再次，通过收集同类型项目的样本数据，分析了甲方集管理能力、项目治理因素对质子肿瘤治疗中心项目绩效的影响机理以及因素之间的组合效应；最后，基于分析结果，提出了质子肿瘤治疗中心项目全过程工程咨询服务绩效的提升策略。

实践篇以深圳市质子肿瘤治疗中心项目开展的全过程工程咨询工作具体实践为基准，主要阐述质子肿瘤治疗中心项目全过程工程咨询全生命周期各个阶段的主要工作，包括项目策划咨询、医疗工艺咨询、工程设计咨询、招标采购咨询、工程施工咨询、BIM 咨询以及调试验收与移交咨询七个方面。通过实践篇对质子肿瘤治疗中心项目各阶段咨询工作的详细描述，为质子肿瘤治疗中心项目全过程工程咨询的发展和工程创优提供了借鉴和参考，有利于指导质子肿瘤治疗中心项目全过程工程咨询的实践操作。

全过程工程咨询服务模式对大型质子治疗设施的建设及其管理有着决定性的意义，它起到了桥梁的作用，将建设单位的战略意图与项目实践完美结合。若没有建设单位，特别是其领导层的深入理解与对这种模式的坚定支持，全过程工程咨询服务将难以展现其应有的效能。为此，对深圳市质子肿瘤治疗中心项目在全过程工程咨询实践中所展现出的前瞻性与创新，我们深感荣幸能有机会进行深入研究，并对建设单位在此过程中所体现出的改革精神与卓越执行力，表示由衷的敬意。

大型质子治疗设施的全过程工程咨询实践与理论具有很强的研究价值和实用意义，然而，考虑到本领域的深度与广度，以及作者的知识水平，本书中可能存在不足或误区。在此，我们诚挚地欢迎学术界同仁与广大读者给予宝贵的意见和指导，助力我们更好地完善相关研究与实践。

本书编委会
2023 年 9 月

目录

第1篇 案例篇

第1章 深圳市质子肿瘤治疗中心项目全过程工程咨询服务背景 ... 003
1.1 高质量发展背景下的质子肿瘤治疗中心建设探索 ... 003
1.2 全过程工程咨询服务模式的兴起与发展 ... 005
1.3 深圳市建筑工务署大力推进全咨模式探索政府投资项目高质量发展 ... 007
1.4 深圳市质子肿瘤治疗中心采用全咨服务的必要性分析 ... 008

第2章 深圳市质子肿瘤治疗中心项目概况与管理重难点分析 ... 010
2.1 工程概况 ... 010
2.2 咨询服务范围 ... 019
2.3 项目建设管理重难点分析 ... 020

第3章 深圳市质子肿瘤治疗中心项目建设管理组织模式 ... 031
3.1 项目建设管理模式与总体组织结构 ... 031
3.2 项目全过程工程咨询单位的选择 ... 033
3.3 业主方项目管理组织机构与职责 ... 034
3.4 全过程工程咨询方项目管理组织机构与职责 ... 036
3.5 "工艺导向+全咨服务"的模式特征分析 ... 037

第4章 深圳市质子肿瘤治疗中心项目全过程工程咨询实施过程 ... 042
4.1 前期阶段 ... 042
4.2 施工阶段 ... 046
4.3 竣工验收阶段 ... 051

第 5 章　深圳市质子肿瘤治疗中心项目建设成效 052
5.1　进度管理成效 052
5.2　质量管理成效 053
5.3　投资管理成效 053
5.4　社会服务成效 053

第 2 篇　理论篇

第 6 章　文献综述与研究设计 059
6.1　文献综述 059
6.2　研究设计 063

第 7 章　质子肿瘤治疗中心项目绩效影响因素的识别 067
7.1　质子肿瘤治疗中心项目绩效影响因素分析框架 067
7.2　质子肿瘤治疗中心项目绩效影响因素识别 070
7.3　DEMATEL-ISM 模型构建 078
7.4　MICMAC 分析 087
7.5　模型结果分析 089

第 8 章　全过程工程咨询对质子肿瘤治疗中心项目绩效的影响机理 092
8.1　项目绩效影响机理分析 092
8.2　理论模型与研究假设 093
8.3　研究数据 096
8.4　质子肿瘤治疗中心项目绩效影响因素的路径效应分析 105

8.5　质子肿瘤治疗中心项目绩效影响因素的组态效应分析 112
8.6　结论与讨论 115

第 9 章　质子肿瘤治疗中心项目全过程工程咨询服务绩效提升策略 120
9.1　甲方集管理能力视角 120
9.2　项目治理视角 124
9.3　承包商能力视角 126

第 3 篇　实践篇

第 10 章　项目策划咨询 132
10.1　项目策划咨询概述 132
10.2　项目策划咨询内容 132
10.3　项目策划咨询要点 136
10.4　项目策划咨询流程 139
10.5　项目策划咨询成果 140

第 11 章　医疗工艺咨询 141
11.1　医疗工艺咨询概述 141
11.2　医疗工艺咨询内容 141
11.3　医疗工艺咨询要点 143
11.4　医疗工艺咨询流程 144
11.5　医疗工艺咨询成果 144

第12章　工程设计咨询 147
12.1　工程设计阶段咨询概述 147
12.2　工程设计阶段咨询内容 147
12.3　工程设计阶段咨询要点 150
12.4　工程设计阶段咨询流程 154
12.5　工程设计阶段咨询成果 154

第13章　招标采购咨询 158
13.1　招标采购阶段咨询概述 158
13.2　招标采购阶段咨询特征 158
13.3　招标采购阶段咨询内容 159
13.4　招标采购阶段咨询要点 161
13.5　招标采购阶段咨询流程 173
13.6　招标采购阶段咨询成果 174

第14章　工程施工咨询 175
14.1　工程施工阶段咨询概述 175
14.2　工程施工阶段咨询内容 175
14.3　工程施工阶段工作要点 177
14.4　工程施工阶段管理流程 186
14.5　工程施工阶段咨询成果 193

第15章　BIM咨询 195
15.1　BIM技术概述 195
15.2　BIM咨询要点 196

| 15.3 | BIM 技术在全过程工程咨询中的应用 | 197 |
| 15.4 | BIM 技术应用成果 | 203 |

第 16 章　调试验收与移交咨询　206

16.1	调试验收与移交阶段咨询概述	206
16.2	调试验收与移交阶段咨询内容	206
16.3	调试验收与移交阶段咨询要点	208
16.4	调试验收与移交阶段咨询流程	213
16.5	调试验收与移交阶段咨询成果	217

参考文献　219

附件　224

附件 1　质子肿瘤治疗中心项目绩效影响因素专家调研问卷　224

附件 2　质子肿瘤治疗中心项目全咨总结提升专家调研问卷　226

第 1 篇
案例篇

本篇从案例分析的视角深入分析深圳市质子肿瘤治疗中心项目（以下简称质子中心项目）的特点和难点，全过程工程咨询（以下简称全咨）服务的适应性、实施过程、项目组织模式和项目建设成效，并在此基础上提出本项目独具特色的"工艺导向＋全咨服务"的全咨服务模式，梳理总结深圳市质子肿瘤治疗中心项目的建设经验，形成深圳市质子肿瘤治疗中心全过程工程咨询服务的基本特点。第 1 章基于项目建设目标和咨询服务发展前景，全面剖析项目采用全过程工程咨询服务的必要性；第 2 章简要介绍项目概况和全过程工程咨询服务范围，并根据项目本体复杂性和外部环境复杂性的特征分别从"目标—过程—组织—环境"四个维度对项目管理重难点进行剖析，以构建系统性、概括性的分析框架；第 3 章从组织角度分析项目建设管理组织模式及其特点，梳理了业主方与全过程工程咨询方的项目管理组织机构及职责，提出了"工艺导向＋全咨服务"的全咨服务模式；第 4 章分别从前期阶段和施工阶段深入分析项目采用全过程工程咨询服务的实施过程，总结概括各阶段的实施亮点；第 5 章分别从进度、质量、投资及社会服务角度总结项目建设成效。

第 1 章
深圳市质子肿瘤治疗中心项目全过程工程咨询服务背景

1.1 高质量发展背景下的质子肿瘤治疗中心建设探索

近几十年来,质子治疗技术取得了巨大成就,被世界医学界公认为当前最有发展前景的癌症治疗方法,成为一个国家医疗发展水平特别是肿瘤治疗水平的重要标志。质子治疗主要是针对肿瘤的"立体定向爆破",能够对肿瘤病灶进行强有力的照射,同时又避开照射正常组织,实现疗效最大化。日本和德国等国家的临床实践和研究证明,质子治疗显著优于 X 射线、伽马射线,特别是对中枢神经系统肿瘤、眼部肿瘤、头颈部肿瘤、胸部肿瘤、腹部肿瘤、盆腔肿瘤的治疗,技术效率更高。质子由于其优越的物理特性和良好的生物效应,被誉为是面向 21 世纪最理想的放射治疗医用射线。发达国家投入了大量人力物力,进行质子束肿瘤治疗装置的建设,其发展水平已成为一个国家和地区医疗发展水平特别是肿瘤治疗水平的重要标志(图 1-1)。根据国际粒子治疗联合会(Particle Therapy Co-Operative Group,PTCOG)官网统计,截至 2023 年 8 月,全球共有 113 家已运营的质子重离子治疗中心,其中质子治疗中心 99 家(美国 UFHPTI 拥有 2 家),重离子治疗中心 7 家,质子/重离子治疗中心 7 家。按地域划分,亚洲 38 家(中国 9 家),欧洲 31 家,北美洲 44 家。

《国务院关于印发卫生事业发展"十二五"规划的通知》(国发〔2012〕57 号)指出,加强区域医学中心和临床重点专科能力建设。充分利用现有资源,在中央和省级可以设置少量承担医学科

图 1-1 质子和重离子加速器治癌装置
注:图片来源于《深圳市质子肿瘤治疗中心项目可行性研究报告(报批稿)》

研、教学功能的医学中心或区域医疗中心。加强业务用房短缺、基础设施较差的地市级综合医院建设。加强临床重点专科建设，支持薄弱和急需医学学科发展，提升医疗技术水平和临床服务辐射能力。2023年6月29日，《国家卫生健康委关于发布"十四五"大型医用设备配置规划的通知》（国卫财务发〔2023〕18号），明确"十四五"期间大型医用设备配置规划数量和准入标准。"十四五"期间，全国规划配置甲类大型医用设备117台，其中，重离子质子放射治疗系统41台。截至目前，重离子质子放射治疗系统规划总数为60台，国内部分城市和地区已将建设质子重离子治疗中心作为提升医疗技术水平的重大战略举措。

《深圳市国民经济和社会发展第十三个五年规划纲要》也指出，坚持民生优先，加快以改善民生为重点的社会建设。深圳市质子肿瘤治疗中心是2014年深圳市政府工作报告提出的12项重大民生工程固定资产投资项目中名医工程建设项目之一。同时，基于深圳市肿瘤诊断治疗体系现状以及质子重离子治疗恶性肿瘤的优势，深圳市卫生健康委员会提出本项目建设计划，并委托中国医学科学院肿瘤医院深圳医院为承办单位。深圳市委市政府对本项目高度重视，2018年成立了以市主要领导任组长的项目领导小组，大力推进项目建设。2021年，深圳市质子肿瘤治疗中心成功申请到华南地区首张质子设备大型配置许可，华南首家公立质子肿瘤治疗中心也由此诞生。

深圳市质子肿瘤治疗中心项目总体目标为对标国内一流的建设工程项目管理，建设国际一流的质子治疗中心，建设意义十分重大。本项目集医疗、教学、科研和培训功能于一体，建成之后将成为适应人民群众医疗服务需要的华南地区首屈一指的质子治疗中心。一方面，可以迅速填补深圳肿瘤治疗短板，加快缩小深圳与全国医疗中心城市的差距，使深圳跻身医疗先进城市行列，推动深圳医疗科研队伍和产业发展，提升国际影响力、竞争力和医疗卫生服务辐射能力；另一方面，项目可为华南地区和港澳地区乃至东南亚地区肿瘤患者提供国际先进肿瘤治疗技术，并形成深圳多样化、综合化的肿瘤治疗体系（图1-2）。

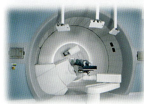

图1-2 深圳市质子肿瘤治疗中心项目效果图

1.2 全过程工程咨询服务模式的兴起与发展

为推动社会经济高质量发展,建筑业亟须从粗放式、劳动密集型发展向集约化、技术密集型发展转型。建设单位(以下又称业主方)在工程建设中的重要作用越来越明显,业主方需要对建设项目开展高效的组织、管理、控制和协调,这对业主方的组织、管理、控制和协调能力提出了更高的要求。一方面,随着我国经济和社会的发展,建设项目呈现出投资规模大、建设周期长、复杂性强和不确定性高等特点,使得其在组织、管理、经济和技术等方面开展有效实施的难度越来越大;另一方面,在设计、施工能力经过数十年的发展取得巨大提升的同时,业主方管理能力逐步被显示出来,逐渐被视为进一步提升项目绩效的短板。由于我国建筑业市场的发展远未达到成熟阶段,业主方很难仅仅依靠自身力量实现项目目标,因此亟须工程咨询行业提供集成化和全方位的综合咨询服务,协同业主方实现投资决策的科学化、实施过程的标准化以及运营过程的精细化(杨卫东,2018)。

目前,我国工程咨询行业规模日益扩大。随着国家相关政策不断出台落地,工程咨询行业在工程建设中的作用逐渐凸显,但工程咨询行业也暴露出许多问题。首先,由于我国工程咨询行业起步较晚、经验匮乏、基础薄弱,整体发展水平与经济社会发展的要求并不完全适应。虽然目前已涵盖前期咨询、勘察设计、造价咨询、招标代理、设备监理等众多工程咨询分项范畴,但在管理界面上仍存在内容重复交叉、行业多头主管的现象,导致工程咨询服务产业链条呈现碎片化和分散化(丁士昭,2018)。其次,与国际工程咨询企业相比,我国工程咨询企业规模较小,服务产品单一,咨询服务质量有待提高,信息化手段应用程度低,高端人才匮乏,知识结构缺陷明显,缺乏企业核心竞争力,无法满足业主方对于建设工程项目集成化管理的需求,存在国际咨询企业抢占国内市场的可能性。同时,随着国家"一带一路"倡议的实施,一批由中企承建的海外工程项目逐步落地,也对我国工程咨询企业提出了"走出去"的客观需求。由于我国建筑行业集中度低,企业发展创新力不足,国际化程度低,目前亟须培养一批综合实力强的工程咨询服务企业加快与国际工程管理方式接轨,进而提升我国工程咨询行业的国际竞争力(皮德江,2017)。因此,为改变"碎片式"的工程咨询模式,协同业主方提升集成管理能力,把握国内和国际建筑市场机遇,亟须一套有机整合建设工程项目各要素的一体化、综合型服务模式(刘闯,等,2021)。

实践证明,推行全过程工程咨询,是提高项目投资决策科学性、提高投资效益和确保工程质量的需要,是实现工程咨询类企业创新转型升级的需要,是促进工程咨询领域供给侧结构性改革的需要,是顺应社会经济发展趋势的需要,是推进工程咨询行业国际化发展战略的需要(丁士昭,2018;杨卫东,2018)。

近几年来,国家陆续发布相关政策促进全过程工程咨询服务模式的发展。2017年2月,国务院办公厅印发《国务院办公厅关于促进建筑业持续健康发展的意见》(国办发〔2017〕19号),首次明确提出"全过程工程咨询"这一概念,并鼓励投资咨询、勘察、设计、监理、招标代理、造价等企业采取联合经营、并购重组等方式发展全过程工程咨询,培育一批具有国际水平的全过程工程咨询企业。2017年5月,住房城乡建设部印发《住房城乡建设部关于开展全过程工程咨询试点工作的通知》(建市〔2017〕101号),引导大型勘察、设计、监理等企业积极发展全过程工程咨询服务,拓展业务范围;提出要在民用建筑项目中充分发挥建筑师的主导作用,鼓励提供全过程工程咨询服务;选择北京、上海、江苏、浙江、福建、湖南、广东、四川8省(市)以及中国建筑设计院有限公司等40家企业开展全过程工程咨询试点。2019年3月,国家发展改革委和住房城乡建设部联合印发《国家发展改革委 住房城乡建设部关于推进全过程工程咨询服务发展的指导意见》(发改投资规〔2019〕515号),这是首个具有实操意义的指导意见,也明确了全过程工程咨询涉及从投资决策到工程建设再到交付运营整个生命周期的咨询服务。2020年4月,为深化投融资体制改革,加快推进全过程工程咨询,提升固定资产投资决策科学化水平,进一步完善工程建设组织模式,提高投资效益、工程建设质量和运营效率,国家发展改革委、住房城乡建设部研究起草了《房屋建筑和市政基础设施建设项目全过程工程咨询服务技术标准(征求意见稿)》。2022年1月,住房城乡建设部印发了《"十四五"建筑业发展规划》(建市〔2022〕11号),提出要建立全过程工程咨询服务交付标准、工作流程、合同体系等,在民用建筑工程项目中推行建筑师负责制。

当前,国内绝大部分省(市)政府均已推出全过程工程咨询工作方案或指导意见,全过程工程咨询服务模式已陆续在试点省(市)和全国范围内推广并初见成效。此外,各级政府与部门也陆续发布了全过程工程咨询相关技术标准与合同文本规范等,以支持全过程工程咨询模式的发展。图1-3展示了全过程工程咨询的发展情况。为响应国家推行全过程咨询服务的号召,做好全过程工程咨询试点实施工作,广东省住房和城乡建设厅在2017年8月印发了《广东省住房和城乡建设厅关于印发〈广东省全过程工程咨询试点工作实施方案〉的通知》(粤建市〔2017〕167号);在2018年4月又发布了关于征求《建设项目全过程工程咨询服务指引(咨询企业版)(征求意见稿)》和《建设项目全过程工程咨询服务指引(投资人版)(征求意见稿)》意见的函(粤建市商〔2018〕26号)。与此同时,深圳市人民政府与深圳市住房和建设局也在积极推进全过程工程咨询服务在深圳市的发展。2020年4月28日发布的,7月1日起施行,深圳市人民政府发布了《深圳市住房城乡建设局印发〈深圳市政府投资建设项目施工许可管理规定〉的通知》(深圳市人民政府令第328号)。2020年以来,深圳市住房和建设局相继发布了《深圳市住房和建设局印发〈关于进一步完善建设工程招标投标制度的若干措施〉的通知》(深建规〔2020〕1号)、《深圳市住房和建设局关于印发〈关于支持民营企业积极参与国有资金投资工程建设的若干措施〉的通知》(深建规〔2020〕11号)、《深圳

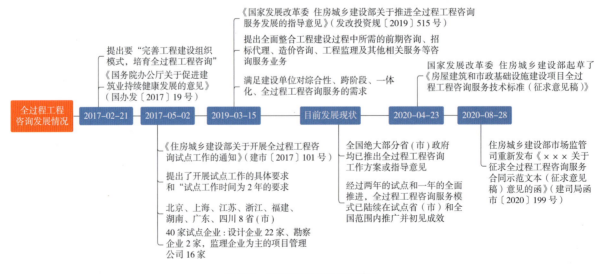

图1-3 全过程工程咨询发展情况

市推进全过程工程咨询服务发展的实施意见》以及《深圳市推进全过程工程咨询招标文件〔示范文本〕》(征求意见稿)和《深圳市建设工程全过程工程咨询服务合同》(征求意见稿)等。

1.3 深圳市建筑工务署大力推进全咨模式探索政府投资项目高质量发展

深圳市建筑工务署积极响应国家对于这种新的建管模式的创新探索。从2017年起，深圳市建筑工务署就开展了相应的全过程工程咨询管理工作，直至2018年开始真正启动项目群层级的全咨试点工作。深圳市建筑工务署对全咨的探索主要考虑两个方面。一方面，引入知识密集型综合服务的单位进行集约化管理的理念，即由一家单位统筹项目各阶段建设任务；另一方面，推出1+N的管理模式，即全过程项目管理+各专业咨询，如造价咨询、设计管理、工程监理、BIM咨询等，从而打造出一个以项目管理为牵头的全过程工程咨询的集约化管理模式。

集约化管理和专业化管理是深圳市建筑工务署对全过程工程咨询单位在管理上的定位。深圳市建筑工务署根据政府工程集中管理所处的时期和任务量判断是否应用全过程工程咨询的这种管理模式，同时也结合实施单位的管理特点和项目自身的特点，选择应用模式。通过政府机构的管理体系与专业单位的服务能力的互补与融合，可以为项目提供更专业的管理。

图1-4展示了深圳市建筑工务署应用的全过程工程咨询工作模式。在该工作模式下，深圳市建筑工务署处于总控督导的位置，主要任务是在协调方面对接项目使用单位及有关政府行政部门，在管理方面发挥"决策、监督、保障、技术支撑"的职能；全过程工程咨询单位是整项目的组织管理者，对项目进行策划、执行和组织管理，主要接受深圳市建筑工务署的委托，负责全面组织开展项目管理各项工作，即根据总需求及目标，具体开展前期审批、设计管理、招标采购、施工监管等工作，组织管理好勘察、设计、施工、供应、咨询单位等；勘察、设计、施工等各参建方根据深圳市建筑工务署的管理要求，在全过程工程咨询单位的统一组织下，具体开展工程勘察、设计、施工、供应、咨询等工作，并接受考核。通过该种工作模式，全过程工程咨询单位提供了大量人力支持和专业项目管理经验支撑，缓解了深圳市建筑工务署项目组的事务性工作压力，在提高项目管理效率、创造工期和经济效益等方面起到了明显的作用。

图1-4 深圳市建筑工务署应用的全过程工程咨询工作模式

1.4 深圳市质子肿瘤治疗中心采用全咨服务的必要性分析

1. 深圳市质子肿瘤治疗中心项目属于系统工程，建设条件复杂、技术难度高、工程投资大

深圳市质子肿瘤治疗中心项目具有系统工程的属性，子系统之间关联性强、施工技术难度高、管理工作量较大，在目标—过程—组织—环境四方面涌现出复杂性的特征。一是，本项目对标国际先进医疗水平，致力于打造成为国内外最先进质子治疗技术的综合性肿瘤医疗中心，在投资、进度、质量等方面均提出了超越常规标准的目标要求，项目批复概算总投资约6.8亿元，预计建设工期55.5个月；二是，由于质子装置是大型精密治疗设备，对施工技术标准和环境工艺水平均提出了较高要求，尤其是项目本体具备的工艺导向特点，使得项目在实施过程中需要优先考虑医疗工艺设计与管理的需求；三是，项目参建单位数量较多，涉及业主方、全过程工程咨询单位、设备供应商、设计单位、总承包商、分包商、运营单位等，存在同时间段施工与安装工作并行的情况，组织管理体系庞大；四是，项目外部环境复杂性突出，例如山地环境、地质环境、周围肿瘤医院改扩建（二期）工程同步实施、深圳市用地紧张等特点，对项目管理提出了较高要求。

2. 工程复杂性驾驭能力和集成化项目管理能力对深圳市建筑工务署提出了巨大挑战

面对如此复杂的深圳市质子肿瘤治疗中心项目建设，需要建设者和管理者具备丰富的复杂性驾驭能力和集成化项目管理能力。一方面，项目在实施过程中需要项目管理者整合各类工程资源，将自然科学、社会科学与人文科学相结合、政府职能与市场职能相结合、专家经验与科学理论相结合、定性方法和定量方法相结合，充分集成各单位的专业技术优势，以全新的管理思维实现各项资源要素的整合和集成，解决工程中出现的复杂性难题，因此，集成化项目管理将成为趋势和必然。另一方面，深圳市质子肿瘤治疗中心项目是由深圳市建筑工务署牵头组织，由规划、设计、施工、咨询、科研等多方面力量组成的工程建设主体开展建设，这要求项目管理团队具备科学的组织结构和高效的管理机制，并需要经过长期磨合积累丰富的管理经验进而形成一套成熟的项目管理方案。深圳市建筑工务署虽然工程管理经验丰富，但是面临项目众多、管理压力巨大的困境，管理资源相对紧张，尤其面对复杂质子中心项目从未有过建设先例。深圳市建筑工务署在短时间内难以培养具备专业技术水平和管理经验的管理人员团队，如采用传统的建设单位自建团队直接开展项目管理，将存在巨大的管理风险。

3. 全过程工程咨询是提升深圳市建筑工务署集成化项目管理能力的有效途径

全过程工程咨询是对政府管理机构专业能力的支持和补充，有利于提升深圳市建筑工务署组织协调、资源整合、集成创新和规范高效推进的能力。一方面，深圳市建筑工务署由于管理资源相对紧张，将深圳市质子肿瘤治疗中心项目建设管理工作委托给全过程工程咨询单位，从项目角度弥补了管理资源的缺口。具体来讲，业主方不再面对众多的单项服务供给单位，而是由全过程工程咨询单位充分发挥其项目管理优势，在项目决策、实施和运营等全阶段协调各参建单位和利益相关方，全力帮助业主解决项目生命周期内的管理痛点。这对于业主方来说，可以简化内部关系，大幅减少日常管理工作和人力资源的投入，有效缩减信息漏斗，优化项目管理界面，实现了项目组织的优化与合同关系的简化，有效规避了传统模式所带来的设计、造价、招标、监理等相关单位责任分离、相互脱节的风险。此外，在全过程工程咨询服务模式下，各专业咨询实现了有机衔接与互补，规避了单一服务模式下可能出现的管理疏漏与缺陷，在注重项目微观质量的同时，更加重视项目品质的实现。另一方面，本项目作为华南地区第一个质子肿瘤治疗中心项目，业主方缺乏可参考、可借鉴的成熟管理经验，引进一家具备质子中心项目建设经验的专业全过程工程咨询单位有助于提高业主方对质子中心项目复杂性的认识能力和驾驭能力。全过程工程咨询服务基于多维度的增值过程，高度整合各专业咨询服务内容和以往建设管理经验，紧密围绕业主方的建设目标，实现集约化管理，最大限度地使业主方的项目建设投资效益最大化，在确保项目管理成功的基础上实现项目的成功。

第 2 章
深圳市质子肿瘤治疗中心项目概况与管理重难点分析

2.1 工程概况

深圳市质子肿瘤治疗中心项目总建筑面积约 35073m², 总投资为 14.2876 亿元（含质子设备采购费 7.5 亿元）。项目主要建设一栋 13 层质子中心楼，其中，地下 1~3 层为质子治疗区，地上 1 层是门诊室，2 层是办公用房（办公室和培训室），3~4 层为 GCP 病房，5~10 层为标准病房，深圳市质子肿瘤治疗中心项目概况详见表 2-1。

深圳市质子肿瘤治疗中心项目概况 表 2-1

工程名称		深圳市质子肿瘤治疗中心
建设单位		深圳市建筑工务署工程管理中心
全过程工程咨询单位		上海市建设工程监理咨询有限公司
全过程造价咨询单位		中国建设银行股份有限公司深圳市分行
质子设备供应及设计总包单位		亿比亚（北京）粒子加速器技术有限公司
国外设计公司		豪科设计咨询（上海）有限公司
国内设计公司		天津华汇工程建筑设计有限公司
施工总承包单位		中国建筑第二工程局有限公司
使用单位		中国医学科学院肿瘤医院深圳医院
项目地址		项目选址为龙岗中心城南区宝荷路 113 号，龙翔大道以东，沙荷路以西，毗邻深汕高速和宝荷路
项目规模		项目建设用地面积约 5999.85m²，总建筑面积约 35073m²。项目投资总概算 142876 万元，其中，工程费用 56277.06 万元，质子设备采购费用 75000.00 万元，工程建设其他费用 8366.78 万元，预备费 3232.16 万元，资金来源为市政府投资
建设周期		2019 年 1 月—2023 年 7 月
建设内容		项目设计地下 3 层（质子治疗中心、人防、设备机房），地上 10 层（1 层为门诊室，2 层为办公室和培训室，3~4 层为 GCP 病房，5~10 层为标准病房）
项目目标	质量目标	①获评质量一次合格率 100% ②深圳市建筑工务署内每季度质量巡查排名确保前 15%，力争靠前 ③通过国家标准绿色建筑二星级标识认证及深圳市绿色建筑银级标识认证 ④广东省优质工程金匠奖
	进度目标	四年完成质子肿瘤治疗中心建设（关键节点为质子区具备吊装条件的场地移交）
	投资目标	总投资控制在工程概算批复范围内
	安全目标	①杜绝重大安全事故 ②深圳市建筑工务署内每季度安全巡查排名确保前 15%，力争靠前 ③广东省、深圳市建筑工程安全生产与文明施工优良工地；深圳市安全文明示范工地
	项目定位	本项目是深圳市政府"三名工程"中的重点项目工程，集肿瘤医疗、科研、教学、医疗延伸服务于一体，将引进国内外最先进的质子肿瘤治疗系统。项目立足深圳，辐射华南地区、港澳地区及东南亚地区，打造属于深圳的国际肿瘤医疗品牌，建设具有国内外最先进的综合性肿瘤医疗中心，为中国及国外肿瘤患者提供世界级肿瘤医疗及服务

本项目配置 IBA Proteus PLUS 质子治疗系统，包括 4 间 360° 旋转机架治疗室及 1 间科研用固定束流实验室，同时配套建设 376 张床位。IBA Proteus PLUS 治疗系统是一款定制化的质子治疗解决方案，它旨在利用先进的临床创新技术，如图像引导系统（IGPT）帮助临床团队实现有效的治疗。调强质子治疗可让放疗医师调整质子束的精准度、深度和强度，以实现与复杂肿瘤的高度适形，同时保护毗邻病灶的正常组织。Proteus Plus 由多个复杂的软件硬件系统组成，包括治疗控制系统（TRCS）、质子束管理系统（BMS）、定位管理系统（PMS）和治疗安全系统（TSS）。调强质子治疗系统的精确性与适应性，特别适用于治疗紧邻重要器官的肿瘤，如头颈部、脊柱、儿童肿瘤及肺部肿瘤。Proteus Plus 将笔形束扫描（PBS）模式的精确性、三维锥形束计算机断层扫描（CBCT）影像的准确性及治疗室内 CT 的自适应性有机结合，使调强质子治疗成为可能。IBA 公司生产的 C230MeV 质子治疗系统主要由回旋加速器、能量选择系统、束流传输系统和治疗系统组成。质子在回旋加速器中加速到 230MeV 后引出，引出流强约为 300nA，引入能量选择系统。通过调节能量选择系统中降能器的厚度，可根据实际治疗室内患者肿瘤的深度和厚度，在输出端得到 70~230MeV 连续可调不同能量的质子束流。束流输运系统用于将能量选择系统引出的质子传输到各治疗室内，IBA 质子治疗系统产品具体技术指标见表 2-2。

IBA 质子治疗系统产品具体技术指标　　表 2-2

公司名称	\multicolumn{3}{c}{IBA（Ion Beam Applications S A）}
设备型号	Proteus Plus	设备类型	回旋加速器（一机多室）
\multicolumn{4}{c}{技术指标}
最高质子能量		\multicolumn{2}{c}{230MeV}
笔形束最大剂量率		\multicolumn{2}{c}{2Gy/L/min}
最小光斑尺寸		\multicolumn{2}{c}{230MeV：束斑直径 <3mm　　70MeV：束斑直径 <5mm}
机房切换出束时间		\multicolumn{2}{c}{20s}
机架旋转范围		\multicolumn{2}{c}{0°~359°}
最大射野		\multicolumn{2}{c}{等中心处 30cm×40cm}
治疗床类型		\multicolumn{2}{c}{6 自由度机械臂治疗床}
图像引导方式		\multicolumn{2}{c}{旋转机架搭载型正交透视　旋转机架搭载型锥形束 CT　治疗室内独立型 CT}
占地体积（一机两室，长宽高）		\multicolumn{2}{c}{约 41.8m×32.1m×14.7m}
占地体积（一机四室，长宽高）		\multicolumn{2}{c}{约 70.2m×32.1m×14.7m}
电能年功耗（一机两室）		\multicolumn{2}{c}{约 272 万 kW·h}
电能年功耗（一机四室）		\multicolumn{2}{c}{约 314 万 kW·h}

2.1.1　工程地理位置

本项目选址为龙岗中心城南区宝荷路 113 号，龙翔大道以东，沙荷路以西，毗邻深汕高速（又称沈海高速、广深高速、惠盐高速）和宝荷路，处于深圳市肿瘤医院项目群的西南角（图 2-1）。

本项目北侧为中国医学科学院肿瘤医院深圳医院二期待建空地（距项目 12m）、中国医学科学

图 2-1 项目周边环境

院肿瘤医院深圳医院一期（距项目 88m）、宝荷路（距项目 296m）；项目西北侧为停车场（距项目 102m）；项目西侧为机训大队（距项目 14m）；项目南侧为空地；项目东侧为空地。

2.1.2 建筑功能分区

本项目设计地下 3 层，地上 10 层，建筑功能分区如图 2-2 所示。地下 3 层主要是质子治疗区，地上 1 层是门诊室，2 层是办公用房（办公室和培训室），3~4 层为 GCP 病房，5~10 层为标准病房。

质子治疗区采用的是比利时 IBA 质子治疗系统，包括了 1 套质子回旋加速器，4 间 360° 旋转机架治疗室，以及 1 间固定束流实验室。

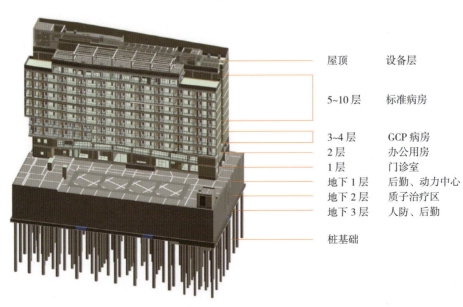

图 2-2 建筑功能分区

1. 质子回旋加速器

回旋加速器的原理可以简单理解为：将一个简单的回旋加速器看成是一个从垂直方向分离成两个半圆盒的圆盒（pillbox），两个半圆盒的间隙中加上一个电场，半个圆盒的形状像英文字母D，故常称作D形盒（dee）。此外，在这两个D形盒上都加上一个二极磁场，束流先入射到中心，然后束流每次穿过电场时就加速一次，束流离开电场区进入磁场区又被偏转180°，在一个特定的精确时刻又重新进入电场区，电场的极性是以精确的时间间隔进行切换，以确保当束流到达间隙时，束流总是加速，而不是减速。由于磁场几乎是常数值，束流轨迹的半径随能量增大而增大，有效的束流轨迹类似于一个螺旋线。当束流在回旋加速器的边缘到达最高能量时，束流就从回旋加速器的边缘向治疗室的方向引出。

回旋加速器早已应用于工业和医学，产生连续线束，设备体积小，操作方便，稳定可靠。图2-3为IBA回旋加速器，这是一个常温回旋加速器，器内有些地方的磁场可高达3Tesla（特斯拉），引出束流可达300nA，铁芯和铜线的总质量是220t。加速器建立在一个直径4m的底座上，回旋加速器的上下两部分可以沿水平方向的中线打开而易于维修，这个维修措施对确保所需的可利用率是十分重要的。第一台这种型号的回旋加速器建在美国波士顿麻省总医院的质子治疗装置上，从1997年开始运行。

2. 束流传输系统

束流传输系统的作用是将质子束送达肿瘤，使肿瘤受到高剂量照射，而肿瘤周围正常组织受到较少照射。该系统主要包括：能量调节系统（仅回旋加速器）、束流线、旋转机架、治疗室、治疗室基础设备，治疗控制和安全系统。

图 2-3 IBA 回旋加速器

注：图片来源于《深圳市质子肿瘤治疗中心项目可行性研究报告（报批稿）》

（1）能量调节系统

能量调节系统的功用是把由回旋加速器引出的固定能量束流转化为治疗所需的能量并保证能散度可控。

以IBA能量调节系统为例，自回旋加速器引出的230MeV的质子束首先由两组四极磁铁聚焦到降能器。作为降能器一部分的横—纵向束流剖面监测器测量束流尺寸和束流焦点位置，经控制系统计算，自动调整束流中心位置。这些束流剖面的监测都是在使用电离室内大气压下运行的多丝电极火花室进行的（图2-4）。

图2-4 IBA质子治疗设备的能量调节系统

注：图片来源于《深圳市质子肿瘤治疗中心项目可行性研究报告（报批稿）》

（2）束流线

该系统将被引出的质子束输送到数个治疗室中的一个，它包括许多使质子束转向和聚焦的一系列磁铁，引导它通过真空管到达指定的治疗室。在引导途中，置有射线监测器，监视其位置、束流大小和强度。真空泵和监测器以及其他附属设备能保证射线达到治疗病人的要求，一旦发现射线和预先要求的不一样，则能自动调节，或启动开关关闭射线输出。该系统还有一个"废线束鼓"，把未使用的质子束引走，以确保安全（图2-5）。

（3）旋转机架

旋转机架是一个巨大的能同中心旋转的钢结构，该机架上装有质子束偏转磁铁和聚焦磁铁、真空系统和射线监测器，机架使质子能依照同中心旋转，以在治疗室内进行多野不同入射角的照射。

以IBA旋转机架为例，机架直径约11m，质量达100t，可进行±185°旋转，转速可为0.5~1r/min，机架半径的精度小于1mm。图2-6为正在组装的IBA质子治疗设备的旋转机架（束流线未安装）。

（4）治疗室

质子治疗设备的治疗室可分为旋转机架治疗室和固定束流治疗室。

①旋转机架治疗室

旋转机架治疗室通过机架使质子依照同中心旋转，以进行多野不同入射角的照射。在旋转中心的治疗床能进行上下、前后、左右的调节，还能作头脚水平和左右水平方向的倾斜，以方便精确地重复病人治疗的体位。

图 2-5 IBA 质子治疗设备的束流线

注：图片来源于《深圳市质子肿瘤治疗中心项目可行性研究报告（报批稿）》

图 2-6 正在组装的 IBA 质子治疗设备的旋转机架（束流线未完装）

注：图片来源于《深圳市质子肿瘤治疗中心项目可行性研究报告（报批稿）》

由于小型化的发展趋势，近些年各设备商也在发展紧凑型机架。以 IBA 为例，目前有 360° 旋转机架治疗室和 220° 紧凑型机架治疗室两种，分别如图 2-7、图 2-8 所示。

图 2-7 360° 旋转机架治疗室

注：图片来源于《深圳市质子肿瘤治疗中心项目可行性研究报告（报批稿）》

图 2-8 220° 紧凑型机架治疗室

注：图片来源于《深圳市质子肿瘤治疗中心项目可行性研究报告（报批稿）》

②固定束流治疗室

固定束流治疗室主要为眼部、颅内以及头颈部的治疗而设计，也可用于质子束科研工作。治疗室内安装有水平束流端，并安装了自动患者定位系统以提供更多功能，如治疗前列腺癌症以及其他癌症（图 2-9）。

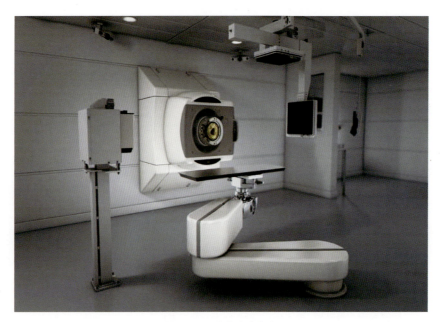

图 2-9　固定束流治疗室

注：图片来源于《深圳市质子肿瘤治疗中心项目可行性研究报告（报批稿）》

（5）治疗室基础设备

质子治疗设备的治疗室内主要包括治疗头、自动患者定位系统及图像引导系统。

① 治疗头

治疗头位于束流传输系统的最末端，根据不同需求和治疗计划，使用不同的治疗模式，准确地将质子束照射到目标肿瘤中。鉴于肿瘤的多样性，这就需要以不同的治疗模式去治疗每个患者，治疗头的设计也会根据不同的治疗模式有所差别。IBA 公司针对此种情况设计整合了散射与扫描治疗模式的通用治疗头和用于笔形束扫描的专用治疗头，分别如图 2-10、图 2-11 所示。

图 2-10　通用治疗头

注：图片来源于《深圳市质子肿瘤治疗中心项目可行性研究报告（报批稿）》

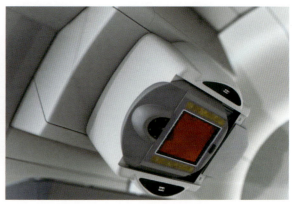

图 2-11　笔形束扫描专用治疗头

注：图片来源于《深圳市质子肿瘤治疗中心项目可行性研究报告（报批稿）》

② 自动患者定位系统

随着成像技术的进步，物理师可以精确定位大部分肿瘤的位置，将病人放置在最佳位置接受照射是管理质子治疗的重要部分。自动患者定位系统提供除了自由的移动和仰俯及侧倾调整功能外，还可以进行水箱的处理或者整合质保工具,并扩展了更多治疗室机械臂的应用,自动患者定位系统如图2-12所示。

图2-12　自动患者定位系统

注：图片来源于《深圳市质子肿瘤治疗中心项目可行性研究报告（报批稿）》

③图像引导系统（IGPT）

治疗室内安装有两到三组X射线系统,可以在患者摆位阶段得到数字化X光片（DR）。X光片可以显示骨性定位标志、植入标志以及投影的聚焦中心。治疗师将采用此信息与来自治疗计划数字重建X光片比对,从而确定病人位置的改变,计算矫正矢量。图像引导系统（IGPT）如图2-13所示。

图2-13　图像引导系统（IGPT）

注：图片来源于《深圳市质子肿瘤治疗中心项目可行性研究报告（报批稿）》

（6）治疗控制和安全系统

治疗控制系统完全整合了硬件和软件系统，监测和控制束流产生、传输和照射的整个流程。治疗控制系统包括监测设备和诊断软件，提供快速问题鉴别与错误报告；另外还有软件显示患者照野、定位、其他配套设备等信息，并实时监测和报告放射剂量。安全系统独立于控制系统，用以检测束流传输和照射的所有关键因素。治疗控制和安全系统如图2-14所示。

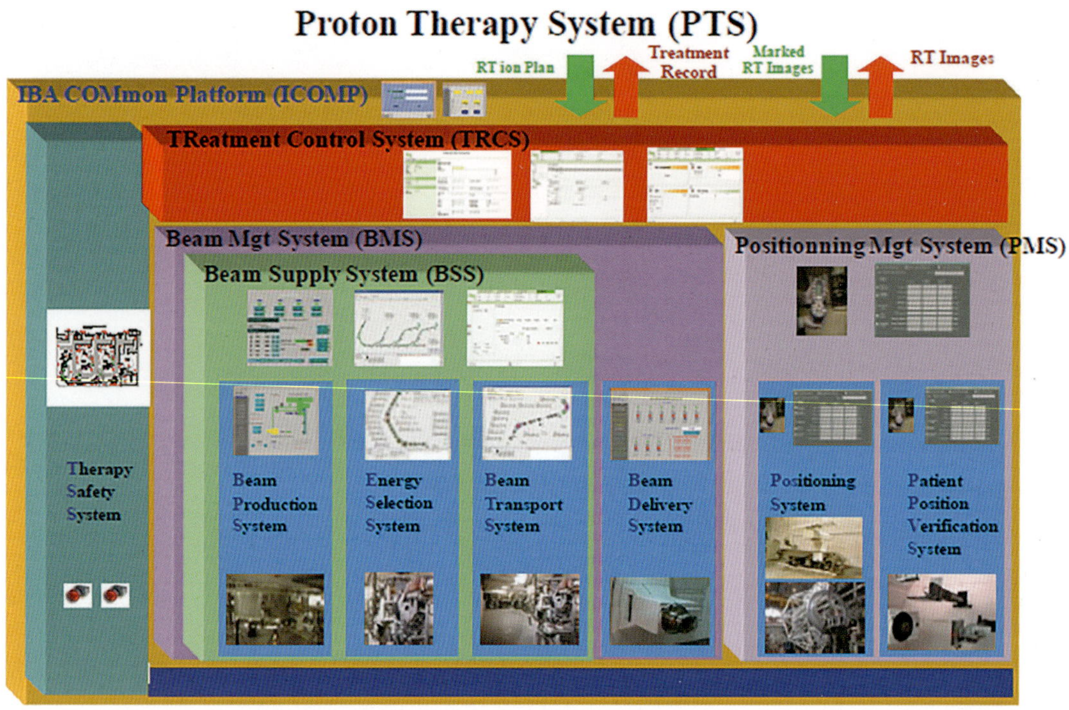

图 2-14　治疗控制和安全系统
注：图片来源于《深圳市质子肿瘤治疗中心项目可行性研究报告（报批稿）》

3. 质子治疗系统配套软件和设备

（1）肿瘤信息系统（OIS）

肿瘤信息系统是集所有业务功能，如资源排程、账务管理、报告管理与分析于一体的具有影像功能的肿瘤 EMR 软件，可用来提高整个化/放疗工作流程的效率。从开始的诊断与肿瘤分期、到计划制定与实施、再到随访与生存率调查，OIS 协助客户优化整个流程，是医疗人员在整个肿瘤治疗中信息交换的基础。

肿瘤信息系统解决方案包括：

①诊断/病理——除了文档形式的诊断和分期信息外，还包括导入的病理报告，影像报告和试验报告。

②治疗——包括化疗处方管理，各项治疗计划，手术报告和数据管理。

③临床实验——实验信息系统为实验提供了工具，用来提高业务和临床操作的效率。

④肿瘤记录——提供肿瘤案例跟踪，数据集成、分析和报告等工具。

⑤业务管理——在业务管理方面提供一系列模块，如资源排程，收费项捕获，账务管理，审核及电子化报销。

（2）治疗计划系统（TPS）

治疗计划系统同样是放射治疗的重要部分，用于模拟束流与通过诊断影像得到的"虚拟病人"之间的交互作用。TPS提供一整套的放射治疗工作流程和计划解决方案，以满足现代肿瘤放射学使用的所有治疗模式。放疗技术不断地延伸和发展，例如IMRT和质子治疗，治疗计划的发展必须与之同步。包括增强剂量计算算法的发展、图像加工和处理、变形登记记录、可视化技术、计划评估、适应性计划工具，4D和图像引导计划技术以及治疗实施。图2-15为医科达CMS治疗计划系统的显示界面。

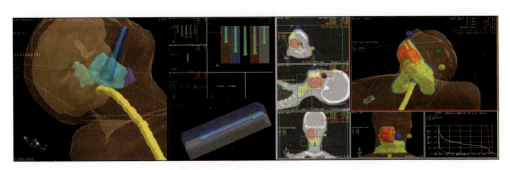

图2-15　医科达CMS治疗计划系统的显示界面
注：图片来源于《深圳市质子肿瘤治疗中心项目可行性研究报告（报批稿）》

（3）质检设备

要保证质子治疗的准确执行，需要进行质量保证和质量控制规范流程。IBA Dosimetry的一系列专门针对质子治疗的质检设备目前被很多质子中心所使用，包括测量二维和三维水中剂量分布的Digi Phant，用于测量布拉格峰位置的Zebra，以及检测笔形束扫描的Lynx（图2-16）。

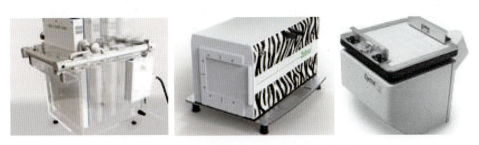

图2-16　Digi Phant, Zebra, Lynx（从左到右）
注：图片来源于《深圳市质子肿瘤治疗中心项目可行性研究报告（报批稿）》

（4）呼吸门控系统

呼吸门控系统让束流的开关与患者的呼吸周期同步。

呼吸阻控：患者通过口罩进行呼吸，当肺部吸入一定体积的空气进气流会停止。束流开始治疗直到患者再次呼吸，患者需要学习如何在治疗前控制呼吸。

2.2　咨询服务范围

根据合同规定，全过程工程咨询单位在深圳市质子肿瘤治疗中心项目承担的全过程咨询工作范围主要包括以下三方面内容。

（1）项目咨询：项目计划统筹及总体管理、前期工作管理、设计管理、技术管理、进度管理、投资管理、质量安全管理、医疗工艺咨询管理、项目组织协调管理、招标采购管理、合同管理、BIM 管理咨询、档案信息管理、报批报建管理、医疗设备安装协调管理、竣工验收及移交管理、工程结算管理以及与项目建设管理相关的其他工作。

（2）工程监理：施工准备阶段监理、施工阶段监理（含医疗设备安装）、保修监理与后续服务管理以及与工程监理相关的其他工作。

（3）其他：根据《深圳市建筑工务署政府工程 2020 先进建造体系实施纲要》及相关文件等创新技术应用、建设智慧工地和提出策划方案，包括建筑材料及装饰材料的研究课题、新技术新材料的使用与研究等，并监督相关单位实施。

2.3　项目建设管理重难点分析

政府投资项目建设是满足公共需求，实现政府经济职能和公共管理职能的重要手段，投资项目涵盖了经济、教育、科技、文化、卫生、体育、环保、国防安全等重要领域，政府投资项目对我国经济繁荣、社会进步、公众福利发挥了重大作用（陈通，等，2015）。政府投资项目本体具有规模大、涉及面较广、专业协同化较复杂、实施周期长、运行难度大、风险水平高等特点，导致在项目建设管理过程中易出现超计划安排、超预算施工、超建设范围、与设计内容和标准不符等问题。此外，外部环境的动态变化也加剧了政府投资项目复杂性的演化形态（盛昭瀚等，2021）。政府投资项目的开发建设往往依托于高度开放和动态变化的经济、社会及自然环境，从而构建成为更复杂的环境复合系统（SHENG Z，2018）。因此，需要兼顾项目本体复杂性和外部环境系统复杂性，识别与剖析政府投资项目的特征。

现有研究是从管理对象复杂性和管理系统复杂性两方面来探讨政府投资项目管理本体复杂性（施骞，等，2018）。其中，管理对象复杂性体现在政府投资项目因系统规模巨大而产生的子系统数量繁多且相互关联，子系统之间的复杂关系形成对项目管理活动的干扰。项目管理的首要工作就是各参与主体根据管理对象确定合理的建设目标，并依据项目目标和内容将项目分解为最终实体目标的项目单元，解决项目"是什么"的问题（王森浩，等，2011）。

管理系统复杂性主要来源于组织维度的复杂性（施骞，等，2018）。一方面，由于我国体制、机制和制度情境的特殊性，政府投资项目组织模式在"政府—市场"二元本质特征下体现出高度的复杂性，政府在政府投资项目决策和管理中具有引导性作用，因此政府的控制和干预会对政府投资项目组织模式产生影响（SCOTT W R, et al. 2011）；另一方面，组织复杂性体现在组织结构层级、职能部门以及跨组织依赖等特征上，尤其是多方主体因利益需求而产生的博弈局面可能导致项目的进度停滞、冲突争议等事件，无法发挥项目最佳的整体效益（HE Q, et al. 2015）。因此，从组织维度剖析项目特点及重难点能够帮助解决项目"谁来做"的问题。

项目建设的目的是完成项目各个阶段的交付成果，各阶段的交付成果也存在密切的逻辑关联。有学者提出采用全流程管理体系认识政府投资项目各阶段复杂性特征，该管理体系立足于过程视角，覆盖了项目规划、管理、执行和控制的全过程内容，充分考虑全生命周期中的不确定性风险及其影响机制，已经成为用于完成政府投资项目交付成果的管理模式之一，能够为项目"怎么做"提供解决思路（曾晖，等，2014）。

政府投资项目复杂性演化是一个动态适应环境的过程，项目的实施不仅受到自然环境的影响，还与其经济、社会及政治环境等息息相关，构成项目全生命周期管理过程中的环境复合系统（DAVIES A, et al. 2014）。自然环境的基本规律与原理具有极大的复杂性和不确定性，社会经济环境也存在客观的动态变化性，项目管理主体在具体管理情境中难以做出准确的预测及判断。因此，政府投资项目涌现出的环境复杂性特征是一个重要分析维度。

本节围绕政府投资项目本体复杂性与外部环境复杂性特征，分别从"目标—过程—组织—环境"四个维度对深圳市质子肿瘤治疗中心项目特点及重难点进行剖析，以构建系统性、概括性的分析框架（图2-17）。

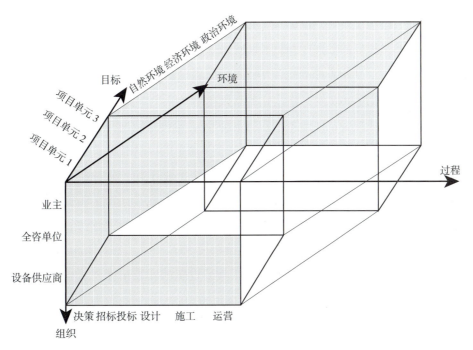

图2-17 目标—过程—组织—环境四维分析框架

2.3.1 目标维度

1. 项目定位对标国际先进水平

深圳市质子肿瘤治疗中心项目是深圳市政府"三名工程"中的重点项目工程，集肿瘤医疗、科研、教学、医疗延伸服务于一体。项目拟引进国内外最先进的质子肿瘤治疗系统，为深圳市和广东省肿瘤医疗服务培养技术精湛的医疗团队，填补深圳市肿瘤医疗技术短板，建设成为华南地区首家公立的质子治疗中心。本项目建成后能够完善深圳市多样化、综合化的恶性肿瘤医疗体系，推进深圳建成国际领先的生命信息和高端医疗服务中心，打造具有国内外最先进质子治疗技术的综合性肿瘤医疗中心，进而辐射港澳地区及东南亚地区，为中国及国外肿瘤患者提供世界级肿瘤医疗及服务。

2. 项目目标要求超越常规项目标准

本项目作为深圳市重点民生工程，以对标国内一流的建设工程项目管理，建设国际一流的质子治疗中心为总体目标，在安全、质量、进度和投资各方面管理均提出了较高的要求。

建设工程的安全管理是项目正常实施的前提，也是建设工程管理工作的重点内容。在建设工程施工过程中，一旦项目出现安全生产事故，就会造成重大损失，并影响建设工程的工程进度。本项目采用安全文明的最高标准，其安全目标是杜绝重大安全事故；确保在深圳市建筑工务署内每季度安全巡查排名中位列前15%，力争靠前；争创广东省、深圳市建筑工程安全生产与文明施工优良工地和深圳市安全文明示范工地。

工程项目施工质量是整个建筑结构的基础，确保施工质量能够有效降低资金投入，提升项目的经济效益和社会效益。但在项目建设过程中，由于施工技术复杂、资金投入较多、人员综合素养参差不齐、现场管理工作复杂程度较高，施工质量难以得到保证。本项目质量目标为获评质量一次合格率100%；确保在深圳市建筑工务署内每季度质量巡查排名前15%，力争靠前；通过国家标准绿色建筑二星级标识认证及深圳市绿色建筑银级标识认证；获得广东省优质工程金匠奖。通过设定以上质量目标有助于项目管理人员控制施工工艺水平，以保证整个建筑工程的质量。但在施工过程中，由于项目地质条件复杂，根据前期勘探和超前钻资料显示，岩层上部揭露有溶洞，洞高0.1~26.8m，揭露有石灰岩钻孔185个，其中见溶洞钻孔152个，钻孔见洞隙率为82.16%，为岩溶强发育。其中有45个钻孔因钻孔深度超过90m没有稳定完整微风化岩9.0m。溶洞对地基稳定性存在影响（如溶洞顶板坍塌造成基岩面起伏较大，使地基不均匀下沉等），给桩基础选型和施工带来一定影响（如误判持力层及桩尖滑移、断桩等现象），因此本项目对施工质量的控制提出了更高的要求。

在建设工程管理过程中，进度管理是工程管理的一个重要环节。设定恰当的进度目标有助于项目管理人员编制指导整个工程设计准备、设计、采购、施工、动用前准备等方面的总进度计划，充分把控项目进度，满足项目整体交付的刚性进度要求。本项目进度目标为四年内完成质子中心建设。根据项目可行性研究报告资料显示，项目建设期按55.5个月考虑，不包括项目前期工作（可研、环评、主设备选型、政府立项等工作）。由于质子设备的安装精度要求较高，在安装、调试、验收方面所需时间较长，例如质子设备安装工期设定为10个月，系统调试及验收工期设定为17.5个月，结合项目实际情况，按期达到设备吊装条件时间节点具有极大的挑战性。

设计概算是控制投资规模和工程造价的主要参考资料，也是政府拨款的依据。政府投资项目的概算控制是政府投资管理中的核心环节，不合理的超概算会对财政资金造成巨大浪费，降低资金使用效率。在工程实践过程中，控制项目投资避免超概算问题是一大管理难点。本项目资金来源为市政府投资（财政拨款），其投资目标是将总投资控制在工程概算批复范围内（项目投资总概算67876.00万元。其中，工程费用56277.06万元，工程建设其他费用8366.78万元，预备费3232.16万元）。

2.3.2 过程维度

过程维度主要是指工作分解所形成的工作分解结构，它明确了完成项目对象所必须执行的工作以及这些工作之间的逻辑顺序，回答为了完成整体任务需要如何计划和控制项目进度的问题，最终形成多层分组控制的进度管理体系以实现总体进度最优。

质子设备具备吊装条件的场地移交节点（BOD节点）工期管控难度。

本项目采用建安工程与质子设备的制造、安装、调试及验收并行的两条项目总控主线，将质子设备具备吊装条件的场地移交节点（BOD节点）设置为项目进度关键节点，并将其列为整个项目的管控重点进行细化分析。业主方与全过程工程咨询单位对项目关键节点进行了深入研究，根据全过程工程咨询单位质子项目管理经验，质子设备安装、调试、验收所需时间约为2.5年，将质子区及其配套区域提前交付给设备安装调试，其他区域同步继续进行建安施工，质子中心整体投入使用的时间将大幅缩短（约减少1.5年），有助于早日为患者提供治疗服务。此外，考虑到质子设备供货为国际合同，须严格按期交付，全过程工程咨询单位对本项目供货合同进行深入分析，梳理总结出BOD节点的前置条件（表2-3）。由于为质子设备提供服务的机电安装条件要求较高，因此业主方组织全过程工程咨询单位对BOD机电安装的节点进行了细化分析，具体内容见表2-4。

BOD节点前置条件梳理　　　　表2-3

分部分项	建筑可使用日期（Building Occupancy Date）
建筑要求	建筑必须完工，并且所有的服务设施可用，建筑（与质子相关部分）必须已经全部通过质子厂家IBA的验收 质子区域内装修施工全面完成（含防水腻子、环氧涂料、医用金磨石等）
机电系统	①与质子区相关的所有暖通系统、电气系统、信息系统、冷却水系统均调试完成并能正常运行 ②IBA配电间、水冷机房、主控室和IBA服务器机房全部完成
基础服务设施	现场设备和服务设施应可以使用，确保在安装和调试期间，设备安装团队及其分包商的人员健康、安全和有效使用，包括设备区域、办公空间、工具储藏室、卫生间和淋浴设施内的电源、水、空调和通信设备等

BOD机电安装节点　　　　表2-4

序号	分项	工作内容	安装位置	施工周期	开始时间	完成时间	前置条件
1	强电	低压配电房	地下室-1F	20天	2021-11-10	2021-11-29	土建移交低压配电房工作面
		高压配电房（市政供电）	1F	20天	2021-11-30	2021-12-19	土建移交高压配电房工作面
		空调系统供电（含电缆及桥架敷设）	地下室-1F~-3F	30天	2021-11-27	2021-12-26	土建逐层移交地下室工作面
		通风系统供电（含电缆及桥架敷设）	地下室-1F~-3F	30天	2021-11-27	2021-12-26	质子区装饰面完成
		电气照明供电（含电缆及桥架敷设）	地下室-1F~-3F	30天	2021-11-27	2021-12-26	质子区装饰面完成
		质子区配电间施工（含配电柜底座，进线端线缆桥架敷设）	地下室-1F	40天	2021-11-07	2021-12-16	土建移交质子区
2	空调	精密空调安装	地下室-3F	20天	2021-11-27	2021-12-16	质子区装饰面完成
		制冷机房设备及管道安装	地下室-3F	45天	2021-11-10	2021-12-24	土建移交制冷机房工作面（含浮筑地台）
		冷却塔及管道安装	室外选址	30天	2021-11-07	2021-12-06	受土建屋顶进度影响，建议室外选址安装临时冷却塔
		空调系统调试	—	20天	2021-12-07	2022-12-26	空调系统安装完成
3	给排水	生活给水泵房及管道安装	地下室-3F	30天	2021-11-15	2021-12-14	土建移交给水泵房工作面（含浮筑地台）
		精密空调、质子区新风机组给水管安装	地下室-3F	15天	2021-10-29	2021-11-12	土建移交地下室-3F工作面
		质子区排水系统安装完成（排水管道，潜污泵等）	地下室-1F~-3F	30天	2021-11-27	2021-12-26	土建逐层移交地下室工作面
4	消防	消防保障措施（灭火器）	地下室-3F	7天	2021-12-07	2021-12-13	土建移交质子区

续表

序号	分项	工作内容	安装位置	施工周期	开始时间	完成时间	前置条件
5	通风	新风系统安装（新风机组，风管等）	地下室 –1F	30 天	2021-11-27	2021-12-26	土建逐层移交地下室工作面
		排风系统安装	地下室 –1F~–3F	30 天	2021-11-27	2021-12-26	土建逐层移交地下室工作面
		送风系统安装	地下室 –1F~–3F	30 天	2021-11-27	2021-12-26	土建逐层移交地下室工作面
6	弱电	弱电桥架，线缆敷设	地下室 –1F~–3F	30 天	2021-11-27	2021-12-26	土建逐层移交地下室工作面
		弱电设备安装	地下室 –1F~–3F	20 天	2021-11-27	2021-12-26	土建逐层移交地下室工作面
7	气体	压缩空气等	地下室 –1F~–3F	20 天	2021-12-07	2021-12-26	土建逐层移交地下室工作面
8	综合	质子区联合调试	地下室 –1F~–3F	20 天	2021-12-27	2022-01-15	—

2.3.3 组织维度

由于深圳市质子肿瘤治疗中心项目具有稀缺性的特点，全国范围内建成类似项目的数量较少，缺乏可参考、可借鉴的管理经验，在组织协调方面存在较多难点，具体主要体现在以下四方面。

1. 项目参建单位众多，管理协调工作复杂

工程项目的建设是集决策、实施、运营等多方面的综合管理阶段，各参建单位通常需要进行组织内部和外部的协调沟通，促使各参与方的目标趋于一致，进而实现对项目管理目标的控制。本项目参建单位众多，对项目的顺利开展造成了一定程度的阻碍。

首先，本项目的合同关系较为复杂，存在管理界面交叉、沟通不畅等问题。项目主要涉及业主方、全过程工程咨询单位、质子设备供应单位、总承包单位、分包单位、运营单位等多方合同主体，协调管理难度较大。例如，本项目是由深圳市建筑工务署作为建设方，肿瘤医院作为使用方，肿瘤医院受深圳市卫生健康委员会的委托对质子项目代为运营管理，因此本项目均以深圳市卫生健康委员会的名义开展前期的报批报建工作。该过程中存在项目建设方与使用方之间分离决策、双头管理、沟通脱节的问题，影响项目报批报建进展。

其次，项目合同主体中的国内企业与国外企业存在沟通障碍。本项目的质子设备供应单位是比利时 Ion Beam Applications S A（以下简称"IBA"）公司，属于国外企业，项目在实施过程中受到文化差异、地理距离及语言障碍的影响，导致国内的业主方、全过程工程咨询单位、总承包单位与 IBA 公司均存在沟通协调的难题。另外，质子设备供应单位严格按照移交清单项要求进行项目交付，与国内各参建单位沟通协商不够充分，导致各参建方在交付条件方面的协调难度较大。

最后，部分合同关系缺失导致项目管理出现巨大挑战。本项目设计工作在质子设备总包合同范围内，业主方、全过程工程咨询单位与设计单位并未形成正式的合同关系，导致业主方对设计单位无法直接进行管理。加之设计单位缺乏本地项目历史经验，进一步加大了业主方对设计单位的协调管理难度。

2. 设计、采购和施工存在大量的交叉并行，组织管理难度大

质子治疗设备安装周期较长，很多工序需要相互配合、交叉施工，设计与采购也会穿插在施工过程中。本项目质子设备安装调试与非质子区施工并行，而质子设备对安装调试环境要求极为严苛，要求环境温湿度恒定且波动符合要求、周围环境施工振动必须控制在允许范围内、电力供应必须稳定且不间断电源和备用发电设备在线提供保障等，组织管理难度大。另外，由于各专业分包商的进度不一，在施工现场管理中要特别强调各分包单位的协调配合，注意成品保护，尤其是空调冷冻水机组、压缩空气机组、纯水机组、工艺冷却水机组的保护，保证电机柜工作环境做到恒温、恒湿、无尘，避免影响安装环境，以致损坏质子治疗设备。

3. 全生命周期的 BIM 技术应用对协调配合提出更高要求

项目要求在设计、采购、造价、施工、运维等方面实现 Building Information Modeling（BIM）技术的深度融合应用，通过 BIM 理念方法及信息化平台，提升设计质量、加强工程施工的精细化管理、进行数字化移交，从而更好地达成工程项目的质量目标、进度目标、投资目标。本项目以 BIM 服务于工程、服务于项目为目的，对参建各方的组织管理、技术衔接、协调配合等方面都提出了较高要求。例如，项目机电管线复杂，各专业设备空间位置碰撞极易发生，这就需要各专业分包单位加强沟通交流，通过 BIM 三维管线综合排布、碰撞检查优化、净空（高）分析优化等功能协力推进管线综合排布工作，并用于指导现场管线安装、预留预埋，达到减少后期剔凿拆改，同时满足项目净空（高）要求的目的。

4. 项目与原有院区、改扩建二期共享公用设施，医疗工艺流线衔接配合复杂

本项目与肿瘤医院原有院区、改扩建二期项目医疗工艺流线衔接，共享原有院区和二期的公用设施（配套管网、公共设施、医用气体等），衔接配合复杂。这就要求业主方、全过程工程咨询单位、设计单位、施工单位等多方主体通力协作，做好医疗工艺流线与公用设施的设计和部署，确保项目顺利衔接。其协调复杂性具体体现在质子中心项目与改扩建二期在同一基坑内，施工时项目管理人员需要通过梳理整体思路，保证质子中心项目的施工不受改扩建二期基坑影响，部署时考虑在改扩建二期留设坡道以满足质子施工的需求，因此确定整个质子中心项目关键线路为：场坪土方外运→支护桩工程桩施工→基坑支护土方施工→底板及结构施工→粗装修施工→机电管线及精装施工，并制定了对应的关键线路保障措施，例如在质子中心项目与改扩建二期项目之间设置边坡，保证质子中心项目能够正常进行土方开挖及底板施工，以克服本项目与肿瘤医院原有院区、改扩建二期项目之间衔接配合的复杂性难题。

2.3.4 环境维度

工程项目较一般项目而言，投资金额大，社会影响广泛，往往涉及民生、地区发展及社会稳定，容易在全生命周期各阶段受到自然、社会、经济、政治等环境因素的影响。不同种类的环境因素加剧了项目实施过程的复杂程度，因此需要深入分析深圳市质子肿瘤治疗中心项目各方面的环境影响，加深对项目复杂性的认识与驾驭。

1. 场地受限，规划设计、施工技术难度大，安全风险高

从自然物理环境来看，项目场地受到限制，导致项目规划设计、施工技术难度较大。本项目施工进度常常受到自然物理环境因素的干扰，譬如项目场地条件，这对项目成功交付造成了一定的风险。具体来讲：①本项目地下为质子区，地上为病房的设计属于国内首创，在一定程度上有效节约了建设用地，但从客观上也增加了项目的建设难度，进而导致工期延长；②本项目场地北面被规划的肿瘤医院改扩建二期施工完全封闭，场地东、南、西三面均为人工堆填土体，现场场地狭小，导致项目基础开挖深度大，对施工技术水平提出了更高的要求。因此，本项目为了防范自然环境因素带来的工期风险，从三个方面克服场地条件的限制。首先，质子区施工采用大体积混凝土，从技术准备、人员组织、物资准备、机具准备、现场准备、混凝土供应准备、现场组织实施、质量控制要点等一系列问题出发，提出对应的施工组织方案，保证混凝土质量符合目标要求，最终解决了质子

区域楼板最厚处达 4.68m 的技术难题。其次，为克服质子区域与相邻基坑间施工存在高差的问题，项目提出增加一排钢板桩，集中力量优先保证质子中心的施工进度达到要求。由于质子中心与相邻基坑间存在 4m 左右高差，图纸明确为放坡处理，且要求共同施工，现场施工存在一定的交叉，因此项目管理人员提出在质子中心北侧，增加一排钢板桩，两个基坑分开施工，以实现项目进度目标。最后，本项目受到当地地质条件的影响，导致施工前准备工作较为复杂。根据项目勘探资料，场地内溶洞率达 80% 左右，个别桩超前钻施工至 100m 仍无完整岩样，因此本项目在桩基施工前，增加超前钻点位，进场补勘工作，对整个场地内的溶洞发育情况进行整体探明，避免出现成桩后桩下部存在溶洞而导致桩基承载力出现问题。同时，项目施工人员积极同岩土专家沟通，分析溶洞下部实际情况，采用注浆处理下部持力层的方式对下部溶洞进行处理，并编制专项方案进行专家论证，明确溶洞处理方式，以保证工程质量。

2. 质子装置为精密治疗设备，对建筑环境工艺要求严苛

质子治疗装置是大型精密治疗设备，尤其是多室治疗系统，路线较长，从质子的发生、加速、传输到治疗头，并精确打击病灶，要求确保每个环节的精确和安全，对建筑环境提出了严苛的工艺要求。主要包括：

（1）辐射屏蔽与监测、主体结构沉降控制和监测、周边环境微振动控制和监测、受力构件的变形控制、设备环境温湿度控制、设备的地面荷载、建筑和装饰材料、设备进场路线及吊装方式等，以及对电、水、冷热源的工艺要求；

（2）需注重项目周边拟建地铁 14 号线对设备微振动产生影响的评估。因此，根据以上项目特点及重难点，需要项目管理人员重点关注"零"沉降、"微"振动、"防"辐射、"精"预埋、"严"接口、"恒"环境等方面的应对措施。其中，针对机电管线定位的精准要求，本项目通过采用全专业的 BIM 深化搭建模型，并根据 BIM 模型进行碰撞测试、现场实时校准、三维扫描及分析等措施，最终满足了预埋精度要求。

3. 作为民生工程受到社会广泛关注

深圳市质子肿瘤治疗中心是 2014 年深圳市市政府工作报告提出的 12 项重大民生工程固定资产投资项目中名医工程建设项目之一，其建设有助于缓解深圳市医疗卫生资源总体短缺，尤其是肿瘤诊断治疗体系严重不足的状况，有助于解决人民群众看病难的问题。本项目的提出是提升深圳市国际影响力和医疗卫生服务辐射能力的需要，是贯彻落实广东省和深圳市卫生事业发展规划要求的重要举措，有利于改善深圳市投资环境，促进深圳市经济发展。本项目的实施将推动深圳打造成为全方位的国际医疗中心城市、国际一流的生命健康产业基地。其投资额较大，具有广泛的社会影响。

4. 项目报批报建程序受到政策因素影响

报批报建工作须严格按照政府办事流程进行，其进展受到政府部门审批时效的影响。本项目报批报建工作涉及业主方、使用单位、全过程工程咨询单位、造价咨询单位、设计单位、勘察单位、施工单位，以及各种专项评估评价报告编制单位等。众多单位之间的工作成果互为条件，需要统筹策划、周密分工。据统计，项目报批清单与前置条件共计 50 项，各相关方报批报建工作需要与政府相关主管部门积极沟通，过程中易受到政策等不确定因素的影响，进而阻碍项目工期进展。

基于管理难点分析，本项目梳理总结出项目全生命周期管理过程中的建设管理控制重点，见表 2-5。

建设管理控制重点 表 2-5

	目标维度	
	重难点分析	应对措施
投资决策阶段	项目功能定位高，致力于打造国际一流质子治疗中心	重点考虑院方运营需求，与使用方充分沟通，构建以医疗工艺为导向 + 全过程工程咨询的建设管理模式
	目标要求高，安全、质量、进度和投资各方面管理均受到强烈关注	明晰安全、质量、进度和投资目标，并根据总体目标分解各阶段工作任务，形成项目实施策划方案
	项目具有重要性、稀缺性的特点，目前国内建成质子医院仅2所，可参考范例较少	全过程工程咨询单位组织考察调研其他质子项目：广州泰和质子、广州恒健、合肥质子、上海质子重离子、涿州质子等，学习建设管理经验教训
	建设标准超过常规医院，建设资金须保证充足	全过程工程咨询单位为可研、概算批复提供已完工程案例和技术参数等专业支撑，推进概算申报进程，并实现了国家发展改革委首次批复全过程工程咨询费用
	过程维度	
	重难点分析	应对措施
	项目工期紧迫	采用建安工程与质子设备的制造、安装、调试及验收并行的两条项目总控主线，将质子区具备吊装条件的场地移交节点确定为关键节点，依此制定项目总控计划，最终形成功能分解27项，建安与专业工程分解89项，项目工作分解239项具体任务
	质子设备吊装节点前工期管控要求高	根据与质子设备供应商签订的合同，结合以往质子项目管理经验，全过程工程咨询单位梳理总结质子设备吊装节点的前置条件以及机电安装节点
	组织维度	
	重难点分析	应对措施
	项目参建单位众多，协调工作量大	以工务署项目组和全过程工程咨询单位为核心，以各参建单位负责人为正式沟通点，充分利用各种沟通工具（电子邮件、微信、QQ、电话等），制定正式沟通机制（项目月报、项目转包、项目管理例会、专题会议等），形成正式的沟通成果，例如文件、会议纪要等，并在实施过程中加强非正式沟通。全咨单位组织召开项目推进联席会议、设计管理例会、设计沟通会议、工艺流程汇报、专项问题研讨等各类需求、设计管理会议200余次；组织正式外出考察调研10余次；沟通函件、联系单30余次；电子邮件近千次
	质子设备供应商为国际企业，存在语言沟通障碍和文化差异	充分研读与质子设备供应商签订的合同条款，做到质子设备安装移交的前置条件均符合要求，提升项目管理人员语言沟通能力
	环境维度	
	重难点分析	应对措施
	作为民生工程受到社会广泛关注	全过程工程咨询单位全力配合肿瘤医院明确医院建设五大定位和学科设置与规模，进行三大分析，订立运营计划和学科规划
	项目报批报建程序受到政策因素影响	全过程工程咨询单位在制定报批报建计划时，对目前最新报批报建政策进行了解和熟悉，梳理各项报批报建工作前置任务及报批清单，共计50项，并绘制报批报建工作流程图以指导报批报建工作，协调辐射环评、职业病辐射防护预评价等和质子项目相关的专业评价
	组织维度	
	重难点分析	应对措施
设计阶段	全生命周期的BIM技术深度应用对设计管理提出更高要求	依据深圳市建筑工务署BIM管理标准体系，全过程工程咨询单位制定了项目BIM实施方案、BIM模型标准、BIM协同工作流程、BIM实施保障措施。深圳市建筑工务署采用BIM先行、全员参与的战略，通过设计阶段BIM正向设计、建筑性能分析、交通物流分析、绿建分析；施工阶段BIM深化、辅助现场施工及管控，信息化平台等操作及应用，加强工程施工的精细化管理、可视化操作，进行数字化移交，最终全过程工程咨询单位提出BIM审核意见287条，实现了经济效益的直接提升

续表

阶段	维度	重难点分析	应对措施
设计阶段	组织维度	设计内容为综合设计，对设计单位的技术能力和设备供应商的协调能力要求高，设计单位类似经验不足	全过程工程咨询单位协助管理设计单位，完成图纸精审及协调部分事项，审核优化设计方案，提供专业咨询意见约238条。此外，深圳市建筑工务署与全过程工程咨询单位根据质子项目的特点，组织设计单位编制质子医院专项设计五大专篇
设计阶段	组织维度	由深圳市卫生健康委员会与质子设备商签订合同，同时要求设备供应商作为设计总包，提供整个项目从方案设计到施工图设计的服务。从合约关系看，设计单位与深圳市建筑工务署无直接合同关系，协调难度大	明确划分设计阶段工作责任，全过程工程咨询单位协助管理，制定设计管理策略，并要求设计主责单位在负责的阶段现场办公，便于提高效率和质量 设计阶段划分和工作责任 ● - 管理　★ - 实施　▲ - 支持 | 设计阶段	质子设备商 IBA	国际设计 HKS	国内设计 天津华汇 | |---|---|---|---| | 方案设计 | ●/▲ | ★ | ▲ | | 初步设计 | ●/▲ | ★/▲ | ★ | | 施工图设计 | ●/▲ | ▲ | ★ |
设计阶段	环境维度	用地紧张，设计难度大	创新性地采用项目地下为质子治疗区，地上为病房的设计方案，有效地缓解了深圳市用地紧张的压力
设计阶段	环境维度	项目周围地铁14号线的振动影响	深圳市建筑工务署组织全过程工程咨询单位进行地铁振动的影响评估，经过评估，公路交通、地铁线路的影响满足质子设备要求的环境振动限值
招采阶段	组织维度	缺乏有类似质子项目管理经验的全过程工程咨询单位	深圳市建筑工务署从质子项目建设特点出发，考虑到质子项目的重要性、稀缺性、专业性和复杂性，在招标方案中重点偏向有质子医院建设经验的全过程工程咨询单位，并对企业规模及实力、项目管理团队专业能力等设置评分项，择优选择有资质有实力的全过程工程咨询单位
招采阶段	组织维度	缺乏有丰富质子项目施工经验的施工总承包单位	根据项目施工特点，深圳市建筑工务署采取施工总承包的建设模式进行招标，并对施工总承包单位的技术标进行严格审查，确保承包商的能力
招采阶段	环境维度	项目需与改扩建二期项目衔接配合，整体考虑交通组织、建筑风格、施工通道等要素	位置邻近，二期基坑和桩基施工招标考虑与质子项目施工总承包捆绑招标；二期场地范围内原有污水站、氧气站、垃圾站的拆除和新建，以及相关外网管线施工招标考虑与质子项目施工总承包捆绑招标
施工阶段	组织维度	设计、采购和施工存在大量的交叉并行，组织管理难度大	深圳市建筑工务署积极创新，提出了在工程项目中运用六西格玛的管理理念，通过优化组织方式、管理模式、管理机制、建造技术等，围绕项目建设目标在特定条件下全面、系统、有序地调动资源，实现安全、高效、高质量完成建设任务。全过程工程咨询单位积极响应，在实际工程中深化六西格玛应用，重点对前期场地的土方开挖和后期大体积混凝土施工进行了相应的六西格玛辅助应用，实现了整个土方开挖的优化，有效节约了工期
施工阶段	环境维度	场地北面被规划的肿瘤医院改扩建二期施工完全封闭，场地东、南、西三面均为人工堆填土体，场地狭小	从技术准备、人员组织、物资准备、机具准备、现场准备、混凝土供应准备、现场组织实施、质量控制要点等一系列问题出发，提出对应的施工组织方案，并通过BIM模拟优化

续表

环境维度	
重难点分析	应对措施

	重难点分析	应对措施
施工阶段	质子中心与相邻基坑间施工困难，质子中心与相邻基坑间存在4m左右高差，图纸明确为放坡处理，且要求共同施工，现场施工存在一定的交叉，保证质子中心的施工是重难点	在质子中心北侧，增加一排钢板桩，两个基坑分开施工，集中力量优先保证质子中心的施工进度达到要求 （图示：质子中心底板基础先施工 -3F；质子中心二次开挖施工时，保证钢板桩外露2m；钢板桩紧临质子底板边线；第二住院楼随质子中心同步开挖至坑底，但其底板基础后施工；质子中心底板施工时，先放坡至住院楼区域，待住院楼基础施工时割除影响底板位置钢板桩；标高 -13.100、-16.900、-20.800、-17.550/-17.260/-18.600、-18.650/-18.360/-19.700 等）
	质子中心桩基施工：质子中心就目前超前钻情况，溶洞率达80%左右，个别桩超前钻施工至100m仍无完整岩样，桩基施工是重难点	①在桩基施工前，增加超前钻点位，进场补勘工作，对整个场地内的溶洞发育情况进行整体探明，避免出现成桩后桩下部存在溶洞而导致桩承载力出现问题 ②积极同岩土专家沟通，分析溶洞下部实际情况，采用注浆处理下部持力层的方式对下部溶洞进行处理 ③编制专项方案进行专家论证，明确溶洞处理方式
	质子区域大体积混凝土：质子区域楼板最厚处达4.68m，因功能特殊，混凝土质量要求高，质子区的大体积混凝土施工是重难点	①在桩基施工时就针对质子区域大体积混凝土展开实地调研，通过工务署对已经施工完成的其他质子医院进行实地学习，汲取以往的成功经验，结合到本项目质子区施工 ②在质子区施工前采用混凝土1∶1模拟样板（含典型机电管线预埋）4.68m×4.68m×4.68m的立方体进行模拟试验 ③施工前：与搅拌站进行技术分析研讨，对混凝土的配合比进行优化，采用掺粉煤灰及其他外加剂技术，减少水泥用量，降低水化热 ④施工中：保证搅拌站的供应及时，连续浇筑，质子区的支模架采用盘扣架的支撑体系，提高模架的稳定性 ⑤施工后：浇筑完成后采用侧面带模养护及喷淋的方式，顶面采用蓄水养护的方式
	项目防辐射要求较高，需设置约2~4m厚的钢板墙进行防辐射，难度较大	①优化配合比设计（混凝土容重必须满足2350kg/m³） ②BIM模型优化钢筋和管线组合节点（质子区的混凝土含量约为普通建筑的11倍，钢筋含量约为普通建筑的15倍） ③足尺模拟实验 ④严格执行浇筑工艺 ⑤保温保湿养护 ⑥温度实时监测
	质子设备对建筑环境、建筑结构要求为严苛：整体的沉降、机电的管线预埋、防辐射等要求高	①"零"沉降：首先，利用超前钻勘察不良地质条件、溶洞；其次，策划桩基及加强承台刚度的变更，并在施工时严控桩基成桩质量，后续加强结构沉降监测频率 ②"微"振动：将质子治疗设备供应商给出的容许振动值与现场测试模拟的数据模拟结合，分析评估从振源、传播途径方面采取措施减少振动 ③"防"辐射：将混凝土的配合比进行优化，减少水化热导致的裂缝，施工前采用足尺模拟实验对存在的风险进行提前分析，针对可能出现的问题，提前策划解决，浇筑完成后进行有效保温保湿养护，并对混凝土温度实时进行监测

续表

施工阶段	环境维度	
	重难点分析	应对措施
	质子设备对建筑环境、建筑结构极为严苛：整体的沉降、机电的管线预埋、防辐射等要求高	④"精"预埋：采用 BIM 模型优化预埋管线、对预埋件布置和预埋件选型进行整体变形分析，提出优化措施。预埋后进行三维扫描复核，严控结构实体平整度 ⑤"严"接口：质子区和非质子区系统接口对接要求严格，针对质子区内的整体机电系统进行整体 BIM 优化，以 BIM 指导现场施工 ⑥"恒"环境：质子设备对建筑环境和能源供应稳定性要求高。在质子设备吊装后保证稳定且不间断电源持续供电，并且备用发电设备在线提供保障，在此期间的空调系统、通风系统、照明、环境监测和周边施工振动等方面全面配合到位 ⑦采用 3D 扫描技术在施工前进行管线定位扫描，在施工后再进行复核定位
	质子设备对机电管线的预留预埋精度要求高：质子设备为高精尖设备，对定位要求非常高，因此，配套的机电管线预埋进度要求同样高	①全专业 BIM 深化 针对高要求，本项目对全专业进行 BIM 深化，尤其在机电预留预埋方面，将和 IBA 深度探讨及沟通，共同完善出一套可以直接指导施工的预留预埋管线 BIM 模型 ②精放线 根据 BIM 模型，现场采用全站仪实时对机电管线进行放线并实时校准 ③钢筋避让 利用 BIM 模型，将预埋管线模型与钢筋模型进行碰撞，得出碰撞调整报告，现场施工时，钢筋做出避让，使得管线能顺利预埋 ④三维扫描 在完成预埋后，对所有机电管线的管口位置进行三维扫描，并将其与机电管线 BIM 模型进行比对，得出分析报告，并根据报告进行现场调整，调整完成后，再进行复扫，直至达到预埋进度范围内

竣工验收阶段	组织维度	
	重难点分析	应对措施
	建设周期长，文档种类多、数量大，特点突出，文档资料管理难度较高	全过程工程咨询单位辅助业主方建立项目管理文档体系，包括项目管理报告、项目管理函件、项目管理会议纪要等，明确项目竣工档案归档范围及要求，最终形成档案归档范围共计 113 项

运营阶段	组织维度	
	重难点分析	应对措施
	使用方介入项目建设程度低，对项目建成后的管理存在困难	通过开发基于 BIM 的运维管理系统，集成设备管理、档案管理、空间管理、数据分析、安全分析、用能分析等，提升设施管理的品质

第 3 章
深圳市质子肿瘤治疗中心项目建设管理组织模式

3.1 项目建设管理模式与总体组织结构

项目建设管理模式是指建设单位采用什么样的基本方式来承担自身的建设工程项目管理职责，不同管理模式的根本区别在于建设单位是由自身组织力量管理，还是委托其他社会化、专业化单位组织力量进行管理。在实践过程中，建设单位可以采取多种多样的组织结构形式，但是基本的管理模式归纳起来有三种形式，即建设单位自行管理模式、委托全过程全方位项目管理模式和自行管理加部分委托项目管理模式（乐云，等，2013）。

建设单位自行管理模式是指建设单位组建完整的项目管理班子，完全依靠自身力量对项目建设进行管理的模式。自行管理是我国长期以来实行的管理模式。建设单位把设计、施工、供货等生产任务委托出去，通过建设单位自身的项目管理班子对这些生产班子进行管理。

委托全过程全方位项目管理模式是指建设单位除了把设计、施工、供货等生产任务委托出去以外，再将对这些生产单位管理的任务也委托出去，由社会化、专业化的单位来承担。委托项目管理服务是国际惯例，也是我国建设工程项目管理领域学习、借鉴和发展的方向。

自行管理加部分委托项目管理模式是建设单位自行管理模式和委托全过程全方位项目管理模式结合而成的一种"中间道路"模式，它是指建设单位自身成立项目管理班子（如基建处、指挥部等机构），对建设工程项目的生产过程实施管理。但是，与自行管理模式不同的是，这种模式为了进一步加强建设单位的管理能力，在已有的建设单位自身管理班子基础上，委托社会化、专业化单位承担部分建设单位的项目管理任务。

深圳市质子肿瘤治疗中心项目的建设管理作为一个复杂的系统工程，以质子医疗工艺为导向，有其内在的客观规律，需要采用与之相适应的管理模式，要根据管理任务合理进行机构设置，针对特定时期的实际情况做出灵活的选择。深圳市建筑工务署在客观的市场调研和分析基础上，针对深圳市质子肿瘤治疗中心规模宏大、医疗工艺导向性强、技术复杂、施工困难的特点，选择了"业主方自管 + 全咨"的管理模式。建设单位在自行管理项目的基础上，引进工艺经验丰富的全过程工程咨询单位强化管控能力，全过程工程咨询单位综合考虑医院整体医疗活动的要素、步骤和部门之间的关系，了解服务需求，为建设单位提供专业性的决策支持。

参与深圳市质子肿瘤治疗中心项目建设的单位众多，包括全过程工程咨询单位、造价咨询单位、施工总承包单位、质子设备供应及设计总包/设计分包单位、多个设备供应及安装单位，以及

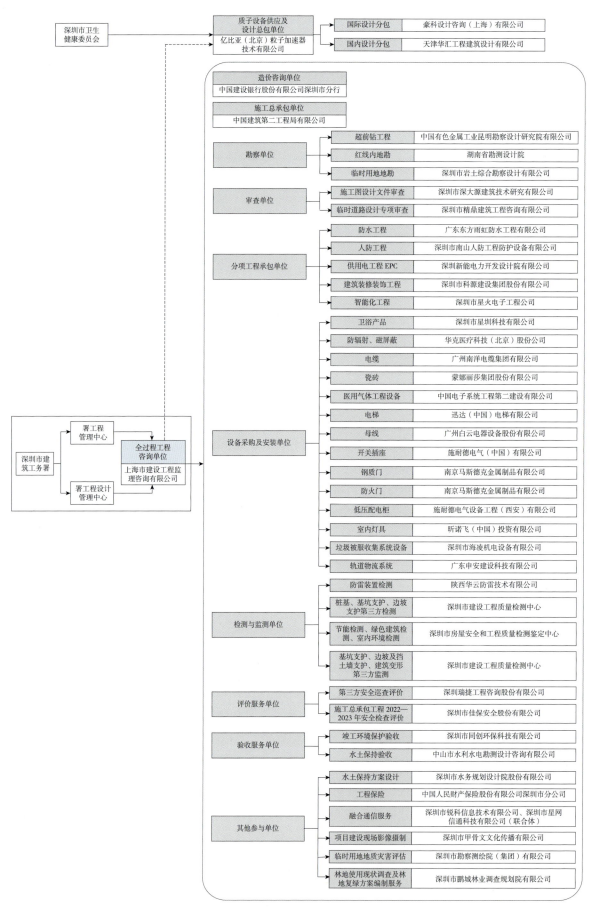

图 3-1　深圳市质子肿瘤治疗中心项目总体组织结构

其他参建单位。图 3-1 展示了深圳市质子肿瘤治疗中心项目的总体组织结构。在质子设备供应及设计分包单位中，分别由不同的国际与国内单位承包；在不同的分部分项工程（超前钻工程、防水工程、人防工程、建筑装修装饰工程、智能化工程等）上，根据工程特点的差异选择了不同的承包单位；针对不同的设备构件（电缆、瓷砖、医用气体工程设备、电梯、母线、钢质门等），依据项目及设备性能需求，选择了多种不同的设备供应单位，构成了复杂的设备采购及安装协作系统。在本项目建设管理模式中，不仅建立了各参建单位项目负责人制度，项目负责人必须得到充分的授权并做好所有的内外部沟通；同时建立了各主要供应商高层联系制度，即各单位须指定一名总经理或常务副总级别的公司高管作为高层联系人。此外，要求各单位项目负责人必须参加项目例会，不得无故缺席。有驻场要求的，须在相应阶段进行驻场。

3.2 项目全过程工程咨询单位的选择

2018 年 12 月 26 日，深圳市建筑工务署启动全过程工程咨询招标工作，在深圳市建设工程交易服务中心进行招标。为选择有资质、有能力的全过程工程咨询单位，深圳市建筑工务署制定了对应的投标人清标评分项，分别对企业规模与实力、同等规模质子项目管理经验、项目管理团队配置与管理、技术优势赋予了不同重要程度的分数，投标人清标评分项目见表 3-1。

投标人清标评分项目　　　　　　　　　　　　　　　　　　　　　　　　　　表 3-1

类别	评分项目	每项满分	每项得分	合计
企业项目清标	企业规模及实力（营业额、人数、专业、专家顾问资源、获得奖项）	20		
	企业近 10 年内参与含直线加速器的医疗项目或其他医疗项目的经验（项目管理、项目管理+监理、监理、代建）	10		
	企业近 10 年内参与质子肿瘤治疗中心项目的经验（项目管理、项目管理+监理、监理、代建）	10		
	企业标准化管理（质量、环境、职业健康安全管理体系）	1.5		
	企业或项目信息化管理（OA 系统、BIM、现代化手段等）	3.5		
项目总负责人清标	项目负责人近 10 年内参与大型医疗项目或质子肿瘤治疗中心项目的经验（担任项目负责人或总监）	15		
设计管理负责人清标	设计管理负责人近 10 年内参与大型医疗项目或质子肿瘤治疗中心项目的经验（设计或设计管理）	10		
总监理工程师清标	总监理工程师近 10 年内参与大型医疗项目或质子肿瘤治疗中心项目的经验（担任项目负责人或总监）	10		
不同阶段重难点分析清标	投标人在质子肿瘤项目不同阶段重难点分析	10		
投标人报价情况分析清标	投标人报价情况分析，主要对项目管理费报价分析	10		

1. 企业规模与实力

为保证投标人的规模与实力，招标公告中明确要求投标人必须同时具备以下两项资质，联合体投标人资质叠加同时具备以下两项资质即可：①具备工程咨询单位甲级资格（建筑专业）；②具备监理综合资质或房屋建筑工程监理甲级资质和机电安装监理甲级资质。此外，项目接受联合体投标，组成联合体的投标单位不多于两家，联合体投标须明确牵头单位及联合体成员单位，联合体牵头单位至少满足以下两条件之一：①具备监理综合资质；②具备房屋建筑工程监理甲级资质和机电安装监理甲级资质，且具有医疗建筑的项目管理或工程监理经验。

2. 同等规模质子项目管理经验

在全过程咨询招标策划阶段，深圳市建筑工务署项目组从质子项目建设特点出发，考虑到质子项目的重要性、稀缺性、专业性和复杂性，在招标方案中重点偏向有质子医院建设经验的全过程工程咨询单位。

3. 项目管理团队配置齐全、能力过硬

深圳市建筑工务署针对项目管理团队人员配置提出了较高的要求，要求项目总负责人应具备近10年内参与大型医疗项目或质子肿瘤治疗中心项目的经验，设计管理负责人应具备近10年内参与大型医疗项目或质子的经验，以及总监理工程师应具备近10年内参与大型医疗项目或质子的经验。

4. 管理和技术优势明显

医院工程不同于普通房地产项目，因其特殊功能需求，以及信息化、智能化的发展对功能、工艺以及用户体验更为专业的要求，管理和技术方面的难点更加突出。

2019年2月27日，经过公开招标，深圳市质子肿瘤治疗中心项目最终选择了上海市建设工程监理咨询有限公司（以下简称"上海建设"）作为全过程工程咨询单位，并发放中标通知书。2019年3月6日，深圳市建筑工务署工程管理中心与上海建设签订全过程工程咨询合同，合同金额为3450.39万元，其中，技术咨询费1805.91万元，监理费1544.48万元，暂列金100万元。

3.3　业主方项目管理组织机构与职责

深圳市建筑工务署内设机构有办公室、人力资源处（机关党委办公室、纪检监察室）、综合计划处、信息科技处、建设统筹处、招标合约处、材料设备处和工程督导处。直属机构设有署工程设计管理中心、署工程管理中心、署文体和水务工程管理中心以及署教育工程管理中心。其中，本项目建设涉及的直属机构主要为署工程管理中心与署工程设计管理中心。署工程管理中心的职能主要为承担政府投资建设工程项目（不含文体、教育类）的具体组织实施和后续运维管理工作，完成深圳市建筑工务署交办的其他任务。署工程设计管理中心的主要职能则为承担深圳市建筑工务署项目的设计管理工作。业主方深圳市建筑工务署的组织机构如图3-2所示，与本项目相关的业主方主要机构及其职责见表3-2。

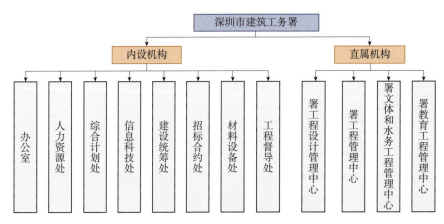

图3-2　深圳市建筑工务署的组织机构

与本项目相关的业主方主要机构及其职责

表 3-2

机构		与本项目相关的主要职责
内设机构	办公室	①负责文秘、政务会务、综合督办、机要保密、档案、收发、行政、后勤、协调联络、信访、宣传、信息公开、公共关系、绩效考核、人大建议政协提案办理、应急值班管理、对外接待等工作 ②负责保密委员会日常工作 ③负责政府工程集中管理体制机制的政策、法规研究，推动政府工程集中管理的立法工作 ④负责政府工程高质量发展研究，统筹、协调、推进全署制度、标准体系建立以及相关课题研究工作 ⑤负责全署法律事务的综合管理工作 ⑥负责项目总结、后评价的制度和规则的制定 ⑦负责统筹署博士后创新基地等工作
	人力资源处（机关党委办公室、纪检监察室）	负责党务、纪检、监察、机构编制、人事、外事、教育培训、社会保险、工青妇、计划生育、离退休人员服务等工作
	综合计划处	①负责会同有关部门编制政府投资项目的年度投资计划 ②负责年度投资计划的编制、申报和调整 ③负责政府工程统计制度制定、统计数据收集填报、统计分析及直属单位统计工作的监督指导 ④负责财务制度制定、财务管理、会计核算、工程款支付审核及对直属单位财务工作指导及监督 ⑤负责部门预算管理及内部审计工作；负责保函管理等工作 ⑥负责工期进度、投资造价、质量安全管控项目推进有关事项统筹 ⑦负责内部审计工作委员会日常工作
	信息科技处	①负责统筹全署信息化、科技推广和创新发展工作 ②负责拟定信息化年度发展规划、年度计划和相关标准规范并组织实施 ③负责新技术推广应用 ④负责统筹运维管理等工作 ⑤负责信息化管理委员会日常工作
	建设统筹处	①负责项目接收及分配（含市政府投资的未接收项目的对外沟通协调） ②负责项目总体策划 ③负责新型建设管理模式的研究 ④负责统筹环保低碳、建筑工业化、绿色建筑、海绵城市、地下管廊等相关工作 ⑤负责项目工期、进度管理 ⑥负责项目建设统筹协调 ⑦负责统筹变更管理 ⑧负责项目策划委员会和技术管理委员会的日常工作 ⑨负责开展工程督办制度建设 ⑩负责制定年度督办计划，开展重点项目专项督办和重大项目协调推进 ⑪负责跟踪协调市领导、人大、政协及署领导交办的工程管理有关事项 ⑫负责组织召开政府工程建设协调推进联席会议 ⑬负责项目运营管理等工作
	招标合约处	①负责统筹全署工程建设项目的招标、合约管理工作 ②负责制订招标制度，编制和推行招标文件和合同范本 ③负责合同管理和承包商（分包商）管理 ④参建单位及人员不良行为记录和投标企业资信管理 ⑤负责招标采购管理委员会的日常工作 ⑥负责统筹全署工程概算、预算、结算、决算等工程造价管理工作 ⑦负责研究国家、省、市造价政策 ⑧负责制定全署工程概算、预算、结算、决算等工程造价管理制度和标准 ⑨负责统筹开展项目建设标准研究 ⑩负责监督检查直属单位造价工作的推进和落实等工作
	材料设备处	①负责统筹全署材料设备管理工作 ②负责材料设备集中采购与战略合作、材料品牌库管理 ③负责供应商及分包商评价与过程监督 ④负责材料设备应用指导与新材料设备的推广应用 ⑤负责材料设备管理委员会的日常工作

续表

机构		与本项目相关的主要职责
内设机构	工程督导处	①负责统筹全署工程建设项目质量安全文明施工及治污保洁管理工作 ②负责统筹安全质量教育培训和现场工人实训 ③负责统筹全署在建项目的开工管理和质量验收管理 ④负责统筹全署生态文明工作 ⑤负责履约评价管理 ⑥负责新工艺推广应用 ⑦负责履约评价委员会和安全管理委员会的日常工作 ⑧负责对施工过程中涉及质量安全的重大技术问题进行指导、组织攻关 ⑨负责组织工程后评估报告评审 ⑩负责专业组管理 ⑪负责建筑废弃物综合利用等工作
直属机构	署工程管理中心	①负责按时向相关单位提供建设工作开展所需的图纸及相关资料 ②负责向相关单位提供必要的工作环境及相关的管理、协调工作 ③负责对相关单位在项目工期、质量、人员、设备、仪器等方面的工作进行监督检查
	署工程设计管理中心	①负责对工程报告过程的决策、控制、实施等环节实行全面管理,协调和监督报告编制工作开展,控制报告编制过程,组织成果审查 ②负责检查相关单位项目报告编制组的组成和人员到位情况、人员稳定情况,考核主要技术骨干的工作能力 ③负责向相关单位提供本工程报告编制基础资料,并对其提交的施工图纸、文件以及相关资料的真实性负责

3.4 全过程工程咨询方项目管理组织机构与职责

根据深圳市质子肿瘤治疗中心项目需求,为全面实施对整个项目各个专业方面的管理,全过程工程咨询单位安排了以项目总负责人和项目总工程师为主要的管理人员,同时下设5个管理部门,包括设计管理部、造价管理部、工程监理部、BIM咨询部和综合管理部的组织机构。此外,全过程工程咨询单位还设置了专家顾问团队、医疗研究中心和BIM研发中心进行远程协调,以保证整个项目团队高效、健全、灵活地运转。全过程工程咨询单位的组织机构如图3-3所示,其各管理部门职责见表3-3。

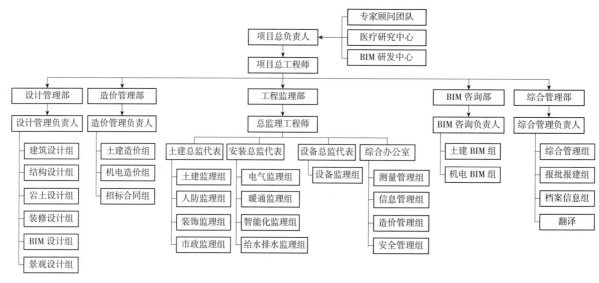

图3-3 全过程工程咨询单位的组织机构

全过程工程咨询单位各管理部门职责　　表 3-3

管理部门	部门职责
设计管理部	①负责制定部门管理方案与管理流程 ②负责初步设计阶段咨询管理与协调 ③负责施工图设计咨询管理与协调 ④负责深化设计咨询管理与协调 ⑤负责与后台技术团队沟通协调 ⑥负责施工组织设计及专项施工方案的审核把关 ⑦负责施工阶段设计变更管理 ⑧负责完成全过程咨询管理服务合同规定的其他任务 ⑨负责完成项目负责人安排的其他工作 ⑩负责施工阶段技术咨询与服务 ⑪组织及编写技术上会材料和参与工务署的技术上会
造价管理部	①负责制定部门管理方案与管理流程 ②负责招标咨询管理工作 ③负责造价咨询管理工作 ④负责合同管理工作 ⑤负责承包商、顾问单位进度款支付的管理工作 ⑥负责完成全过程咨询管理服务合同规定的其他任务 ⑦负责完成项目负责人安排的其他工作 ⑧负责设计概算的审核及配合概算评审工作 ⑨负责招标清单、控制价、商务标分析等审核工作 ⑩负责变更费用审核及上会资料准备 ⑪负责工程结算管理、审核及配合审计工作 ⑫负责投资控制工作总结
工程监理部	①总监理工程师是工程监理部总负责人 ②负责项目全过程咨询管理合同范围内的所有工程监理工作 ③负责与政府工程监督部门的沟通协调 ④负责完成公司职能部门规定的监理业务相关工作 ⑤负责项目负责人交办的其他工作
BIM 咨询部	①负责制定 BIM 管理规划与管理流程 ②负责 BIM 管理规划与管理流程的执行 ③负责全过程咨询管理服务合同要求的 BIM 咨询工作 ④负责落实公司 BIM 中心技术标准与管理规定 ⑤负责项目负责人交办的其他 BIM 技术工作
综合管理部	①负责制定综合管理部规划与管理流程 ②负责综合管理部规划与管理流程的执行 ③负责项目部信息管理与信息沟通协调 ④负责建设单位信息管理支持 ⑤负责项目报批报建管理与服务 ⑥负责建设单位信息系统的管理 ⑦负责项目部行政和人事管理 ⑧负责项目部采购管理 ⑨负责项目部后勤服务 ⑩负责组织内部学习与培训 ⑪负责项目负责人交办的其他工作

3.5 "工艺导向 + 全咨服务"的模式特征分析

深圳市质子肿瘤治疗中心项目在建设过程中始终秉持"工艺导向"思想，以医疗工艺管理工作为核心开展内容策划。一方面，本项目作为深圳市 2014 年提出的 12 项重大民生工程重点建设的医疗卫生项目，其建设标准需要满足使用方的功能要求，即以运营需求为导向进行项目建设，确保项目功能单位配置合理，符合运营阶段的使用标准。医疗工艺设计需要着眼于院方需求，通过全面研究医院的医疗行为和设备需求，深入了解各区域设备的预留预埋情况，为建筑设计单位提供充分的技术支持；同时，应立足于医院使用者的角度，全面考虑医院的声、光及空间环境等设计要点，了解各种设备、材料和工艺的优劣性，能够满足特殊工艺设计的需求。另一方面，本项目建筑内部布局、设备结构与工艺流程不同于一般建设项目，不同设备制造商的设备结构、体积、布局等都不同，涉及研发、设计、制造、安装、调试等一条龙定制化流程，所以质子项目必须根据所选的设备专门设计建造，并根据医疗工艺特点开展适应性的项目管理工作，实现医疗工艺流线高效、有序的目标。

本项目创新性地提出了"工艺导向＋全咨服务"的项目管理模式，为项目全生命周期过程中出现的管理和技术难题提出了针对性的解决方案。从需求侧来看，业主方采用工艺经验丰富的全过程工程咨询单位强化管控能力，全过程工程咨询单位综合考虑医院整体医疗活动的要素、步骤和部门之间的关系，了解服务需求，为业主方提供专业性的决策支持。《综合医院建筑设计规范》GB 51039—2014对医疗工艺的定义是"医疗流程和医疗设备的匹配，以及其他相关资源的配置"（杰芙瑞海伦，2012）。医疗工艺设计需要对医院内部全部医疗系统活动过程及程序进行策划，即对医疗系统组成、功能单元、医疗工艺流程及相关工艺条件、技术指标、参数进行系统性的"医疗功能设计"。医疗工艺设计是医院建筑建造过程中的必备内容，高品质的医疗工艺设计能够促进医疗服务流程与医疗设备、医院建筑及其他资源相互匹配，以提升"医疗产品"的质量和效率（马孝民，2012）。系统性的医疗工艺流程并不局限于项目管理的某个特定阶段，而是贯穿于项目全过程，通过多专业融合对项目实施各阶段发挥重要的指导作用。有学者提出了医疗工艺三级流程。其中，一级流程确定整体平面布局，二级流程解决科室平面布局问题，三级流程研究科室内部构造问题（吕欣豪，等，2020）。也有学者认为，医疗工艺流程按照项目全生命周期的划分原则可以分为不同的工作阶段及内容，包括工艺规划设计、工艺方案设计、工艺条件设计、施工阶段工艺设计以及工艺后评估等阶段（季超，2018），项目全过程医疗工艺流程中具体工作阶段划分及工作内容如图3-4所示。全过程工程咨询覆盖了项目投资、勘察、设计、造价咨询、招标代理、监理、运行维护咨询等工程建设项目各阶段专业咨询服务，有助于实现医疗工艺流程的设计与优化。

图3-4 项目全过程医疗工艺流程

从供给侧来看，由于质子设备供应单位对工艺需求最为了解，深圳市卫生健康委员会创新性地采取由质子设备供应商承担设计任务的服务模式，即设备供应商和设计单位作为一家联合体提供项目设计及设备安装服务，实现建设设计流程与机电设备的衔接配合，确保建筑服务于工艺。质子治疗设备系统始于实验室的研究，本身属于大型科学装置，其复杂、先进的技术和庞大的体积是多学科交叉融合的结晶，其专业性特别强，只有设备供应商了解全部的技术秘密和技术细节。对于非本行业专家来说，质子治疗设备系统就是一个"黑匣子"，很难深入了解，因此设备供应商在质子中心的建造项目中有先天优势，能很好地建造、安装调试和运行设备，使建筑结构满足设备的接口要求，保证设备的技术参数和标准。设备供应商在市场上往往有长期合作的建筑设计公司，这些建筑设计公司也熟悉该设备供应商的设备和建筑的基本要求。例如，结构差异沉降和抗震动要求、辐射防护要求、暖通控制要求、设备与建筑的接口要求、电力供应及电网稳定性要求等，对质子中心项目建造的这些方方面面的特殊要求，建筑设计公司都了如指掌。设备供应商与建筑设计单位组成联合体，就质子项目的建设方案和业主方进行协商，这种模式的优点是明确了设备供应商设计总包职责，厘清了工艺设计沟通界面，规避了常规建设管理情境下的设备供应商和设计单位之间需要通过业主方互相提资带来的协调工作，这种模式可帮助业主在项目实施过程中快速推进。

"工艺导向 + 全咨服务"的项目管理模式具有全过程性和全覆盖性的特征。一方面，立足于项目全生命周期管理视角，该模式在各阶段以工艺导向为重点，纵向优化了项目全流程体系的管理效率；另一方面，全过程工程咨询单位通过集成各方技术优势，从横向视角加强了各参建单位之间的协同合作，并实现了多项专业咨询服务的交叉融合。

1. 全过程性

"工艺导向 + 全咨服务"的项目管理模式在项目全生命周期各阶段各有侧重，所指导的工作内容也存在差异。①在决策立项阶段，医疗工艺规划设计是首要完成的工作，需要解决的是项目建设的宏观问题，主要工作内容包括总体规划、项目定位、可行性研究分析、功能分析、流程设计及绿色设计策略。本项目在该阶段配合肿瘤医院明确医院建设五大定位和学科设置与规模，进行三大分析，订立运营计划和学科规划。②在设计阶段，主要工作内容包括医疗工艺方案设计和工艺条件设计，医疗工艺方案设计需要进行功能单元划分、房型分析、面积确定等工作；工艺条件设计需要确定交通流线、功能需求和技术指标等。③在采购阶段，需要根据工艺特点组织采购招标工作。④在施工阶段，需要根据施工工艺的重难点研究技术解决方案，协调医疗设备供应商的现场安装工作以及协调供应商的供货进度。本项目在施工阶段提出了大体积混凝土浇筑、钢板桩临时支护等创新性的技术措施，进而保证了工程的质量与工期符合要求。⑤在竣工及运营阶段，需要对项目建设是否达到预期的社会经济效益进行评价，并总结工艺流程的不足，为未来类似项目积累医疗工艺管理经验。

2. 全覆盖性

深圳市质子肿瘤治疗中心项目建设具有技术要求高、整体系统复杂、工期进度紧、建筑施工难和配套要求高等重难点。项目以"医疗工艺设计先行，建筑辅助"为原则，根据医疗工艺的复杂性、解决路径等进行分类实施；另外，针对质子设备对建筑接口条件的高要求，同步开展建筑辅助设计（桩基及承台选型、辐射屏蔽设计等），针对项目的技术复杂性难题提出了全面的解决方案。

本项目的主要工艺路线为质子治疗区、辅助治疗区（直线加速器、MRI、CT 等）、门诊及住院病房区。其中：①质子治疗区是本项目的核心，其工艺流程由 IBA 制定，并得到肿瘤医院确认；

②辅助治疗区、门诊及住院病房区的工艺流程由肿瘤医院主导制定，并与质子治疗区协调；③整体医疗工艺流程需要考虑与改扩建二期及整个肿瘤医院的功能衔接。为确保以上三条工艺路线满足项目需求，深圳市建筑工务署项目组和全过程工程咨询单位采取联合办公的方式，通过组建设计管理团队，配置各专业管理工程师，并根据项目的实际需要，协调外部医疗工艺专家提供相应技术咨询服务，为项目的顺利进行提供了完善的专业技术支持。

全过程工程咨询单位基于信息管理平台集成专业信息，有效促进各方之间的沟通交流。项目各专业系统较为复杂，故而对全过程工程咨询单位统筹协调能力提出了较高的要求。全过程工程咨询单位以"模型为基准、质量为主线、平台为支撑、管理为重点"的指导思想，分批、分步实现BIM技术在项目中的全面应用，通过构建完善的各方沟通管理体系，大幅增强了各参建单位之间的协同效率（图3-5）。

本项目创新性地采用"工艺导向+全咨服务"的项目管理模式，通过深圳市建筑工务署项目组和全过程工程咨询单位联合办公，组建设计管理团队，配置各专业管理工程师，对设计单位的成果进行严格审核与优化，并根据项目的需要协调外部医疗工艺专家提供相应技术咨询服务，成功地将

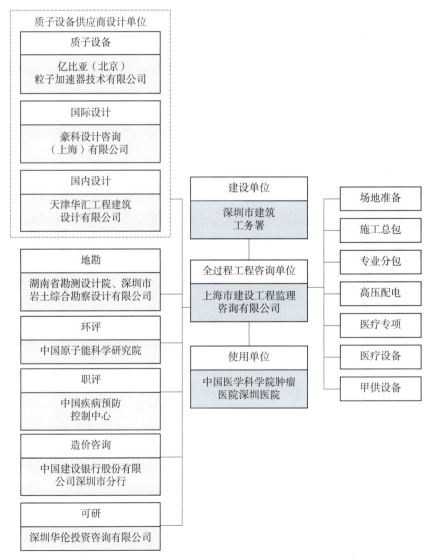

图3-5 项目各参建方沟通管理体系

建设意图、运营需求、设计标准等贯彻到项目管理中。本项目最终取得医疗工艺主要管理成果 19 项（表 3-4），并形成了医疗专项设计包含界面范围表（表 3-5）。

医疗工艺主要管理成果　　　　　　　　　　　　　　　　　　　　　　　　　表 3-4

序号	成果	阶段	管理职责
1	工艺规划和设计任务书	方案设计	协调，控制
2	方案设计	方案设计	协调，控制
3	医疗一级工艺流程	方案设计	协调，建议
4	医疗二级工艺流程	方案设计	协调，建议
5	功能／房间清单	初步设计，施工图设计	协调，控制
6	医疗设备清单	初步设计，施工图设计	协调，控制
7	医疗专项设计图	初步设计，施工图设计	协调，控制
8	医用洁净设计图	初步设计，施工图设计	协调，控制
9	厨房工艺设计图	初步设计，施工图设计	协调，控制
10	实验室、检验设计图	初步设计，施工图设计	协调，控制
11	医疗智能化设计图	初步设计，施工图设计	协调，控制
12	医疗标识设计图	初步设计，施工图设计	协调，控制
13	医用气体设计图	初步设计，施工图设计	协调，控制
14	物流传输设计图	初步设计，施工图设计	协调，控制
15	中央纯水设计图	初步设计，施工图设计	协调，控制
16	放射防护设计图	初步设计，施工图设计	协调，控制
17	污水处理设计图	初步设计，施工图设计	协调，控制
18	医疗设备采购技术要求	初步设计，施工图设计	协调，控制
19	医疗设备采购及安装计划	施工图设计	协调

医疗专项设计包含界面范围　　　　　　　　　　　　　　　　　　　　　　　表 3-5

医疗专项	设计工作包内容
医用气体	病区设备包含系统、液氧罐、压缩空气、负压吸引、氮气等
放射防护与屏蔽	放疗科（直线加速器）、放射科（CT、MRI）等
物流传输系统	中型物流
垃圾与污衣回收系统	各病区及部分门诊和医技污物间设置投放口、自动回收系统和暂存等
标识系统	人流流线地面指引系统、标牌系统、户外标识、VI 整体形象策划等

第 4 章
深圳市质子肿瘤治疗中心项目全过程工程咨询实施过程

4.1 前期阶段

4.1.1 全咨管理策划

在编制全咨管理策划过程中，依据之前在广州质子项目全过程"项目管理＋监理一体化"的成功实践，以及前期在调研其他同类型项目中获取的经验和相应的专家支持，上海建设监理咨询单位对整个项目的总控策划、设计管理、招标投资、施工管理、设备安装等方面进行了全面的策划，主要实施工作如图 4-1 所示。在项目总控策划阶段，列出项目的重难点，并设置质子设备吊装条件作为项目的关键点；在设计管理阶段，全过程工程咨询单位针对新的设计发包模式制定管理策略，指导编制质子医院专项设计专篇，并组织地铁振动影响评估、实施 BIM 正向设计、辐射防护、大体积混凝土等；在招标投资中，分判专业合同包，并为可研、概算批算提供已完工工程案例和技术参数等专业支撑；在施工管理阶段，为使参建各方清晰地认识项目建设的特点与难点，全过程工程咨询单位组织质子项目的调研与交流，在项目风险点上组织参与方进行 BIM 辅助策划、实体模型验证、研讨攻关等，在重大问题上也额外组织专家论证；在设备安装阶段，全过程工程咨询单位落实质子设备进场运输道路及设备存放、吊装的场地，并设置质子设备安装调试与非质子区施工并行，落实调试环境的管控等。其中，对整个质子设备调试环境的管控，是全咨管理策划的重中之重。

4.1.2 项目总控

根据全咨质子项目管理经验，全过程工程咨询单位对于项目的总控主要采用了两条主线。第一个是建安工程，第二个是与之并行的质子设备的制造、安装以及调试和验收。项目总控计划设置的竣工时间为 2023 年 12 月。其中，将质子设备具备吊装条件的场地移交节点（BOD 节点）设置为项目关键节点，即整个项目的管控重点。该节点的设置是由于质子设备的安装调试需要约 2.5 年的时间，将质子区及其配套区域提前交付给设备安装调试，其他区域同步继续进行建安施工，将能够大幅度缩短（约减少 1.5 年）质子医院整体投入使用的时间，早日为患者提供治疗服务，

图 4-1 全咨管理策划主要实施工作

是一项非常有益于民生的工作。

同时，严格落实质子设备厂家提交的建筑接口文件是质子设备交付的前提条件。全过程工程咨询单位根据以往与国外设备厂商的接触经验，对本项目的供货合同进行了仔细分析，梳理出 BOD 节点前置条件并列出清单，见表 4-1。

BOD 节点前置条件梳理　　　　　　　　　　　　　　　　表 4-1

分部分项	BOD 节点前置条件梳理 Building Occupancy Date 建筑可使用日期
建筑要求	建筑必须完工，并且所有服务设施可用，建筑（与质子相关部分）必须已经全部通过质子厂家 IBA 的验收
	质子区域内装修施工全面完成（含防水腻子、环氧涂料、医用金磨石等）
机电系统	①与质子区相关的所有暖通系统、电气系统、信息系统、冷却水系统均调试完成并能正常运行 ② IBA 配电间、水冷机房、主控室和 IBA 服务器机房全部完成
基础服务设施	现场设备和服务设施应可以使用，确保在安装和调试期间，设备安装团队及其分包商人员健康、安全和有效使用，包括设备区域、办公空间、工具储藏室、卫生间和淋浴设施内的电源、水、空调和通信设备等

此外，全过程工程咨询单位还对 BOD 进行了节点分析，表 4-2 展示了对机电安装细节的整理。根据全咨质子项目管理经验，全过程工程咨询单位还策划、落实了质子设备进场道路及存放、吊装的场地需求。图 4-2 为质子设备存放及吊装场地示意图。

BOD 节点分析（机电安装细节整理）　　　　　　　　　　表 4-2

序号	分项	工作内容	安装位置	施工周期	开始时间	完成时间	前置条件
1	强电	低压配电房	地下室 -1F	20 天	2021-11-10	2021-11-29	土建移交低压配电房工作面
		高压配电房（市政供电）	1F	20 天	2021-11-30	2021-12-19	土建移交高压配电房工作面
		空调系统供电（含电缆及桥架敷设）	地下室 -1F~-3F	30 天	2021-11-27	2021-12-26	土建逐层移交地下室工作面
		通风系统供电（含电缆及桥架敷设）	地下室 -1F~-3F	30 天	2021-11-27	2021-12-26	质子区装饰面完成
		电气照明供电（含电缆及桥架敷设）	地下室 -1F~-3F	30 天	2021-11-27	2021-12-26	质子区装饰面完成
		质子区配电间施工（含配电柜底座，进线端线缆桥架敷设）	地下室 -1F	40 天	2021-11-07	2021-12-16	土建移交质子区
2	空调	精密空调安装	地下室 -3F	20 天	2021-11-27	2021-12-16	质子区装饰面完成
		制冷机房设备及管道安装	地下室 -3F	45 天	2021-11-10	2021-12-24	土建移交制冷机房工作面（含浮筑地台）
		冷却塔及管道安装	室外选址	30 天	2021-11-07	2021-12-06	受土建屋顶进度影响，建议室外选址安装临时冷却塔
		空调系统调试	/	20 天	2021-12-07	2022-12-26	空调系统安装完成
3	给水排水	生活给水泵房及管道安装	地下室 -3F	30 天	2021-11-15	2021-12-14	土建移交给水泵房工作面（含浮筑地台）
		精密空调/质子区新风机组给水管安装	地下室 -3F	15 天	2021-10-29	2021-11-12	土建移交地下室 -3 层工作面
		质子区排水系统安装完成（排水管道，潜污泵等）	地下室 -1F~-3F	30 天	2021-11-27	2021-12-26	土建逐层移交地下室工作面

续表

BOD 机电安装节点							
序号	分项	工作内容	安装位置	施工周期	开始时间	完成时间	前置条件
4	消防	消防保障措施（灭火器）	地下室 –3F	7 天	2021-12-07	2021-12-13	土建移交质子仓
5	通风	新风系统安装（新风机组，风管等）	地下室 –1F	30 天	2021-11-27	2021-12-26	土建逐层移交地下室工作面
		排风系统安装	地下室 –1F~–3F	30 天	2021-11-27	2021-12-26	土建逐层移交地下室工作面
		送风系统安装	地下室 –1F~–3F	30 天	2021-11-27	2021-12-26	土建逐层移交地下室工作面
6	弱电	弱电桥架，线缆敷设	地下室 –1F~–3F	30 天	2021-11-27	2021-12-26	土建逐层移交地下室工作面
		弱电设备安装	地下室 –1F~–3F	20 天	2021-11-27	2021-12-26	土建逐层移交地下室工作面
7	气体	压缩空气等	地下室 –1F~–3F	20 天	2021-12-07	2021-12-26	土建逐层移交地下室工作面
8	综合	质子区联合调试	地下室 –1F~3F	20 天	2021-12-27	2022-01-15	

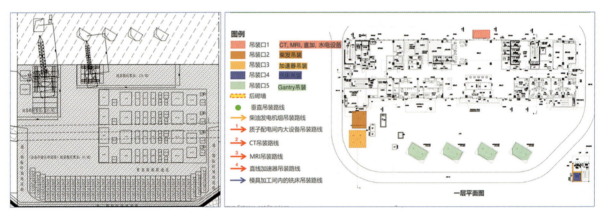

图 4-2　质子设备存放及吊装场地示意图

4.1.3　医疗工艺管理

全过程工程咨询单位对医疗工艺的管理分为三条主线进行。一是，门诊、住院医疗工艺。医院的 3 楼~10 楼主要是病房（包含 GCP 病房和标准病房），需要根据护理功能要求，在医院配合下完成工艺流程和平面布置。二是，质子治疗工艺。在质子项目中，质子的治疗工艺是整个项目的管控和核心，IBA 负责质子治疗区域的工艺流程，并负责协调设计单位完成工艺要求实现。三是，辅助医疗工艺（常规放疗等）。为了配合质子治疗，还有直线加速器、MRI、CT 等辅助治疗区域。此外，还存在相关的一些工艺因素，如与原有院区、改扩建二期项目医学工艺流线衔接，共享原有院区和改扩建二期的公用设施（如配套管网、公共设施、医用气体）等。

医疗工艺需求管理方面必须坚持以运营维护需求为导向。在本项目进行过程中，全过程工程咨询单位与使用方建立了良好的沟通机制，并保持着密切的联系，在与使用方沟通中起到了很好的桥梁作用。全过程工程咨询单位组织了专门的人员负责需求调查、梳理、统计、分析、评估、论证与说明，并重视需求管理的动态性，加强变更管理。此外，利用了 BIM 技术辅助和院方进行可视化交流，便于医护人员理解与接受。为促进医疗工艺管理的沟通工作开展，全过程工程咨询单位组织召开了项目推进联席会议、设计管理例会、设计沟通会议、工艺流程汇报、专项问题研讨等各类需求、设计管理会议 200 余次；组织正式外出考察调研 10 余次；沟通函件、联系单 30 余次；电子邮件近千次。

4.1.4 设计管理

本项目在设计发包模式上与常规项目的不同也给全过程工程咨询单位的项目管理工作提出了挑战。常规发包模式通常由业主方招标确定设计单位，但在本项目中，直接由深圳市卫生健康委员会与质子设备供应商签订合同，同时要求设备供应商作为设计总包，提供整个项目从方案设计到施工图设计的服务。因此，从合约关系看，设计合同已由设备供应商（IBA）与设计单位签署。设计合同不再移交深圳市建筑工务署，但设计管理由深圳市建筑工务署实施（包括设计费用支付审批管理）。本项目设计单位的工作责任划分如图4-3所示。

设计阶段划分和工作责任
●—管理　★—实施
▲—支持

设计阶段	质子设备供应商	国际设计单位	国内设计单位
	IBA	HKS	天津华汇
方案设计	● / ▲	★	▲
初步设计	● / ▲	★ / ▲	★
施工图设计	● / ▲	▲	★

图 4-3　设计单位的工作责任划分

这种模式具有一定的优点，它明确了设备供应商的设计总包职责，明确了工艺设计沟通界面，并且规避了通常的设备供应商和设计之间需要通过业主互相提资带来的协调工作问题，但同时也给全咨管理工作带来了新的挑战。由于国外的设备供应商是首次遇到该种发包模式，因而缺乏管理全过程设计的能力，这就需要全过程工程咨询单位进行协助管理。同时，由于设计内容为综合设计，对设计单位的技术能力和设备供应商的协调能力要求比较高，但设计单位这方面的能力有所欠缺，因此也需要全过程工程咨询单位协助完成图纸精审及部门的协调事项。

为更好地对本项目进行设计工作管理，深圳市建筑工务署与全过程工程咨询单位根据质子项目的特点，组织设计单位对整个医院专项设计编制了五大专篇。具体包括：深圳肿瘤医院质子中心辐射防护专篇、深圳肿瘤医院质子中心结构设计专篇、深圳肿瘤医院质子中心机电设计专篇、深圳肿瘤医院质子中心医疗设计专篇与深圳肿瘤医院质子中心设备吊装安装专篇。此外，由于质子设备对振动非常敏感，而地铁14号线从项目后方穿过，因此全过程工程咨询单位还进行了地铁振动的影响评估。通过利用车辆—轨道耦合动力学理论和结构动力学理论，建立了列车—轨道—隧道—土体—建筑物耦合动力学模型，采用三步分析方法预测了地铁列车在不同运行条件下引起的远场建筑振动，并根据质子设备振动限值评价其是否满足振动要求。评估结果显示，公路交通、地铁线路的影响满足质子设备要求的环境振动限值，环境振动满足设备的使用条件。

4.1.5 招标策划

在招标策划工作中，全过程工程咨询单位以总进度为基准进行招标进度策划，以最大化引入竞争的合同包划分策划，选择最适合的承包商的择优招标方案。表4-3展示了部分合同包及其主要内容。

部分合同包及其主要内容　　　表 4-3

序号	合同包	主要内容、范围	投资估算
1	施工总承包	边坡处理、土石方、基坑支护及桩基工程（考虑与二期基坑捆绑招标），主体建筑安装工程，电力外线接入高低压配电施工，园林绿化和景观工程，专项分包工程等	约40369万元（未包含二期）
2	专项分包工程	智能化工程，精装修工程，幕墙工程等	约16720万元
3	工务署战略采购	包括：电力外线接入高低压配电施工，防水，电梯，电缆等	约4720万元
4	医疗专项工程	医疗气体，防辐射与核磁屏蔽等	约3200万元
5	工程检测服务类	桩基检测，基坑支护及主体结构检测，防雷检测，室内空气质量检测等	约679万元

4.1.6 投资管理

质子医院的建设标准远高于常规医院，但想要争取到充足的建设资金需要具有充分的依据。在可研及概算申报阶段，全过程工程咨询单位组织医院、深圳市发展改革委等单位考察调研了广州、合肥、上海、涿州、济南等质子医院项目。通过座谈交流、实体项目观摩、设计资料查找、技术参数核算等，使相关单位对质子项目的建设特点有了清晰的了解，为可研、概算批复提供了已完工的工程案例和技术参数等专业支撑。整个概算申报历时了近一年时间去优化，在这期间共召开了17次推进会，审核意见800余条。最终常规医院概算批复单方投资不到1万元，而本项目概算批复为6.7876亿元（不含质子治疗设备购置项目7.5亿元投资），35073m^2，单价为19352元/m^2，同时深圳市发展改革委首次批复了全过程工程咨询费用。图4-4展示了项目的总投资计划表。

图 4-4　项目总投资计划表

4.2 施工阶段

项目施工阶段是实现项目建设目标和参建各方利益的关键阶段，投资量大、周期长、参建单位多、协调关系复杂。从技术角度来看，全过程工程咨询单位充分利用自身的技术优势，分析施工过程中的技术重难点，并指导参建各方全面应用BIM技术，辅助施工组织策划、交底、监测，成为项目的一大亮点。在管理理念和模式方面，全过程工程咨询单位积极响应深圳市建筑工务署提出的六西格玛管理理念，形成了一套创新的管理模式，同时全过程工程咨询单位还组织参建各方对施工阶段各风险点进行研讨、攻关，形成了一系列完善的风险控制措施。

4.2.1 施工技术亮点

1. 施工阶段技术重难点分析

由于质子项目具有稀缺性、重要性的特点，全过程工程咨询单位组织参建各方到已完工的广州、上海、合肥、涿州等质子项目进行调研、学习，通过实体项目观摩、座谈交流、图纸方案及影像资料学习等，使参建各方清晰地认识到项目建设特点和难度，并针对具体的施工技术难点进行研讨分析和专家论证，进而提出解决方案。全过程工程咨询单位根据项目本体特征和外部环境特征总结施工阶段技术重难点及应对措施，为项目顺利实施奠定了坚实的基础（表4-4）。

2. BIM咨询

全过程工程咨询单位依据深圳市建筑工务署BIM管理标准体系，采用BIM先行、全员参与的战略，制定了针对本项目的BIM实施方案、BIM模型标准、BIM协同工作流程、BIM实施保障措施，

施工阶段技术重难点及应对措施　　　　　表4-4

难点一：质子中心与相邻基坑间施工		
重难点分析	应对措施	备注
质子中心与相邻基坑间存在4m左右高差，图纸明确为放坡处理，且要求共同施工，现场施工存在一定的交叉，保证质子中心的施工是重难点	在质子中心北侧，增加一排钢板桩，两个基坑分开施工，集中力量优先保证质子中心的施工进度达到要求	（附图）

难点二：质子中心桩基施工	
重难点分析	应对措施
质子中心就目前超前钻情况，溶洞率达80%左右，个别桩超前钻施工至100m仍无完整岩样，桩基施工是重难点	①在桩基施工前，增加超前钻点位，进场补勘工作，对整个场地内的溶洞发育情况进行整体探明，避免出现成桩后桩下部存在溶洞而导致桩基承载力出现问题 ②积极同岩土专家沟通，分析溶洞下部实际情况，采用注浆处理下部持力层的方式对下部溶洞进行处理 ③编制专项方案进行专家论证，明确溶洞处理方式

续表

难点三：质子区域大体积混凝土	
重难点分析	应对措施
质子区域楼板最厚处达4.68m，因功能特殊，混凝土质量要求高，质子区的大体积混凝土施工是重难点	①在桩基施工时针对质子区域大体积混凝土展开实地调研，通过工务署对已经施工完成的其他质子医院进行实地学习，汲取以往的成功经验，结合到本项目质子区施工 ②在质子区施工前采用混凝土1∶1模拟样板（含典型机电管线预埋）4.68m×4.68m×4.68m立方体进行模拟试验 ③施工前：与搅拌站进行技术分析研讨，对混凝土的配合比进行优化，采用掺粉煤灰及其他外加剂技术，减少水泥用量，降低水化热 ④施工中：保证搅拌站的供应及时，连续浇筑，质子区的支模架采用盘扣架的支撑体系，提高模架的稳定性 ⑤施工后：浇筑完成后采用侧面带模养护及喷淋的方式 ⑥顶面采用蓄水养护的方式

难点四：质子设备对建筑环境、建筑结构极为严苛	
重难点分析	应对措施
质子设备对建筑环境、建筑结构极为严苛。整体的沉降、机电的管线预埋、防辐射等要求高	①"零"沉降：首先，利用超前钻勘察不良地质条件、溶洞；其次，策划桩基及加强承台刚度的变更，并在施工时严控桩基成桩质量，后续加强结构沉降监测频率 ②"微"振动：将质子治疗设备供应商给出的容许振动值与现场测试模拟的数据模型结合，分析评估从振源、传播途径方面采取措施减少振动 ③"防"辐射：将混凝土的配合比进行优化，减少水化热导致的裂缝，施工前采用足尺模拟实验对存在的风险进行提前分析，针对可能出现的问题，提前策划解决，浇筑完成后进行有效保温保湿养护，并对混凝土温度实时进行监测 ④"精"预埋：采用BIM模型优化预埋管线、对预埋件布置和预埋件选型进行整体变形分析，提出优化措施。预埋后进行三维扫描复核，严控结构实体平整度 ⑤"严"接口：质子区和非质子区系统接口对接要求严格，针对质子区内的整体机电系统进行整体BIM优化，以BIM指导现场施工 ⑥"恒"环境：质子设备对建筑环境和能源供应稳定性要求高。在质子设备吊装后保证稳定且不间断电源持续供电，并且备用发电设备在线提供保障，在此期间的空调系统、通风系统、照明、环境监测和周边施工振动等方面全面配合到位 ⑦采用3D扫描技术在施工前进行管线定位扫描，在施工后再进行复核定位

难点五：质子设备对机电管线的预留预埋精度要求高	
重难点分析	应对措施
质子设备为高精尖设备，对定位要求非常高，因此，配套的机电管线预埋进度要求同样高	①全专业BIM深化：针对高要求，本项目对全专业进行BIM深化，尤其在机电预留预埋方面，将和IBA深度探讨及沟通，共同完善出一套可以直接指导施工的预留预埋管线BIM模型 ②精放线：根据BIM模型，现场采用全站仪实时对机电管线进行放线并实时校准 ③钢筋避让：利用BIM模型，将预埋管线模型与钢筋模型进行碰撞，得出碰撞调整报告，现场施工时，钢筋做出避让，使得管线能顺利预埋 ④三维扫描：在完成预埋后，对所有机电管线的管口位置进行三维扫描，并将其与机电管线BIM模型进行比对，得出分析报告，并根据报告进行现场调整，调整完成后，再进行复扫，直至达到预埋进度范围内

难点六：防辐射要求较高	
重难点分析	应对措施
防辐射评估是影响设计的一个重要因素，其评估意见对最终设计有重大影响	设置钢板墙，墙板厚约2~4m ①优化配合比设计（混凝土容重必须满足2350kg/m³） ②BIM模型优化钢筋和管线组合节点。（质子区的混凝土含量约为普通建筑的11倍，钢筋含量约为普通建筑的15倍） ③足尺模拟实验 ④严格执行浇筑工艺 ⑤保温保湿养护 ⑥温度实时监测

通过设计阶段 BIM 正向设计、建筑性能分析、交通物流分析、绿建分析；施工阶段 BIM 深化、辅助现场施工及管控、信息化平台等操作及应用，加强工程施工的精细化管理、可视化操作，进行数字化移交，达成工程项目的建设目标，实现 BIM 服务于项目的目的。

在施工阶段，全咨 BIM 咨询团队运用 BIM 技术对 BIM 模型进行施工深化，减少后期施工过程中的拆、改问题。利用 BIM 模型指导施工，辅助施工现场工程施工，提高现场质量管理精细度。对项目建设过程进行模拟施工，对施工进度实现精确计划、跟踪和控制。同时利用 BIM 管理平台对施工过程中的安全和质量问题进行数字化监管，提高项目的安全质量水平，提升项目综合效益。整个项目阶段有 16 个主要应用点，包括基准模型创建、施工场地布置、管线综合优化、碰撞检查、预留预埋深化、净高分析、支吊架深化、深化图纸输出、工程量统计、虚拟/VR 漫游、建筑性能分析、施工组织模拟、专项施工深化模拟、三维扫描复核、安全质量管理、正向设计出图等，其中最关键的是施工组织模拟和正向设计出图。

（1）施工组织模拟。BIM 在整个质子项目的施工组织方面起到了很好的预演推进作用，全过程工程咨询单位管理人员针对整个项目的土方外运、地下室质子区的建设以及设备的吊装进行了全过程关键节点的实时推演，对项目后期现场的实施起到了很好的指导作用。

（2）正向设计出图。全过程工程咨询单位有专人驻场进行 BIM 管理，通过采用"先建模，后出图"的 BIM 正向设计协同技术应用模式，保证了图纸和模型的一致性，设计前期提前发现设计问题，减少了施工图的错漏碰缺，真正实现了从三维模型到二维图纸的实时输出，同时对整个机电管线进行了相应的优化。

（3）针对地质环境建模。全过程工程咨询单位针对质子项目地下复杂的地质环境，通过建立 BIM 地质模型，辅助专家会分析地质情况，优化处理方案，确保零沉降、微振动的管理要求。通过 BIM 建立的地质模型和模拟溶洞处理方案分别如图 4-5、图 4-6 所示。

（4）BIM 出图+二维码应用。现场二维码的应用在项目实施过程中效果较好。通过 BIM 建立平立剖 CAD 图纸，三维模型生成二维码，施工现场利用移动端打开查看模型，进而保证项目所有管理人员和工人在现场能够实时打开移动端来查看模型，对整个现场的智能化、可视化应用起到了较好的支撑作用。

（5）机电深化+数字化加工+预制拼装。通过机电深化+数字化加工+预制拼装技术组合，实现了机电管线在工厂基于 BIM 的数字化加工，对项目工期的优化起到了推进作用。

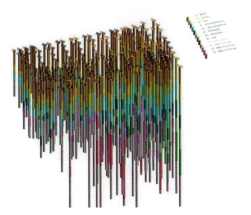

图 4-5 地质模型

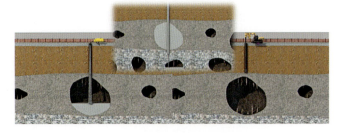

图 4-6 模拟溶洞处理方案

（6）净高分析及优化。由于质子设备相关的机电管线非常复杂，全过程工程咨询单位通过对管线排布进行多版优化，尤其在重要的走廊区域，净高从1.6m优化到了3m，为患者就医提供了更宽敞明亮的空间。

4.2.2 施工管理模式创新

在深圳市建筑工务署的积极引导下，全过程工程咨询单位采用六西格玛统筹管理模式，在实际工程中挖掘六西格玛的运用点，以实现高效和高质量完成建设任务。对建设工程项目而言，通过优化组织方式、管理模式、管理机制、建造技术等，围绕建设目标在特定条件下全面、系统、有序地调动资源，实现安全、高效、高质量完成建设任务。

六西格玛管理作为一种系统的、全面的持续改进方式，能够严格、集中、高效地改善流程管理原则和技术，以"零缺陷"的完美追求，带动质量成本的大幅度降低。通过对项目建设中的所有要素（例如人员、设备、环境等）波动加强控制，确保流程中的每一个环节都在规定的时间、费用和质量目标范围内完成工作。六西格玛管理的基本要素为真诚地以关心顾客为中心、由事实和数据驱动管理、有预见地积极管理、追求完美但同时容忍失败、协力合作无界限和以流程为重。

1. 场地土方挖运

全过程工程咨询单位以分部分项工程为基本单位，将每个分项工程独立分解为六西格玛项目单元，对施工过程进行管控。其中，全过程工程咨询单位重点对前期场地的土方开挖进行了相应的六西格玛辅助应用，以六西格玛改善模式的五个阶段DMAIC（界定、测量、分析、改进、控制）为核心，分析土方挖运方式并识别影响出土因素（图4-7、图4-8），在施工过程中对土方开挖方式进行优化，成功将日均出土248车提升到日均出土311车，抢回新冠疫情影响时间，提前完成土方挖运。

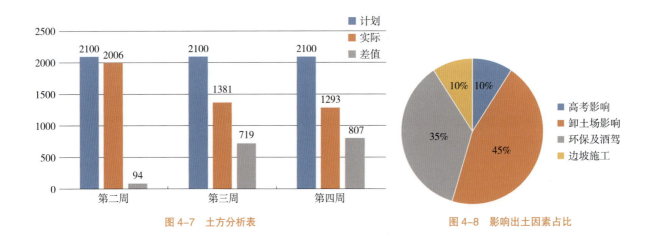

图4-7 土方分析表　　　　　　　　　　　图4-8 影响出土因素占比

2. 大体积混凝土1:1实体模型试验

全过程工程咨询单位对后期大体积混凝土施工进行了相应的六西格玛辅助应用，通过BIM模拟和构建实体模型成功验证混凝土配合比设计、钢筋模板安装、机电管线预埋效果，进而确保了现场大体积混凝土施工的顺利进行（图4-9、图4-10）。此外，为了检测温度应力的变化，全过程工程咨询单位单独在模型中布置了传感器以收集数据分析改进，最终现场选择的足尺试验尺寸为4.68m×4.68m×4.68m，此处钢筋层数为13层，外层钢筋双向三级钢25@150（2层），内层钢筋双

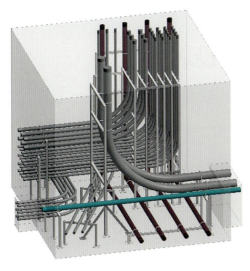
图 4-9 BIM 模拟

图 4-10 1:1 实体模型

向三级钢 12@150（11 层）。

在管理方法方面，深圳市建筑工务署构建科学管理"三图两曲线"管控体系，充分利用甘特图、网络图科学编制计划，工作量矩阵图精细化核定工程量，形象进度对比曲线和资金支付曲线加强调度，提高项目管理效能。此外，深圳市建筑工务署统筹考虑安全、质量、进度，加强安全文明施工和保障措施，通过"6S""六个统筹""四队一制"等机制实现精细化管理。

4.3 竣工验收阶段

在项目竣工验收阶段，全过程工程咨询单位协助业主方积极开展验收工作，深化"三查四定"体系应用，确保工程顺利验收。

1. 制定见证取样办法，严把材料关

（1）根据深圳市建设工程质量检测中心的材料送检指南以及各专业工程的施工及验收规范，拟定送检材料清单目录。

（2）快速联动，与施工单位迅速成立材料验收小组，进行材料送检工作。

（3）组织对现场材料进行验收并对主要材料及关键性材料进行见证取样。

2. 抓住验收要点，对重要工序及系统试验设立质量停止点

（1）根据规范及项目实际情况，梳理关键质量验收点及系统试验，设立质量监控停止点。

（2）与施工单位联动，制订试验计划，共同确定试验方案，并按照试验方案进行现场调试。

（3）对试验进行现场监督，安排专人进行旁站监督。

3. 成立验收小组，开展分户验收工作

（1）制定验收清单，对每个房间及专业的验收项目进行详细划分，制定验收表格。

（2）成立验收小组，按照室内、室外工程进行划分，对室内工程按东西方向进行划分，成立三个验收小组，会同施工单位对工程每一项工作，每一个房间开展了分户验收。

（3）验收发现的问题形成问题清单，由施工单位进行整改。

第5章
深圳市质子肿瘤治疗中心项目建设成效

5.1 进度管理成效

1. 制定详细的工程进度计划和管理程序

工程项目建设总进度计划由全过程工程咨询单位制定。施工单位总体施工组织计划，季度、月度施工计划及单项工程施工计划由施工单位编制，经监理工程师审查批准后报全过程工程咨询单位核备。施工单位的施工计划必须符合全过程工程咨询单位制定的进度计划，同时也要符合投标文件中承诺的总工期要求和分阶段进度计划。任何工期总目标和阶段目标的变更均须得到全过程工程咨询单位的批准。

2. 分阶段工程进度控制目标，紧盯关键线路精心组织施工

深圳市质子肿瘤治疗中心项目计划在4年的工期内完成。各合同段工程应分别按合同承诺的工期完成，并力争工期提前。在工程施工过程中，全过程工程咨询单位根据合同要求确定进度管理总体目标及节点目标，编制项目进度计划及控制措施，分析影响进度的主要因素，对进度计划的实施进行检查和调整。同时，根据总控进度计划分解年、月、周工作计划，有序组织报建、设计、招标采购、施工、检验检测、验收等各项工作的开展，确保在合同总工期内全面完成建设任务。

3. 建立一天一报简报制度、每周进度分析调研制度

全过程工程咨询单位组织各参与单位召开每日例会对现阶段的质量、进度、安全、计量等管理工作进行讨论，并要求以周报、月度、简报分阶段统计项目进度情况，及时了解实际进度与计划的偏差，寻找进度超前及滞后的重点项目，分析超前或滞后影响因素，制定应对措施，及时纠正。对关键节点、重要节点、重点标段或进度滞后标段实时跟踪进展情况。

4. 加强合同管理履约和项目检查制度

施工单位按合同文件的承诺进场管理、技术人员及机械设备，是保证工程进度的首要条件。施工单位必须严格履行合同，进场后的施工人员、机械设备，未经项目管理指挥部批准，不得擅自调离施工现场。为避免通过报表所了解的进展情况的虚假性和滞后性，全过程工程咨询单位进行不定期巡查，核实人员（项目经理、技术负责人以及监理人员等）的到位情况、机械设备的数量及运行状况、计划落实情况。每季度组织设计单位、监理部门、施工单位进行一次综合大检查，包括质量控制、施工进度、施工安全、合同管理等。

5.2 质量管理成效

1. 工程质量验收 100% 合格,顺利通过竣工验收投入使用

深圳市质子肿瘤治疗中心项目的工程质量由广东省住房城乡建设厅主管监督。

2. 工程实体质量优异,质量管理过程和措施获多项奖励

在严格的质量管理控制制度下,深圳市质子肿瘤治疗中心项目质量控制成效显著,打造出精品工程,多次获得省部级奖项及国家级认证。其中主要包括广东省优质工程"金匠奖",通过国家标准绿色建筑二星级标识认证及深圳市绿色建筑银级标识认证。

5.3 投资管理成效

1. 工程资金及时安排到位,保障工程顺利推进

深圳市质子肿瘤治疗中心项目投资总概算约 14.2876 亿元,其中工程费用 5.627706 亿元,工程建设其他费用 0.836678 亿元,预备费 0.323216 亿元,总投资控制在工程概算批复范围内。

项目实施过程中,依托每月进行现场确认、按合同段建立计量台账、严格按规定进行计量、工程变更计量合理规范、计量工作季度检查、加强计量人员的能力等手段,保证各施工标段在施工中资金及时到位,使工程按全过程工程咨询单位编制的资金管理总体计划目标顺利进行。

2. 严格工程款计量支付管理,控制工程造价

深圳市质子肿瘤治疗中心项目严格进行工程款计量支付,为项目提前按质按量完工奠定了基础。项目计量周期为月度,在月末前及时将计量报表申报并审批完成。每期计量根据相关规定及业主方要求并经全过程工程咨询单位审核后进行上报,低于进度付款证书最低金额的,按月结转,直至累计应支付的工程价款额达到投标书附录中列明的进度付款证书的最低金额为止。项目建设工程中,集中组织计量人员学习本项目计量技术规范,加深计量人员对施工图纸的理解,以保障计量人员能承担本项目计量工作,并能结合现场工程实际情况进行准确、合法合规的计量,确保工程计量工作顺利实施。

通过全过程工程咨询服务,在工程前期、设计、招标采购和施工各环节优化工程实施方案,通过市场竞争保持各项施工资源价格在合理水平,严格控制设计变更,最终实现工程投资大幅节约。

5.4 社会服务成效

1. 创建标准化工地,确保安全与文明施工

深圳市质子肿瘤治疗中心项目场地受到限制,导致项目规划设计、施工技术难度较大。项目施工大多为室外露天作业,施工进度常常受到自然环境物理因素的干扰,譬如项目场地条件,这对项目成功交付造成了一定风险。具体来讲,本项目场地北面被规划的肿瘤医院改扩建二期施工完全封闭,场地东、南、西三面均为人工堆填土体,现场场地狭小,导致项目基础开挖深度大,对施工技术水平等都提出了更高的要求。全过程工程咨询单位自项目前期阶段就高度重视高风险作业及不利自然环境因素的应对，多次组织专家进行安全评审，并委托独立第三方出具项目安全风险评估报告，用于指导项目安全管理工作的开展。

项目开工后，全过程工程咨询单位根据项目特点，以"平安工地"为依托，在项目各个标段大力推行安全生产标准化建设，从场地标准化、施工标准化、安全标准化、标杆工程树立等方面推行标准化工地的创建，落实标准化管理；并树立"安全第一"的理念，以危险源辨识和隐患排查治理为抓手，积极组织落实各项安全生产活动。在2022年度下半年的评审中，本项目的中心桩基础与主体工程荣获"2022年度下半年深圳市建设工程安全生产与文明施工优良工地奖"。

2. 改善与造福民生，提升深圳市医疗卫生服务辐射力

深圳市质子肿瘤治疗中心是2014年深圳市市政府工作报告提出的12项重大民生工程固定资产投资项目中名医工程建设项目之一。本项目总体目标为对标国内一流的建设工程项目管理，建设国际一流的质子治疗中心。本项目集医疗、教学、科研、培训功能于一体，建成之后一方面可以迅速填补深圳市肿瘤治疗短板，尤其是肿瘤诊断治疗体系严重不足的状况，有助于解决人民群众看病难的问题；另一方面，能够加快缩小深圳与全国医疗中心城市的差距，推动深圳医疗科研队伍和产业发展，提升国际影响力、竞争力和医疗卫生服务辐射能力，有利于改善深圳市投资环境，促进深圳市经济发展。本项目的实施将推动深圳打造成为全方位的国际医疗中心城市、国际一流的生命健康产业基地，具有广泛的社会影响。

本篇小节

本篇从案例分析的视角探讨了深圳市质子肿瘤治疗中心的项目概况、全过程工程咨询的服务背景与实施过程。第1章分析了深圳市质子肿瘤治疗中心项目的建设探索,全过程工程咨询服务模式的兴起与发展,并对本项目采用全过程工程咨询服务的必要性进行了探讨。深圳市质子肿瘤治疗中心项目属于系统工程,建设条件复杂、技术难度高、工程投资大,本项目复杂性驾驭能力和集成化项目管理能力的要求对深圳市建筑工务署提出了巨大挑战。因此,在本项目中,采用全过程工程咨询模式是提升深圳市建筑工务署集成化项目管理能力的有效途径。

第2章介绍了深圳市质子肿瘤治疗中心的项目概况,界定了全过程工程咨询服务的范围,并对项目重难点进行了分析。在本项目全过程工程咨询服务中,上海市建设工程监理咨询有限公司承担的全过程工程咨询工作范围主要包括项目咨询、过程监理以及根据《深圳市建筑工务署政府工程2020先进建造体系实施纲要》及其他相关文件的内容。此外,围绕政府投资项目本体复杂性与外部环境复杂性特征,分别从"目标—过程—组织—环境"四个维度对深圳市质子肿瘤治疗中心项目特点及重难点进行了剖析。

第3章分析了深圳市质子肿瘤治疗中心项目的建设管理组织模式,具体介绍了本项目的建设管理模式与总体组织结构、项目全过程工程咨询单位的选择、业主方与全过程工程咨询方的项目管理组织机构与职责,并对"工艺导向+全咨服务"的模式特征进行了分析。本项目参与单位众多,包括全过程工程咨询单位、造价咨询单位、施工总承包单位、质子设备供应及设计总包和设计分包单位、多个设备供应及安装单位,以及其他参建单位。项目通过选择上海建设作为全过程工程咨询单位,创新性地提出了"工艺导向+全咨服务"的项目管理模式,为项目全生命周期过程中出现的管理和技术难题提出了针对性的解决方案。

第4章对深圳市质子肿瘤治疗中心项目的全过程工程咨询实施过程进行了分析。在项目前期阶段,全过程工程咨询单位主要在全咨管理策划、项目总控、医疗工艺管理、设计管理、招标策划以及投资管理等方面实施了咨询服务工作;在项目施工阶段,全过程工程咨询单位充分利用自身的技术优势,分析施工过程中的技术重难点,并指导参建各方全面应用BIM技术,辅助施工组织策划、交底、监测,成为项目的一大亮点。在竣工验收阶段,全过程工程咨询单位积极协助业主方开展验收工作,确保项目顺利通过验收。此外,在管理理念和模式方面,全过程工程咨询单位积极响应深圳市建筑工务署提出的六西格玛管理理念,形成了一套创新的管理模式。

第5章分别从进度管理、质量管理、投资管理以及社会服务四个方面介绍了深圳市质子肿瘤治疗中心项目的建设成效。在进度管理方面,全过程工程咨询单位根据合同要求确定进度管理总体目标及节点目标,编制项目进度计划及控制措施,分析影响进度的主要因素,对进度计划的实施进行检查和调整;在质量管理方面,工程质量验收100%合格,顺利通过竣工验收投入使用,工程实体质量优异,质量管理过程和措施获多项奖励;在投资管理方面,通过全过程工程咨询服务,在工程前期、设计、招标采购和施工各环节优化工程实施方案,通过市场竞争保持各项施工资源价格在合理水平,严格控制设计变更,最终实现了工程投资大幅节约;在社会服务方面,项目创建了标准化工地,确保安全与文明施工,项目的建成将改善与造福民生,提升深圳市医疗卫生服务辐射力。

第 2 篇
理论篇

本篇从理论分析的视角重点讨论了深圳市质子肿瘤治疗中心项目的绩效提升机理及全过程工程咨询服务在其中发挥的作用。第 6 章梳理了现有的国内外针对质子肿瘤治疗中心项目建设管理、绩效提升以及全过程工程咨询的相关研究,梳理后发现现有研究在对质子肿瘤治疗中心项目绩效提升的关键因素及具体实施路径,以及全过程工程咨询对于提升项目绩效的作用等问题存在不足。第 7 章至第 9 章旨在解决现有研究存在的问题。其中,第 7 章基于项目本体的复杂性及组织驾驭复杂性的能力,识别了项目绩效的影响因素,并通过 DEMATEL-ISM 方法构建模型,分析了影响因素的多层结构及相互影响关系;第 8 章通过收集同类型项目的样本数据,分析了甲方集管理能力、项目治理因素对质子肿瘤治疗中心项目绩效的影响机理以及因素之间的组态效应;第 9 章基于第 7 章和第 8 章的研究结论,提出了质子肿瘤治疗中心项目全过程工程咨询服务绩效的提升策略。本篇从理论层面解决了"如何基于全过程工程咨询提升质子肿瘤治疗中心项目绩效"的问题。

第6章
文献综述与研究设计

6.1 文献综述

6.1.1 质子肿瘤治疗中心项目建设管理

1. 大型医院项目建设管理研究现状

（1）在大型医院项目建设管理的文献中，信息技术和智能化手段的应用是一个重要的研究方向。研究者们对于这方面的探索和应用给出了一系列有益的发现和见解。首先，Davies 和 Harty（2013）的研究聚焦于建筑信息模型（BIM）在大型医院建设项目施工过程中的应用，并指出 BIM 的应用能够显著提升信息化管理水平和效率。通过使用 BIM，医院项目的各项工作可以更加精确地规划和协调，从而减少误差和延误，并提高施工质量和效率。其次，Chen 等（2021）进一步研究了 BIM 模型与大数据、人工智能、无人机等智能化技术在应急医疗设施建设中的综合应用。这些研究为质子肿瘤治疗中心项目提供了更广阔的技术支持视角。通过将各种智能化技术与 BIM 相结合，可以实现对应急医疗设施建设全过程的全面监控和管理，提高项目响应能力和安全性。此外，Forcael 等（2019）的研究聚焦于通过分析智能初级保健中心的建筑、建设管理和能源性能来揭示 BIM 等信息技术在医疗设施建设中的价值。其研究强调了共享知识资源的重要性，通过整合和共享建设过程中产生的数据和信息，可以提高医疗设施的建设质量和效率。Khanh 和 Kim（2020）的研究侧重于混凝土浇筑活动的离散事件模拟，为多层建筑项目提供了有效的生产率管理工具。通过模拟不同情景下的混凝土浇筑活动，分析了影响施工进度和生产率的因素，并提出了相应的管理策略和措施。最后，Yamaura 和 Muench（2018）通过评估移动技术在项目检查中的应用，进一步证明了信息技术在提升项目管理效率方面的价值。研究表明，利用移动技术可以实现项目检查工作的数字化和自动化，减少纸质文档的使用，提高检查工作的效率和准确性。

（2）项目的利益相关者管理和协作是大型医院项目建设管理的另一个关键领域。Larsen 等（2021）通过对重大医院项目前期阶段的利益相关者协作进行分析，发现外部制度因素和内部组织环境对协作关系产生影响，这对于质子肿瘤治疗中心项目的前期规划和组织架构设计具有指导意义。Wang 等（2022）进一步提出了一种基于公私合作（PPP）模式的医院建设项目的社会可持续性分析框架，从利益相关者角度探讨了项目的社会可持续性，这对于质子肿瘤治疗中心项目在长期运营中的社会责任和可持续发展具有深远意义。此外，Kokkonen 和 Vaagaasar（2018）探讨了如何通过设计协作空间和创建共享的协作实践来加强跨公司的协作，这对于质子肿瘤治疗中心项目中各参与方的高效协作具有积极的指导作用。

（3）大型医院项目的执行阶段管理和优化是另一个核心研究方向。Rosenbaum 等（2014）通过使用价值流映射（VSM）这一精益生产工具，评估建筑项目执行阶段的环境和生产浪费，为质子肿瘤治疗中心项目提供了改进执行阶段性能的有效工具。Viles 等（2020）通过对文献中的建筑项目延误原因进行量化分析，确定了项目延误的三个主要原因，为项目管理提供了重点优化方向。Sonmez 等（2020）的研究则针对土耳其大型建筑项目的时间—成本关系进行了深入分析，为控制项目成本和时间提供了有力的数据支持。Chen 等（2022）的研究，通过介绍如何在 51 天内快速建设临时医院和隔离病房，强调了快速响应和可持续建设的重要性。Alvanchi 和 Baniassadi（2021）的研究则通过使用离散事件模拟改进道路施工项目的物料物流计划，为项目的物料管理提供了新的方法和工具。

综上所述，大型医院项目建设管理的文献研究主要聚焦于信息技术与智能化手段的应用、项目的利益相关者管理和协作，以及执行阶段管理和优化。这些研究为质子肿瘤治疗中心项目的规划、建设和管理提供了宝贵的理论支持和实践参考。

2. 质子肿瘤治疗中心项目管理研究现状

在当今医疗界，质子治疗以其精准的治疗效果备受瞩目。然而，作为一种高新技术，其项目建设管理极具挑战性。

首先，技术难点是关键。如，纪添成（2018）所指出的防辐射屏蔽结构技术和超长超厚混凝土结构施工技术，以及陈音（2016）所强调的项目前期关键技术的确定，都是建设过程中不可忽视的因素。针对防辐射问题，项目管理人员不仅要研究辐射物理，还要选择合适的屏蔽材料，并制定严格的施工标准。此外，混凝土结构施工的管理需要涉及多个方面，包括材料选择、施工工艺、工期安排和质量控制。在这方面，建筑设计方案的制定显得尤为重要，赵木（2017）对此进行了深入探讨；而纪添成（2018）则针对质子治疗设备精度高、测量难度大等特点，提出了新的检测装置和控制解决方案。质子治疗的精度和可靠性在很大程度上取决于设备的性能，因此，开发和采用先进的检测装置与控制系统至关重要。在实践层面，姚蓁（2018）系统分析了质子肿瘤治疗中心项目的建设难点，如辐射防护、大体积混凝土裂缝控制等，并总结了上海交通大学医学院附属瑞金医院肿瘤（质子）中心项目的设计策划和施工工艺策划经验。战胜等（2018）进一步指出，智慧建造在质子肿瘤治疗中心项目中的应用，全过程智慧工地信息化应用有助于解决施工难题。通过案例分析，项目团队可以借鉴和学习成功的经验和教训，进而制定更加科学合理的项目管理策略。

其次，质量控制和建造模式的选择在项目管理中起着至关重要的作用。根据王启桃等（2018）的研究，防辐射混凝土的质量控制是一个复杂的过程，包括配合比调整、生产过程优化和安装精度控制等多个环节。在配合比调整方面，需要深入研究混凝土的材料性能，以确定最适合的配合比；在生产过程优化方面，要考虑如何提高生产效率，同时保证混凝土的质量标准；在安装精度控制方面，需要精准测量和调整，以确保混凝土结构的稳定性和防辐射性能。此外，项目建设过程中，合理选择建造模式也是关键。申太华（2021）提出了三种不同的建造模式及其优势，包括传统的总承包模式、设计—施工一体化模式和项目管理承包模式。选择合适的建造模式不仅可以提高项目的效率，还可以降低成本和风险。例如，设计—施工一体化模式允许项目团队在设计和施工阶段进行更有效的协调，而项目管理承包模式则更注重项目的整体管理，包括成本控制、时间管理和质量管理。

最后，不可忽视的是项目的组织结构和人力资源管理。李俊（2019）通过分析质子肿瘤治疗中心项目的复杂性，强调了完善组织结构和加强协调管理的重要性。质子肿瘤治疗中心项目的特点是技术要求高、投资大、周期长，这就要求项目团队要有清晰的组织结构，以便于信息的流通和资源的合理配置。而且，项目管理不仅是计划和控制，更是人的管理。项目的成功与否，很大程度上取决于项目团队的能力和表现。因此，项目团队应当重视人力资源管理，包括招聘、培训、激励和绩效评估。特别是在招聘和培训环节，应优先考虑具有相关经验和技能的人才。同时，为项目团队创造一个积极的工作环境，激励他们积极参与和贡献，对于提高项目的成功率具有积极作用。

综上所述，质子肿瘤治疗中心项目的建设管理是一个综合性极强的任务，需要项目团队在技术、质量控制、建造模式选择、组织结构和人力资源管理等方面展示高超的技巧和深入的理解。

6.1.2 全过程工程咨询

1. 我国工程咨询行业发展研究现状

在探讨"我国工程咨询行业发展研究现状"问题时，首先要了解的是行业的发展阶段。近年来，我国工程咨询行业虽然取得了一定的进步，但整体上仍处于发展的初级阶段。与此相比，发达国家的工程咨询业经过长期的积累和发展，已经形成了成熟、规范的市场环境，而我国与发达国家相比存在较大的差距。

这些差距具体表现在几个方面：①从经营规模来看，我国的工程咨询公司往往规模较小，服务产品比较单一，而发达国家的工程咨询公司规模较大，服务产品多样化。②在发展模式上，我国工程咨询行业以企业自主规模壮大为主，而发达国家更多采用金融手段进行企业的兼并和重组。③在服务内容与能力方面，我国以提供传统的管理咨询为主，服务相对碎片化，而在全生命周期咨询服务方面较弱。相反，发达国家不仅提供管理咨询，还提供技术咨询，具备全生命周期咨询服务的能力。④在技术应用上，我国对高科技、新技术、信息化手段的运用仍然较为落后，而发达国家在这些方面的运用更为广泛和深入。

更进一步来说，在人才队伍建设上，我国缺乏具备多种技能的优秀咨询工程师，而发达国家则拥有一批经验丰富、技能全面的咨询工程师。在创新能力方面，我国的产品研发和创新能力表现不足，相对于发达国家在可持续建设指导和创新研发方面的积极性较低。而且，我国工程咨询行业的服务往往局限于单一行业，跨行业的服务能力较弱，而发达国家能够提供综合性强、多元化的服务。另外，从国际化程度来看，我国工程咨询行业的市场主要集中在国内，国际化程度较低，而发达国家则更加注重全球化服务。

在面对这些问题时，我国工程咨询行业还存在多头主管、组织管理碎片化等问题，这使得工程咨询服务的产业链条呈现松散和碎片化的状态。为解决这些问题，关键在于实施整体治理，通过有机的协调和整合，加强行业管理，提升服务质量，推动行业的持续健康发展。

2. 全过程工程咨询发展研究现状

在全过程工程咨询的发展研究领域，国内外学者已进行了深入研究。国内研究主要聚焦于政策和制度设计、组织模式创新、企业服务能力评价以及发展路径等方面。国际学者则多侧重于企业资源网络搭建能力、战略管理和知识管理等领域。整体而言，相关研究为全过程工程咨询的实施提供了理论支持和实践指导。

首先，从宏观层面来看，国内学者对政策分析、制度设计、企业服务能力评价、发展路径等进行了深入研究。陆帅等（2017）提到全过程工程咨询的推行面临诸多困境，并提出了完善制度设计、集成性组织设计等政策建议。此外，陈思颖（2020）系统归纳了全过程工程咨询的现行政策体系的核心内容，同时从多个角度提出了政策建议。张国兴等（2022）深入探讨了建立企业发展全过程工程咨询服务的优势，并提出了监理企业转型发展策略。曹竞（2022）则识别了造价咨询企业发展全过程工程咨询的客观需求，并分析了发展路径。此外，严玲等（2022）对全过程工程咨询项目的控制体系进行了建构，并探讨了不同层级的委托代理关系所需的控制类型与方式。

其次，在微观层面，国内学者着重于全过程工程咨询的组织模式、服务整合、取费标准和服务模式分类等方面。马升军（2017）剖析了全过程工程咨询的内涵，并提出了组织模式创新等实施策略。卢晓涛和宋元涛（2018）认为全过程工程咨询的服务方式可分为全阶段咨询与分阶段咨询。王甦雅和钟晖（2019）则阐述了全过程工程咨询的组织结构、服务内容及收费标准等。刘林明等（2023）分析了输变电工程全过程工程咨询模式的内涵与问题，并构建了相应的管理模式。孙宁等（2020）提出了全过程工程咨询的组织模式和取费模式的分类，并构建了相应的配置模型。晋艳等（2023）系统地梳理了设计主导型全过程工程咨询模式的特点、优势及适用情境，并讨论了相应的治理机制问题。齐霞等（2022）则构建了全过程工程咨询项目联合体成员的利益分配模型。

最后，国际学者在工程咨询领域也有很多研究，其中 Coviello 和 Martin（1999）提出，工程咨询企业应具备资源网络搭建能力、战略管理能力、知识管理能力以及合理的人才结构。Roodhooft 和 Abbeele（2006）则聚焦于政府公共部门的工程咨询服务采购，认为评标方法和竞争程序可进行优化，并进行了与私人部门的对比研究。此外，Yang 等（2014）认为工程咨询企业的知识细分领域包括业务类知识、技术类知识和管理类知识，并指出高水平的知识管理对于提升工程咨询企业的市场拓展能力、技术集成能力和新业务发展能力具有积极作用。Li（2018）则通过构建模糊综合评价模型，从成本、进度和质量三个维度评估工程咨询服务的绩效。Lu 等（2013）使用基于比率的效益分析方法，建立了工程咨询企业知识管理系统的效益评价模型。

综上所述，全过程工程咨询作为一个新兴领域，在国内外已经积累了丰富的研究成果。不同的学者从不同的角度和层面对全过程工程咨询的多个方面进行了深入探讨，为其健康发展提供了有力的理论支撑和政策建议。

6.1.3 文献评述

虽然已有研究对质子肿瘤治疗中心项目、大型医院建设项目以及全过程工程咨询模式展开了探讨，但仍存在以下不足：

（1）目前的研究主要关注质子肿瘤治疗中心项目的技术难点、实践经验、质量控制以及建造模式分类等方面，对项目绩效影响因素的研究尚不充分，需要进一步深入研究和探讨。此外，对于项目绩效影响因素之间复杂关系的系统性分析也存在缺失。质子肿瘤治疗中心作为重要的医疗基础设施和重大民生工程，备受社会各界的关注与期待，这些中心往往面临较高的绩效要求；然而，复杂多变的项目环境和制约条件，以及动态耦合的施工任务使得质子肿瘤治疗中心项目面临较高的建设风险。项目的绩效对于质子肿瘤治疗中心项目的社会和经济效益具有重要的影响，因此，对于质子肿瘤治疗中心项目绩效影响因素的深入探讨具有迫切的必要性。当前文献中有关该模式对质子肿瘤治疗中心绩效的影响尚未进行深入研究和探讨，这导致项目管理人员对于质子肿瘤治疗中心绩效方面的理解不够全面和深入。

（2）尚未有研究对全过程工程咨询模式在质子肿瘤治疗中心绩效方面的影响进行系统性分析。质子肿瘤治疗中心作为重要的医疗基础设施，其绩效对于社会和经济效益的发挥至关重要。全过程工程咨询模式对质子肿瘤治疗中心绩效的影响是一个较为复杂的问题，需要考虑多个因素的个体影响和组态影响。个体影响方面，需要关注各个项目治理因素，如合同治理、关系治理等；而组态影响方面，需要考虑全过程工程咨询模式与其他相关因素之间的相互作用，例如项目管理、团队协作等因素。因此，对于全过程工程咨询模式在质子肿瘤治疗中心绩效方面的影响，还需要进一步研究和分析。这种研究应当考虑个体影响和组态影响，以全面了解全过程工程咨询模式对质子肿瘤治疗中心绩效的作用机制，为提高绩效水平提供理论支持和实践指导。

（3）从现有文献来看，国内质子治疗装置研发与质子治疗中心建设仍处于起步阶段，许多技术参数、功能需求以及配合要求尚不明确。业主方很难仅凭自身力量实现项目目标，因此需要工程咨询单位提供集成化和全方位的综合咨询服务。这些服务能够协调参建主体之间的目标与利益诉求，协同业主方实现投资决策的科学化、实施过程的标准化以及运营过程的精细化。为了进一步提升质子肿瘤治疗中心项目的绩效，需要基于全过程工程咨询的视角，结合对项目绩效影响因素的分析结果，提出绩效提升的路径与策略。这将有助于确保质子肿瘤治疗中心项目能够在全过程中得到充分的工程咨询支持，从而实现投资决策的科学化、实施过程的标准化以及运营过程的精细化，最大限度地提高绩效水平。

6.2 研究设计

6.2.1 研究内容

1. 质子肿瘤治疗中心项目绩效的影响因素识别

选取深圳市质子肿瘤治疗中心项目相关工程资料作为研究对象，梳理和分析项目建设复杂性、项目组织驾驭复杂性的能力及管理过程中的难点，凝练并识别了四个项目绩效的影响维度；通过文献研究法，从众多相关文献中对大型质子肿瘤治疗中心项目的项目绩效影响因素进行初步识别，并将所识别的项目绩效影响因素与深圳市质子肿瘤治疗中心项目建设绩效影响管控难点进行初步匹配，得到深圳市质子肿瘤治疗中心项目绩效影响因素初始清单；运用德尔菲法，针对项目绩效影响因素初始清单的内容对专家小组进行访谈，进一步对项目绩效影响因素进行筛选，删除多余因素，并对相似因素进行合并，最终得出项目绩效影响因素最终清单。

根据第7章识别出的深圳市质子肿瘤治疗中心项目绩效影响因素，通过对深圳市质子肿瘤治疗中心项目建设管理人员和大型项目研究学者开展调查问卷，获取绩效影响因素矩阵，并构建 DEMATEL-ISM 模型。识别各绩效影响因素的中心度、原因度等指标，对影响大型质子肿瘤治疗中心项目的绩效影响因素进行系统的多层次结构划分，得到 DEMATEL 因果分析图和解释结构模型（ISM 模型），DEMATEL 分析对项目绩效影响因素之间的重要程度进行分析，ISM 模型将项目绩效影响因素划分为多个层次，并分析各绩效影响因素对项目进度的影响程度；结合 DEMATEL-ISM 分析结果，进行 MICMAC 分析，计算各风险因素的驱动力和依赖性数值，划分自发型因素、依赖型因素、联动型因素和独立型因素，更深入地对项目绩效影响因素进行描述刻画。

2. 全过程工程咨询服务对质子肿瘤治疗中心项目绩效的影响机理

本研究旨在使用结构方程模型（Structural Equation Modeling，SEM）和模糊集定性比较分析（Fuzzy-Set Qualitative Comparative Analysis，fsQCA）方法，探究全过程工程咨询服务的背景下，影响质子肿瘤治疗中心项目绩效的关键因素，以及它们对项目绩效的个体路径效应和组态效应。首先，将运用 SEM 方法，将全过程工程咨询单位的能力、治理因素和承包商合作行为作为自变量，质子肿瘤治疗中心项目绩效作为因变量，来研究这些因素对项目绩效的个体路径效应。通过分析各自的直接和间接效应，可以揭示出这些因素对项目绩效的独立贡献和相互关系。其次，采用 fsQCA 方法，以模糊集的形式考察不同因素组合对质子肿瘤治疗中心项目绩效的组态效应。通过构建模糊集，并运用 fsQCA 方法识别出各种因素组合对于项目绩效的必要条件和充分条件，进一步揭示出不同配置类型的影响模式，这有助于理解不同因素之间的交互作用和复杂性。通过 SEM 和 fsQCA 的综合分析，可以全面了解全过程工程咨询服务在质子肿瘤治疗中心项目中的影响机理。研究结果将为质子肿瘤治疗中心项目的管理者提供重要的决策参考，以优化项目绩效。

3. 质子肿瘤治疗中心项目全过程工程咨询服务绩效提升策略

本研究旨在基于前期研究成果，深入研究质子肿瘤治疗中心项目中全过程工程咨询服务的绩效提升策略。聚焦于全面的项目管理，旨在优化全过程工程咨询服务的绩效。首先，关注全过程工程咨询服务在质子肿瘤治疗中心项目中的整体管理。通过对项目管理流程的优化，包括项目计划、资源分配、沟通协调、风险管理等方面，提高全过程工程咨询服务的绩效。进一步将探索如何建立高效的项目管理体系，确保项目目标的实现和项目绩效的提升。其次，关注全过程工程咨询单位的能力提升策略。通过培养和提升全过程工程咨询单位的专业知识、技能和经验，以及加强团队合作和沟通能力，提高其在质子肿瘤治疗中心项目中的绩效表现。研究如何制定有效的培训计划和激励机制，以促进全过程工程咨询单位的能力发展和绩效提升。此外，关注合同及关系治理因素对全过程工程咨询服务绩效的影响。通过研究治理结构、决策机制、合同管理等因素与绩效之间的关系，以及信任在全过程工程咨询过程中的作用，探讨如何优化治理结构和建立良好的信任关系，以提高全过程工程咨询服务的绩效。

6.2.2 研究方法

（1）半结构化访谈：是指按照粗线条式的访谈提纲而进行的非正式的访谈。本研究拟访谈的对象为参与过全过程工程咨询项目的学者或实践专家，以及参与大型质子肿瘤治疗中心项目的主要管理人员。通过访谈进一步厘清全过程工程咨询模式的特征以及大型质子肿瘤治疗中心项目进度管理复杂性、进度管理过程中存在的问题和难点。

（2）问卷调查：基于对大型质子肿瘤治疗中心项目绩效影响因素相关研究的研读分析，与半结构化访谈、深圳市质子肿瘤治疗中心项目的建设情况相结合，进一步设计大型质子肿瘤治疗中心项目绩效影响因素调查问卷，并向各位专家发放问卷，对绩效影响因素提取的合理性进行探讨并适当调整，为项目绩效影响因素研究模型建立与分析提供数据支持。

（3）DEMATEL-ISM方法：决策试验与评价实验室（Decision Making Trial and Evaluation Laboratory，DEMATEL）是基于图论和矩阵论原理进行复杂系统分析与决策的研究方法，通过识别不同因素之间的逻辑关系与直接影响程度划分系统的层次结构。解释结构模型（Interpretative Structure Modeling，ISM）是用于复杂系统结构分析的定性与定量相结合的研究方法，通过可达矩阵进行系统各因素的层级划分。DEMATEL-ISM方法是上述两种模型的集成，不仅能够降低可达矩阵计算的复杂程度，也能使系统内各因素的层次结构更为直观。

（4）结构方程模型（SEM）：由测量模型和结构模型组成。测量模型用于评估潜在变量的测量准确性和可靠性，通过观察变量来衡量这些潜在变量；结构模型则研究不同潜在变量之间的因果关系，分析它们之间的直接和间接效应。SEM是通过连接测量模型中的潜在变量，揭示管理学中复杂关系的方法。它使用统计方法来检验理论模型与实际数据的拟合度，验证或修正研究假设。此外，SEM还可进行模型比较、路径分析和中介效应检验等进一步分析。结构方程模型为管理学研究提供了一种强大的分析工具，有助于理解变量之间的复杂关系，并为管理决策提供科学支持。

（5）模糊集定性比较分析（fsQCA）：结合了模糊集理论和质性比较分析。在管理学中，fsQCA用于研究变量之间的复杂关系和模式识别。该方法通过将条件和结果转化为模糊集，比较和分析它们之间的关系。fsQCA关注于不同条件组合形成的模式，探索其对于特定结果的必要条件和充分条件，并识别出不同的配置类型。相较于传统方法，fsQCA具有处理小样本和复杂因果关系的优势，并且能够应对潜在的因果异质性。作为管理学研究的工具，fsQCA提供了一种独特的视角来探索变量之间的复杂关系，并为管理实践提供有针对性的建议。通过识别条件组合模式，fsQCA为研究者提供了有效的方法来理解和解释变量之间的关联，从而促进管理决策的科学性。

（6）案例研究：是实地研究的一种，研究者选取典型案例，系统地收集数据和资料，进行深入研究，用以探讨某一现象在具体特定情境下的状况。本研究拟选取基于全过程工程咨询模式的大型质子肿瘤治疗中心项目典型案例——深圳市质子肿瘤治疗中心项目，分析项目绩效影响因素在典型案例中所形成的关系以及发挥的作用，在对模型结论进行验证的同时，结合典型案例中存在的建设绩效影响管理问题，提出进一步的针对性优化策略。

6.2.3 技术路线

图 6-1 展示了理论篇的研究技术路线图。

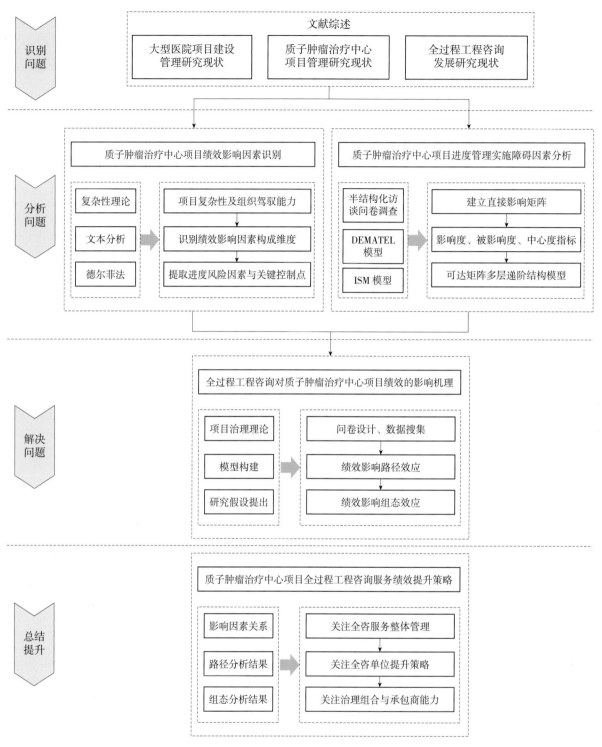

图 6-1 研究技术路线图

第 7 章
质子肿瘤治疗中心项目绩效影响因素的识别

7.1 质子肿瘤治疗中心项目绩效影响因素分析框架

7.1.1 基于项目本体复杂性与组织驾驭复杂性的视角

项目绩效分析旨在评估项目的效率、效果以及实现目标的能力,而项目绩效影响因素分析需抓住影响项目绩效的最关键、最重要的各方面因素。在这一过程中,有必要充分考虑项目本体复杂性和组织驾驭复杂性的能力两方面因素。首先,项目本体复杂性是项目成功的基础。它包括项目的技术难度、规模、范围以及涉及的利益相关方等因素,项目的技术要求和规模可能直接决定了项目的实施难度。其次,组织驾驭复杂性的能力是决定项目能否有效应对和管理复杂性的关键,一个项目可能在本体上具有高度的复杂性,但如果项目团队和组织具有出色的驾驭复杂性的能力,他们可能通过有效的项目管理和协调技巧,解决或缓解项目中的问题和挑战。

在质子肿瘤治疗中心项目情境下,这种分析十分必要。首先,项目本体复杂性是指项目自身的内在属性和特点所导致的复杂程度。深圳市质子肿瘤治疗中心作为一家旨在对标国际先进水平,肩负着突破技术壁垒、提供优质医疗服务的重任,其建设涉及高度精密的技术、严格的建筑环境工艺要求、场地受限以及与新建二期项目的衔接配合等诸多方面。这些因素均增加了项目的复杂性,也为项目绩效的评估和分析带来了挑战。例如,质子治疗设备的精密性要求极高的安装和调试精度,而场地的限制又可能对设备的安装造成困难。因此,在评估项目绩效时,需要对这些因素进行深入考虑,以准确判断项目在技术和实施方面的表现。

其次,组织驾驭复杂性的能力是指项目团队和参与方在应对和管理项目复杂性方面的技能和能力。深圳市质子肿瘤治疗中心项目的成功实施,很大程度上取决于项目团队的管理和协调能力。例如,由于参建单位众多,项目的组织管理变得极其复杂,项目团队必须具备高度的协调和沟通能力,以确保各方的工作能够顺利进行。此外,全生命周期的 BIM 技术应用对协调配合提出更高要求,项目团队还需要掌握先进的技术手段,以提高项目的效率。综上所述,深圳市质子肿瘤治疗中心项目的建设充满了挑战和复杂性。项目团队在应对技术难题、严格的监管环境、复杂的组织管理以及与其他项目的衔接配合方面,需具备高度的专业素养和协调能力。

在项目绩效分析过程中,将项目本体复杂性与组织驾驭复杂性的能力两方面因素结合起来,可以提供一个更全面和深入的评估。本节即从项目本体复杂性与组织驾驭复杂性的能力两个方面出发,识别影响质子肿瘤治疗中心项目绩效的关键因素。

7.1.2 基于TOE框架的项目本体复杂性识别

TOE（Technology—Organization—Environment）框架，即技术—组织—环境框架，是一个深受学术界和实践界重视的理论模型，用于全面分析和评估影响项目绩效的复杂因素（程佳伟和张雄伟，2022）。技术（Technology）：这一维度重点关注与特定技术相关的特性和认知，例如，技术的相对优势、兼容性、复杂性等。这些因素直接影响到组织是否愿意采纳和使用某一技术，例如，一个技术与现有的业务流程高度兼容，且能够带来显著的效率提升，那么组织更有可能采纳该技术。组织（Organization）：这一维度涉及组织内部的特性，如组织规模、结构、资源和知识、管理层支持、员工的技能和培训等。这些内部因素决定了组织采纳技术的能力和速度，例如，一个拥有强大IT部门和经验丰富的员工的组织，更有可能成功地采纳和实施新技术。环境（Environment）：这部分考虑了组织外部的因素，如行业特性、市场竞争、政府政策、供应链关系等。外部环境不仅影响组织的战略决策，也间接地影响到技术采纳的动机和速度，例如，在一个受到政府大力支持的行业中，组织可能会更加积极地采纳新技术。TOE框架的核心价值在于其综合性和结构性。它强调，影响技术采纳的因素不仅仅是技术本身的特性，还包括组织和环境中的多种因素。这使得研究者和决策者能够从更广泛、更系统的角度来考虑技术采纳的问题。此外，TOE框架也为学术研究和实际应用提供了共同的理论基础。通过使用这一框架，研究者可以更容易地比较不同研究的结果，而实践者则可以根据框架制定更加全面和有效的技术采纳策略。

在项目管理的多个领域，识别和深入理解项目绩效的影响因素是至关重要的，它为制定有效的项目战略和方案提供了基础。首先，从技术维度来看，技术是项目成功的关键驱动因素之一。技术资源的选择和配置，创新的引入，以及技术实施的过程，在很大程度上决定了项目的绩效。例如，信息和通信技术的应用可能会增强项目的沟通和协作，从而提高效率。此外，技术的可靠性和可用性也是关键因素，因为它们影响到项目的连续性和稳定性。值得注意的是，技术的选择和应用不仅受到技术本身特性的影响，还受到组织和环境因素的制约。

其次，组织维度在项目绩效中起着至关重要的作用。组织结构如何定义，例如，是中心化还是分散化，以及其灵活性和适应性如何，通常会影响项目的决策流程和效率。组织文化也是一个关键因素，因为它塑造了员工的价值观和行为，从而影响项目团队的凝聚力和动力。例如，一个鼓励创新和风险承担的文化可能会推动项目更加开放和前瞻性地发展。此外，人力资源管理，包括员工的招聘、培训和激励机制，对项目绩效也具有显著影响。高素质的项目团队通常能够更有效地应对挑战和抓住机遇。

再次，环境维度关注的是项目外部的因素，这些因素通常是组织无法直接控制的。环境维度包括政府政策、法律法规、经济环境、社会文化和行业竞争等。政府政策和法律法规对项目的影响不可忽视，因为它们定义了项目的运营和管理的规则和限制。同时，经济环境如市场需求和经济周期，可能会影响项目的盈利能力和成长潜力。社会文化因素，如消费者偏好和社会价值观，可能会影响项目的接受度和声誉。行业竞争则可能对项目的市场地位和竞争优势产生影响。

值得注意的是，TOE框架的三个维度并非孤立存在，它们之间存在着复杂的相互作用（图7-1）。例如，技术的引入可能会受组织结构和文化的制约，同时，环境中的法律法规可能会限制某些技术的应用。因此，项目管理人员需要综合考虑这些维度及其相互作用，制定更加全面和有效的项目管

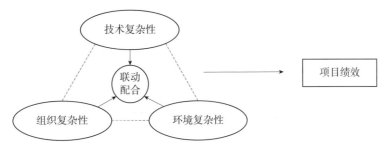

图 7-1　质子肿瘤治疗中心项目绩效研究 TOE 框架

理策略。为了在实践中有效应用 TOE 框架，项目管理人员应采取系统的方法来识别和分析项目绩效的影响因素。包括收集和分析相关数据，以理解各个维度及其相互作用是如何影响项目绩效的。TOE 框架通过其对技术、组织和环境三个维度的综合分析，为识别和理解影响项目绩效的因素提供了一个强有力的理论基础。项目管理人员可以利用 TOE 框架的指导，通过系统地分析这些因素及其相互作用，制定和执行有效的项目管理策略，以实现项目的成功和可持续发展。在一个不断变化和发展的环境中，TOE 框架的应用具有长远的战略意义，有助于项目管理的创新和卓越。

7.1.3　基于业主与承包商两方的组织驾驭复杂性识别

在质子肿瘤治疗中心项目中，识别组织驾驭复杂性的能力对于业主和承包商来说至关重要。这是因为质子肿瘤治疗中心项目具有高度复杂的技术和管理要求，需要多个利益相关方的协调与合作，以确保项目的成功实施。

首先，业主需要具备识别和驾驭复杂性的能力。作为项目的发起者和主导者，业主必须能够全面了解质子肿瘤治疗技术及其相关的科学和医疗背景知识。只有对项目的技术要求有清晰的认识，业主才能准确地制定项目目标和要求，并有效地与承包商进行沟通和合作。他们需要全面认识质子治疗装备的复杂性，包括技术要求和设备选择等方面。此外，在筹建阶段，业主需要考虑项目的工作内容和步骤，以及与外商的谈判内容和方法。同时，业主还需了解质子治疗中心建筑的基本要求，例如防辐射、裂缝控制、沉降控制、变形和振动控制等方面。

其次，承包商也需要具备识别和驾驭复杂性的能力。作为负责项目实施的执行者，承包商需要对质子肿瘤治疗技术和设备具有深入的了解，并具备相应的技术能力和专业经验。他们需要关注施工过程中的技术要求和施工方案策划。针对具体项目，承包商需要制定针对性的施工方案，解决大体积混凝土基础微变形、微振动控制、空调、给排水、电气等专业技术方面的问题。此外，承包商还需要掌握超厚混凝土墙板施工技术和高精度大型预埋件施工技术等特殊要求，并在施工过程中严格控制关键要点。此外，承包商还需要具备良好的项目管理能力，能够合理规划项目进度、资源和成本，并有效地组织和协调各个环节和团队。在处理复杂的项目风险和问题时，承包商需要灵活应对，迅速做出决策，并采取相应的纠正措施。

从业主和承包商两方的角度来看，识别组织驾驭复杂性的能力是确保质子肿瘤治疗中心项目成功的关键要素。只有业主和承包商都具备这种能力，才能有效地合作，充分发挥各自的优势，协同解决项目中的技术、管理和组织上的复杂问题。因此，在质子肿瘤治疗中心项目中，业主和承包商都需要加强对复杂性的认识，并不断提升相关的能力和技术水平，以应对挑战并取得良好的项目成果。

7.2 质子肿瘤治疗中心项目绩效影响因素识别

本节即结合深圳市质子肿瘤治疗中心项目的复杂性，通过采用案例分析、文献搜集及专家访谈等方法，提取并识别深圳市质子肿瘤治疗中心项目绩效影响因素，以求因素识别的全面与准确（图7-2）。首先，结合深圳市质子肿瘤治疗中心项目案例对其项目复杂性展开分析，从技术、组织、环境三个方面讨论项目复杂性，并分析项目对组织驾驭复杂性的能力要求；之后，通过文献研究法，从众多相关文献中对大型质子肿瘤治疗中心项目的绩效影响因素进行初步识别，共识别出17个影响因素，并将所识别的影响因素与深圳市质子肿瘤治疗中心项目复杂性进行初步匹配；最后，通过德尔菲法对17个影响因素进行再次识别，删除多余因素，并对相似因素进行合并，最终识别出15个深圳市质子肿瘤治疗中心项目的绩效影响因素，分别是：质子设备安装调试复杂、项目施工技术难度大、建筑环境工艺要求严苛、与现有医院设施衔接有难度、总控计划设置难度大、质子设备与非质子区存在大量交叉并行工作、现场材料设备布置难度大、参建方众多导致管理流程复杂、设计沟通协调难度大、项目定位较高且受到广泛关注、项目各方面目标要求较高、院方功能需求复杂、项目报批报建流程复杂、对业主管理能力要求高、对承包商能力要求高。

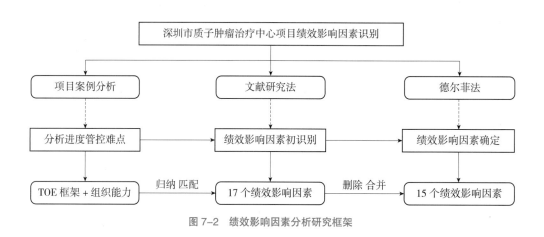

图7-2 绩效影响因素分析研究框架

7.2.1 基于项目案例的绩效影响因素分析

1. 技术复杂性分析

深圳市质子肿瘤治疗中心项目的技术复杂性主要体现在设计、施工技术以及环境因素等方面。首先，从设计方面看，深圳市质子肿瘤治疗中心项目的功能需求复杂。一个高标准的质子治疗中心不仅需要满足当前的医疗需求，而且要预见未来的发展趋势，因此要在设计阶段做好充分的准备，以避免因功能的变化而反复进行修改和返工。这就要求设计单位具备高超的技术能力和前瞻性的思维，本项目采用的BIM正向设计方法，更是对设计单位的能力和经验提出了更高的要求。而且，项目的设计团队结构也相当复杂，由质子设备供应商作为设计总包，再辅以国内外两家设计公司作为分包单位，共同完成对医院各个系统的综合设计。这种设计团队的结构为项目带来了更多的维度和视角，但同时也增加了设计阶段的协调和沟通难度。此外，项目还需协调运行多个专业系统设备，包括医用气体、放射用房防护、物流传输等，这对设计单位的综合技术能力提出了巨大的挑战。

其次，在施工技术方面，质子设备的安装和调试是一个极具挑战性的过程。由于质子设备的精密性和复杂性，其安装过程要求极高的精度和操作水平，任何微小的错误都可能影响设备的性能和可靠性。此外，质子设备的安装还涉及诸多技术难点，如防辐射屏蔽、沉降变形控制、冷却水系统、恒定温湿度控制等，这些都要求施工团队具备丰富的经验和精湛的技术。同时，由于项目与医院的改扩建二期工程同时进行，施工现场的空间受限，这给建筑和施工带来了额外的困难。尤其是在大体积混凝土结构施工过程中，需要专业团队和详细的施工计划来应对混凝土配合比、热裂缝控制等技术重难点。此外，质子区的工艺设备与非质子区的系统接口对接、装置的安装和调试对建筑环境和能源的稳定性要求非常高，这也是施工过程中必须克服的一个重要问题。

最后，施工场地环境也是影响项目技术复杂性的一个重要方面。比如，场地的受限性可能会增加规划设计和施工的技术难度，提高安全风险。同时，质子装置对建筑环境工艺要求非常严格，包括辐射屏蔽、沉降控制、环境温湿度等要素，这些都需要在项目实施过程中给予高度的重视和精细的管理。总的来说，深圳市质子肿瘤治疗中心项目在设计、施工和场地环境等多个方面都展现出极高的技术复杂性。这不仅对参与项目的各方提出了极高的要求，也是对现代医疗建设技术和管理水平的一次重要考验。

2. 组织复杂性分析

深圳市质子肿瘤治疗中心项目作为一项技术含量极高的医疗工程项目，其组织复杂性不言而喻。本研究将从多个角度深入探讨这一项目的组织复杂性。

首先，从参建方协调的角度来看，深圳市质子肿瘤治疗中心项目涉及众多的参与单位，包括业主方、全过程工程咨询单位、质子设备供应单位、总承包单位、分包单位以及运营单位等。这种众多的参与方带来了极高的合同关系复杂性。合同是规范各方权责的重要依据，而在本项目中，各个单位之间的合同关系错综复杂，部分管理界面交叉，以至于在具体的工作中容易出现沟通不畅、信息不对称的问题。此外，项目还涉及国际合作，比利时的IBA公司等国际企业的参与，使得跨国文化差异、地理距离和语言障碍成为沟通协调的巨大挑战。例如，中比两国在工程标准、项目管理方法等方面的差异，就需要项目团队投入大量精力进行调和与克服。再者，由于部分合同关系的缺失，如业主方和设计单位间可能未形成正式合同，这也给项目的管理带来了额外的困难。

其次，设计与施工交叉并行的特点也增加了项目的复杂性。质子治疗设备的安装周期长，各个工序之间需要高度的配合，而且，设计与采购往往穿插在施工过程中。这种交叉并行的工作模式，要求项目团队具备极强的协调和应变能力。此外，设备的安装环境要求非常严苛。例如，质子治疗设备对环境的温度和湿度有严格的要求，而施工过程中的振动也必须严格控制在允许的范围内。电力供应的稳定性也是影响设备性能的关键因素。在这样的背景下，项目团队不仅要考虑工程施工的进度和质量，还必须时刻注意环境因素对设备性能的影响。

最后，项目在设计、采购、造价、施工、运维等方面需要实现BIM技术的深度融合应用，这无疑对项目团队的技术水平提出了极高的要求。BIM技术可以帮助项目团队进行三维管线综合排布，通过碰撞检查优化和净空分析优化等功能加强各个环节的沟通，协力推进项目的顺利进行。然而，BIM技术的应用也要求项目团队具备相应的技术能力和经验，以便更好地利用这一技术提高项目的效率和质量。在时间管理和进度控制方面，质子区与建安施工区作为项目的两大推进主线，其组织管理的协调配合显得尤为重要。项目在质子区的主体结构施工完成后，需要同时开展砌体结构、机电安装以及精装修工作，为质子配套的设备也要同步跟进，以保证质子区的优先完工。

总的来说，深圳市质子肿瘤治疗中心项目的组织复杂性是多方面的，不仅包括参建方的协调、设计与施工的交叉并行，还涉及 BIM 技术的应用、人员配置与技能要求、时间管理与进度控制，以及组织结构与人员配置等方面。

3. 环境复杂性分析

作为一个具有国际领先水平和多重目标的大型医疗工程，深圳市质子肿瘤治疗中心项目的环境复杂性表现为多个方面。

首先，政策与制度环境是项目实施中需要克服的一个重要因素。质子治疗作为一种新兴的医疗技术，在设备选型和招标环节存在许多不确定性。同时，项目受到国家和地方政府的医疗政策和法规的限制。项目的实施需要通过环境评估、辐射环评等多个审查环节，这些审查通常程序繁琐、时间较长，且受限于政府审批的时效性，可能会受到政策变化的影响。

其次，项目的定位与目标赋予其很高的期望。深圳市质子肿瘤治疗中心项目的目标是填补深圳市在肿瘤医疗技术上的空白，并成为华南地区首家公立质子治疗中心。这意味着项目不仅需要实现肿瘤医疗，还涉及科研、教学等多个方面。因此，项目对工程的安全、质量、进度和投资管理有非常高的要求。再者，质量与安全是项目的重中之重。由于项目的施工质量直接关系到治疗的安全性和有效性，因此安全管理成为项目的基础。项目需要制定严格的质量和安全控制措施，以降低和避免安全事故的发生。此外，进度管理也是一个复杂的问题。由于质子治疗设备的安装精度要求极高，且安装和调试时间较长，因此需要设定合理的进度目标，确保项目的整体交付能够满足要求。

此外，社会关注度是项目必须面对的现实。作为一项民生工程，项目受到社会的广泛关注，项目的建设和运营对深圳市的医疗水平和国际影响力具有重大意义，因此，在项目的各个环节中，需要充分考虑公众的关注和期望。最后，报批流程与政策因素增加了项目的复杂性。项目的报批和报建工作需要经过多个部门的审批，流程相当复杂，各单位之间的工作成果互为条件，需要协调和配合，这增加了项目实施的难度。

综上所述，深圳市质子肿瘤治疗中心项目在实施过程中面临多重复杂环境因素，如政策与制度环境、项目定位与目标、质量与安全要求、进度管理、资金来源与投资控制、社会关注度以及报批流程与政策因素等。这些因素相互影响，为项目的顺利实施带来了巨大的挑战。

4. 组织驾驭复杂性的能力分析

深圳市质子肿瘤治疗中心项目，作为一项高度复杂的现代医疗建设项目，其成功的实施依赖于组织在多个层面上驾驭复杂性的能力。这种能力涉及项目管理的诸多方面，包括技术、人员配置、时间管理、资金控制和组织结构等。特别是业主能力和承包商能力在项目的成功实施中起着至关重要的作用。

首先，业主能力是项目成功的关键。业主，作为项目的发起方和主导方，对项目的定位、目标设定和整体管理有着至关重要的影响。业主在项目策划阶段需要具备深刻的市场洞察力，明确项目的定位，制定清晰的项目目标，并为项目提供必要的资金支持。在项目实施过程中，业主需要具备强大的协调和应变能力，以应对项目实施过程中可能出现的各种问题和挑战。此外，业主还需要具备高度的专业素养，以便在技术、质量和安全等方面为项目提供有效的指导和支持。业主的战略视野、管理能力和专业知识，是决定项目能否按照预定目标成功实施的关键因素。

其次，承包商能力同样至关重要。承包商通常是项目的执行方，负责项目的具体设计和施工。在深圳市质子肿瘤治疗中心项目中，承包商的技术能力是保证项目质量和安全的基础，承包商需要具备丰富的经验和高度的专业技能，以应对项目的高技术复杂性。此外，承包商还需要具备强大的协调和解决问题的能力，在项目实施过程中与其他参与方有效沟通，及时解决项目中的问题，保证项目的顺利进行。BIM技术的应用能力也是承包商必须具备的，它可以有效提高项目的设计和施工效率，降低项目成本。

对于深圳市质子肿瘤治疗中心项目而言，业主和承包商的能力是相辅相成的。业主需要为项目提供明确的方向和强大的支持，而承包商则需要通过高效地执行来实现项目的目标。在项目实施过程中，业主和承包商需要密切合作，通过有效的沟通和协调，共同应对项目的复杂性。此外，人员配置和组织结构也是项目成功的关键因素。业主和承包商需要根据项目的需要，进行精准的人员配置，确保项目团队具备必要的技能和经验。同时，项目的组织结构应当灵活高效，能够支持项目的复杂性和动态变化。合理的人员配置和组织结构，能够提高项目的响应速度，增强项目的适应能力，从而有效应对项目实施过程中的各种挑战。

总的来说，深圳市质子肿瘤治疗中心项目的成功实施，依赖于业主和承包商在技术、管理和协调等方面的综合能力。通过有效的项目管理，精准的人员配置和高效的组织结构，业主和承包商可以共同应对项目的复杂性，推动项目的顺利实施，为现代医疗建设贡献力量。在高度复杂的项目中，组织驾驭复杂性的能力显得尤为重要，它是决定项目能否成功实施的关键因素之一。

7.2.2 基于文献研究法的项目绩效影响因素识别提取

1. 项目绩效影响因素识别

本研究主要根据国内外学者对大型质子肿瘤治疗中心项目绩效影响因素的相关文献研究识别绩效影响因素。关于大型质子肿瘤治疗中心项目的文献多聚焦于项目的技术难点、实践经验以及建造模式，而系统研究较少。因此本部分在搜集大型质子肿瘤治疗中心项目文献的同时，也结合了"大型建设项目"与"复杂建设项目"的绩效研究进行整理。深圳市质子肿瘤治疗中心项目复杂的功能需求、繁多的专业系统设备以及对于管理组织统筹协调能力的高要求，使其具备大型建设项目及复杂建设项目的诸多绩效影响特点。

文献搜集是从CNKI、Web of Science、Scopus、ElSevier等数据库网站检索相关的文献。以2003—2022年近20年为检索区间，文献检索的主题包含"质子肿瘤治疗中心项目绩效影响因素""大型建设项目绩效影响因素""复杂建设项目绩效影响因素""Performance factors of proton therapy project""Performance factors of large-scale construction project""Performance factors of complex construction project"等关键词。对于检索出的文献，首先，通过阅读标题、关键词和摘要，保证文章的主要内容与质子肿瘤治疗中心项目（大型建设项目、复杂建设项目）绩效影响因素相关，排除其他文献；其次，对剩下文献的正文内容进行仔细阅读，保留文章内容是聚焦于探索和提取质子肿瘤治疗中心项目（大型建设项目、复杂建设项目）绩效影响因素的文献；最后，为了保证研究质量，还要根据文献的引用频次和对应期刊的影响因子等判断其权威性，最终保留与研究主题高度相关的41篇文献。并对本研究识别、搜集的41篇文献的研究内容及其关于绩效影响因素的现状进行初步梳理（表7-1）。

项目绩效影响因素研究现状表 表 7-1

编号	作者	文献谈及的绩效影响因素
a	刘世耀（2003）	需要综合考虑投资者和相关人员的认识、项目筹建的工作内容和步骤、筹建时需考虑的问题、质子治疗装备的选择、外商谈判以及建筑设计等多个方面因素
b	姚蓁（2018）	总结了上海交通大学医学院附属瑞金医院肿瘤（质子）中心项目策划与工程实施过程中需要注意的关键因素，建筑结构要求、工艺冷却水系统要求、专业技术要求和施工技术要求等
c	徐旻洋（2016）	介绍了基于平法施工图自动生成钢筋三维模型技术及其在工程实践中的应用，通过该技术，可以解决传统平法施工图的不足，提高医院项目设计的效率和质量
d	战胜等（2018）	该概念基于高度信息化，旨在提升质子肿瘤治疗中心项目的工程质量和施工安全，节约成本，提高决策能力和管理效率，实现数字化、精细化和智慧化的工地管理
e	李俊（2019）	相较于国外质子治疗技术的成熟应用，国内首台质子治疗装置的研发是一个探索过程，许多技术参数、功能需求以及配合要求不明确。因此，论文强调在建设项目管理中的专业化、精细化和科学化非常重要
f	王岚（2022）	项目的建设面临着技术要求高、系统复杂、工期紧迫、建筑施工困难和配套设备要求高等难点
g	申太华（2021）	由于不同设备制造商的设备结构、体积和布局各不相同，因此分析了我国质子重离子治疗中心的建造模式，重点介绍了业主方的职责和建筑设施的配置
h	纪添成（2018）	探讨了质子放射治疗医院项目中的关键技术和工程管理，强调了防辐射屏蔽结构、混凝土结构施工、施工精度和沉降控制等方面的重要性
i	赵木（2017）	研究了国产化装备质子治疗中心建设中的问题，强调了国内对质子治疗的需求和国产化装备研发的重要性
j	邵宇卓（2021）	介绍了合肥离子医学中心项目的概况和设计理念，重点强调了功能布置和公共设施空间设计对提高治疗效果和患者体验的重要性
k	陈音（2016）	关注了国产化项目的前期管理实践
l	崔相利（2022）	讨论了质子治疗技术的发展和挑战，质子在物质中沉积能量的形式使得正常组织免受辐射伤害，因此在放射治疗领域有应用潜力
m	王启桃（2018）	关注了防辐射混凝土的质量控制，防辐射混凝土的防裂和密度质量控制对保障人民的生命健康安全至关重要
n	王岚等（2021）	提出了建设质子重离子医院时应注意的细节和要求，包括总体规划设计、细节设计、系统设计和项目建设管理。这些因素的合理考虑和专业管理对于质子重离子项目的绩效影响至关重要，能够实现项目的可持续发展
o	郑传斌（2023）	通过扎根理论研究基础设施领域的 PPP 项目绩效影响因素。结果表明，项目特征、过程管理和外部环境是对项目绩效具有显著影响的主要因素
p	王德东等（2021）	通过梳理文献和研究案例，确定了六个重大工程项目的组织因素。结果显示，友好人际关系、公平利益分配和团队协作与组织集成是提升项目绩效的必要条件
q	王秀秀等（2022）	分析了三方演化博弈系统的稳定点，并模拟仿真了影响三方策略选择的要素。结果表明，合作成本、损失规避程度、风险态度系数等因素对三方合作产生影响
r	孙洪昕等（2022）	研究揭示了外部环境、内部环境、HSE 管理和项目绩效之间的作用关系，为中国海外承包商提供了管理策略的借鉴和指导
s	李林等（2022）	细化了风险类型，并探究了不同类型的风险与协同创新项目绩效之间的关系。分析了不同层次的知识管理能力在风险与项目绩效之间的调节效应。实证分析结果显示，社会系统风险、技术系统风险和项目管理风险对项目绩效有负向影响
t	张余钰等（2019）	确定了 14 个关键成功因素和 5 个项目绩效指标，并将关键成功因素划分为参与主体因素、外部环境因素、合同与采购因素三个维度
u	严玲等（2019）	基于计划行为理论构建了工程总承包情境中承包人尽善履约行为形成机理的分析模型。结果显示，承包人的行为态度和知觉行为控制对尽善履约意愿和行为产生影响
v	孟展等（2014）	阐明了农村土地整治项目监管绩效的形成机理，并提出了提升绩效的途径。提出了加快建立法律法规体系、严格执行标准、推进技术应用、改革行政态势和实现公共参与等路径和建议

续表

编号	作者	文献谈及的绩效影响因素
w	丁继勇等（2014）	分析建设工程项目交付方式（PDM）对项目绩效的重要影响。综述了不同PDM下工程项目绩效的比较研究和PDM选择/设计方面的研究成果
x	Abbasi等（2020）	运用可拓理论和灰色评价方法构建BIM4D进度管理模型
y	赵金先等（2020）	借助PSR理论模型分析绩效影响因素之间的关联性，并构建地铁PPP项目绩效评价指标体系
z	楼源等（2018）	分析了影响PPP项目绩效的综合影响因素，包括项目本身特性、项目参与人、项目投入和项目发展过程
aa	Wever等（2019）	分析了影响PPP项目绩效的因素，包括项目投入、项目风险成本和项目效益三个子系统。构建了项目绩效的系统动力学模型，并以某高速公路为例进行模型的验证和分析
ab	杨杰和程倩（2019）	探讨和验证关系治理多因素对项目管理绩效的影响程度和改善机理。结果表明，关系治理中的信任、承诺、沟通和惯例可以有效促进双方合作，从而改善EPC项目管理绩效
ac	谭涛和熊志坚（2014）	澄清了关系治理、合作和项目管理绩效之间的关联路径。提出了关于合理使用关系治理理论和方法的建议，以促进EPC模式的推广应用
ad	曾江洪等（2018）	发起者的共创机会、项目计划和项目执行对项目融资绩效有正向显著影响，发起者的学习对融资绩效也有显著正向影响
ae	陈龙（2017）	综述了国内外有关PPP项目绩效评价的理论和应用。旨在为建立更有效的绩效评价框架和指标体系提供参考
af	豆晓汪和尹兆明（2020）	提出了大型工程项目管理标准化对绩效影响的理论模型，并构建了评价指标体系。研究结果显示，大型项目管理标准化具有良性循环的作用和影响因素
ag	张蔚虹等（2014）	以利益相关方满意度为中介变量，研究公共项目绩效评价中利益相关方满意度与项目管理三要素（质量、进度、成本）和公共项目绩效的关系
ah	齐文韬和孔令祯（2017）	提出了包括工期、成本、质量、安全、环境保护、资源利用、功能、公众满意度和参与方满意度等9个关键指标
ai	桂林等（2020）	统计分析结果表明，在国内城市轨道交通安全管理中，危大工程管理、政府对安全的监管与重视、施工方案的论证情况是具有优势的方面
aj	强茂山等（2015）	基于研究成果和实践案例分析，揭示了建设管理模式描述要素和项目条件要素之间的匹配关系对项目绩效的影响，并构建了匹配关系模型
ak	Francis（2017）	通过评价建设工程项目管理水平中的SPI、CPI和质量绩效等指标发现，这些指标未能充分体现项目实施的整体效率
al	丰静等（2020）	在文献回顾的基础上，对案例进行归纳，总结提炼出一般情形下技术创新协同治理框架模型。研究结果表明，重大建设工程技术创新协同治理包含组织间契约治理和多团队协作治理两个层次
am	盛昭瀚等（2019）	介绍了"复杂系统管理"作为一种新兴的管理学领域，结合复杂系统思维与管理科学，介绍了复杂项目绩效管理的影响因素
an	程书萍（2017）	强调了社会政治复杂性是深刻影响项目的重要复杂性类型之一，其中以具有快速演变特性的政策网络为代表
ao	李迁等（2019）	对建设项目所面临的多类型不确定性进行了案例研究，通过建立数学模型量化了制度不确定性，并模拟了制度不确定性对于项目绩效的影响

2. 项目绩效影响因素提取

通过对最终保留的41篇文献资料进行研读分析，发现虽然现有研究提出的针对质子肿瘤治疗中心项目、大型建设项目以及复杂建设项目的绩效影响因素较为繁杂，但是学者们对于绩效影响因素的分析，大致都涵盖在技术、组织和环境层面，这与深圳市质子肿瘤治疗中心项目案例所归纳出的项目难点类似，两者存在较高的匹配程度。由此，结合搜集并识别的41篇文献，在深圳市质子肿瘤治疗中心项目绩效影响因素分析现状的基础上，本部分初步总结出17个深圳市质子肿瘤治疗中心项目的绩效影响因素，并以表7-2的形式整理出来，表中"文献来源"栏中的编号来自表7-1。

（1）在技术方面，大型质子肿瘤治疗中心项目在前期设计管理以及施工管理等技术方面的研究成果已较为丰富，复杂建设项目的相关文献也支持了这些观点。因此，本文初步归纳总结了质子设备安装调试复杂、项目施工技术难度大、设计接口文档的专业程度不足、建筑环境工艺要求严苛、与现有医院设施衔接有难度等5个影响因素。

（2）在组织方面，各个组织之间的人员配置、项目管理组织结构都对进度有着重要的影响。针对大型质子肿瘤治疗中心项目，还需特别关注建安施工及质子设备安装、质子设备调试验收与医院相关业务开展的关系，对这些组织之间的协调配合程度也是一个很大的考验。本研究确定了总控计划设置难度大、质子设备与非质子区存在大量交叉并行工作、现场材料设备布置难度大、参建方众多导致管理流程复杂、设备供应商与设计单位沟通协调难度大及业主与设计单位沟通难度大6个指标作为深圳市质子肿瘤治疗中心项目的绩效影响因素。

（3）在环境方面，作为一个新兴的肿瘤治疗细分领域，国产化装备质子肿瘤治疗中心项目往往受到来自制度政策环境的影响。赵木（2017）谈到，对质子治疗发展相关政策的了解程度、政策支持与民众支持是质子项目大方向上的问题。而《大型医用设备配置许可证》《放射诊疗许可证》的申请审批，则是关乎项目进度的具体问题，项目管理者应重视相关问题，妥善进行沟通处理，在制度环境与利益相关者管理方面投入更多的时间和精力进行研究。因此，本研究识别了项目定位较高且受到广泛关注、项目各方面目标要求较高、院方功能需求复杂及项目报批报建流程复杂等4个影响因素。

项目绩效影响因素初始清单及文献来源表　　　　表7-2

编号	文献提出的因素	文献来源
1	质子设备安装调试复杂	j, c, o, ac
2	项目施工技术难度大	j, c, f, x
3	设计接口文档的专业程度不足	t, aj
4	建筑环境工艺要求严苛	a, b, c, f
5	与现有医院设施衔接有难度	e, f, g, j, r, s, t, w, aa, ab,
6	总控计划设置难度大	b, ao, al
7	质子设备与非质子区存在大量交叉并行工作	b, c
8	现场材料设备布置难度大	b, c, ak, al
9	参建方众多导致管理流程复杂	g, n, v, w, ad, ae
10	设备供应商与设计单位沟通协调难度大	d, aj, al
11	业主与设计单位沟通难度大	d, e, g, x
12	项目定位较高且受到广泛关注	i, z, af, ag, ap
13	项目各方面目标要求较高	d, g, j, l, o, q, u, w, aa, ao
14	院方功能需求复杂	g, q, u, ad
15	项目报批报建流程复杂	b, g, l, w, af
16	对业主管理能力要求高	h, l, ag
17	对承包商能力要求高	d, h, j, u, y, z, ai, am

(4)在组织驾驭复杂性能力方面,大量论文重点提出了大型复杂项目的委托方(业主单位)以及代理方(承包商)的项目管理能力。本研究即选取对业主管理能力要求高和对承包商能力要求高2个影响因素。

7.2.3 基于德尔菲法的绩效影响因素筛选

通过文献对深圳市质子肿瘤治疗中心项目绩效影响因素的初步识别之后,本文运用德尔菲法,组织大型质子肿瘤治疗中心项目相关的工业界人士以及大型复杂建设项目相关的研究专家,对绩效影响因素提取的合理性进行探讨并调整,使之更加完善,并符合深圳市质子肿瘤治疗中心项目的实际情境。2位深度参与过深圳市质子肿瘤治疗中心项目的工业界专家、3位知名的大型医院建设管理相关的研究学者以及3位专注于研究大型复杂建设项目管理的研究学者,共同组成了专家小组。其中,2位工业界专家均已从业20年以上,并在近5年内深度参与了大型质子肿瘤治疗中心项目的项目管理工作,其余6位研究学者中包含2位建设工程管理专业的教授、2位建设工程管理专业的副教授,均从事项目管理研究15年以上,具有丰富的学术经验,还包括了2位建设项目管理专业的博士后学者,其博士阶段的核心研究都是有关复杂建设项目的研究问题解决,都曾对复杂建设项目的进度管理进行过深入研究。表7-3显示了8位专家的具体信息。

德尔菲法访谈专家信息　　　　　　　　表7-3

序号	角色	性别	工作单位	年龄	学历	从业年限
1	施工	男	中国建筑第二工程局有限公司	35	硕士	8
2	监理	男	上海市建设工程监理咨询有限公司	41	硕士	13
3	教授	男	天津财经大学	30	博士	4
4	教授	男	同济大学	52	硕士	24
5	副教授	男	扬州大学	37	博士	5
6	副教授	男	武汉理工大学	50	博士	30
7	教授	女	东南大学	32	博士	12
8	教授	男	同济大学	32	博士	12

将绩效影响因素初始清单及文献来源表(表7-2)交由专家小组做进一步的筛选,首先详细解释了将各个因素筛选的文献来源以及各绩效影响因素所代表的具体含义,通过相隔1周的3次线上研讨会议,专家针对绩效影响因素初始清单得出了以下的讨论结果:

(1)专家小组建议剔除"设计接口文档的专业程度不足"。2位深度参与过深圳市质子肿瘤治疗中心项目的工业界专家均表示,虽然设计接口文档在质子肿瘤治疗中心项目的建设过程中的重要性不言而喻,但是现有的质子设备供应商都有着极高的专业水准。技术方面更应该关注涉及项目建设的项目功能需求满足以及专业系统设备与建安工程的协调匹配。质子设备供应商有义务也有能力提供高水平的、助力项目建设效率提升的设计接口文档,为设计单位提供具有指导意义的技术文件。因此,这不是一个应被项目管理关注的技术类问题,接口文档的设计专业程度有保证,更需关注的是设计文件与接口文档的匹配问题。

（2）专家小组建议将"设备供应商与设计单位沟通协调难度大""业主与设计单位沟通难度大"两条合并为"设计沟通协调难度大"。2位专注于研究大型复杂建设项目管理的研究学者指出，设备供应商与设计单位沟通协调以及业主与设计单位沟通确实都是设计对绩效造成影响的关键因素，但是应用于ISM研究的因素应尽量做到简洁凝练，修改为"设计沟通协调难度大"后，可以高度概括项目各参建方及利益相关方的同类型项目经验不足对进度问题带来的影响。建设项目组织作为一个临时性的跨组织结构，各参建方之间的交互与协调都有可能带来绩效的提升，任何一个交互关系出现问题都会带来进度绩效的问题。

综上所述，运用德尔菲法，得到针对深圳市质子肿瘤治疗中心项目绩效影响因素的再识别表，最终确定了15个绩效影响因素，见表7-4。

项目绩效影响因素再识别表　　　　表7-4

编号	项目绩效影响因素	相关描述
1	质子设备安装调试复杂	质子治疗设备的精密性要求其在安装和调试过程中必须非常精确，以确保治疗的有效性和安全性
2	项目施工技术难度大	质子肿瘤治疗中心项目的建设涉及高精度和高标准的技术，需要专业人员具备深厚的技术基础
3	建筑环境工艺要求严苛	由于质子治疗对环境条件有严格要求，建筑环境必须符合特定的工艺标准，以防止外部因素影响治疗效果
4	与现有医院设施衔接有难度	质子治疗设备的特殊性使其与传统医疗设施的整合和协同工作变得具有挑战性
5	总控计划设置难度大	由于项目涉及多个环节和领域，制定全面而有效的总控计划以协调所有活动和资源是一项艰巨的任务
6	质子设备与非质子区存在大量交叉并行工作	在质子治疗区和非质子治疗区之间需要高效的协调，以便在保持项目进度的同时不影响治疗的质量
7	现场材料设备布置难度大	由于空间限制和设备敏感性，对现场的材料和设备的布置和管理需要精心规划
8	参建方众多导致管理流程复杂	项目涉及多个参建方，这使得管理和协调的流程变得更加复杂和耗时
9	设计沟通协调难度大	由于涉及高度专业化的技术，与设计团队的沟通和协调需要深入了解和掌握相关知识
10	项目定位较高且受到广泛关注	质子肿瘤治疗中心项目的高科技性和重要性使其受到广泛关注，这增加了项目成功的压力和期望
11	项目各方面目标要求较高	从设备精度到治疗效果，项目的各个方面都对目标的达成有着非常高的要求
12	院方功能需求复杂	医院对质子治疗的功能和性能有多种复杂的需求，需要通过深入的分析和规划来满足
13	项目报批报建流程复杂	由于涉及高科技医疗设备，项目的审批和建设流程往往需要通过多个部门和层级，增加了复杂性
14	对业主管理能力要求高	业主需要具备高水平的管理能力，以应对项目的复杂性并确保各个环节的顺利进行
15	对承包商能力要求高	承包商必须具备专业知识和丰富经验，以满足质子肿瘤治疗中心项目的技术和质量要求

7.3 DEMATEL-ISM 模型构建

7.3.1 基于DEMATEL的模型分析及求解

本节采用如图7-3所示的DEMATEL-ISM分析模型。

DEMATEL方法的第一步是明确定义系统要素，即确定分析绩效影响因素的系统，并确定绩效影响因素集合。将根据7.2.3的结果，对深圳市质子肿瘤治疗中心项目的绩效影响因素进行编号（表7-5）。

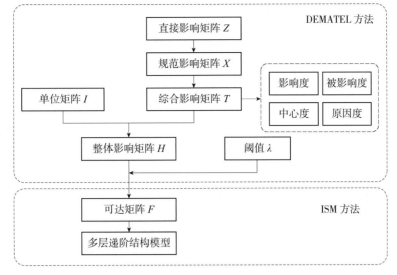

图 7-3 DEMATEL-ISM 分析模型

深圳市质子肿瘤治疗中心项目绩效影响因素集　　　　表 7-5

编号	绩效影响因素
X_1	质子设备安装调试复杂
X_2	项目施工技术难度大
X_3	建筑环境工艺要求严苛
X_4	与现有医院设施衔接有难度
X_5	总控计划设置难度大
X_6	质子设备与非质子区存在大量交叉并行工作
X_7	现场材料设备布置难度大
X_8	参建方众多导致管理流程复杂
X_9	设计沟通协调难度大
X_{10}	项目定位较高且受到广泛关注
X_{11}	项目各方面目标要求较高
X_{12}	院方功能需求复杂
X_{13}	项目报批报建流程复杂
X_{14}	对业主管理能力要求高
X_{15}	对承包商能力要求高

首先，向专家们发放了一份调查问卷，以获取绩效影响因素的直接影响矩阵。该问卷根据匿名性、保密性、客观性、逻辑一致性和可操作性原则进行设计。问卷包括两个部分，一是对影响关系评估尺度的介绍以及绩效影响因素的评分矩阵。具体问卷内容见附件一。参考领域内权威期刊上类似研究的做法，邀请了 13 位专家参与调查，这些专家在管理大型质子肿瘤治疗中心项目或从事大规模建设项目管理领域的研究方面有经验。其中 7 位专家参与了影响因素选择的半结构化访谈，6 位专家是大学的研究学者，而 7 位是质子肿瘤治疗中心项目所有者的管理人员，他们在大型质子肿瘤治疗中心项目建设中做出很大的贡献。专家们被要求使用五级评分尺度对绩效影响因素之间的

影响强度进行评价，代表因素之间的影响程度。在13位专家完成调查后，编制了初始的13个直接影响矩阵。直接影响矩阵 Z 是一个 n 阶的方阵，其中 n 表示绩效影响因素的数量（在本研究中为 $n=15$）。其中 a_{ij} 表示了要素 i 对要素 j 的影响，直接影响矩阵 Z 记为公式（7-1）。

$$Z = \begin{bmatrix} a_{11} & \cdots & a_{1j} & \cdots & a_{1n} \\ \vdots & & \vdots & & \vdots \\ a_{i1} & \cdots & a_{ij} & \cdots & a_{1n} \\ \vdots & & \vdots & & \vdots \\ a_{n1} & \cdots & a_{nj} & \cdots & a_{nn} \end{bmatrix} \tag{7-1}$$

为了消除专家打分的个体差异，使用了分段赋分的方法，首先将13个初始直接影响矩阵的数值取平均数 $\bar{a}$，然后按照公式（7-2）来确定最终的两两指标之间的影响数值，从而建立直接影响矩阵 Z，基于专家打分的深圳市质子肿瘤治疗中心项目绩效影响因素直接影响矩阵见表7-6。

$$a_{ij} = \begin{cases} 0, & 0 \leq \bar{a}_{ij} < 0.5 \\ 1, & 0.5 \leq \bar{a}_{ij} < 1.5 \\ 2, & 1.5 \leq \bar{a}_{ij} < 2.5 \\ 3, & 2.5 \leq \bar{a}_{ij} < 3.5 \\ 4, & 3.5 \leq \bar{a}_{ij} \leq 4 \end{cases} \tag{7-2}$$

项目绩效影响因素直接影响矩阵　　　表7-6

NO	X_1	X_2	X_3	X_4	X_5	X_6	X_7	X_8	X_9	X_{10}	X_{11}	X_{12}	X_{13}	X_{14}	X_{15}
X_1	0	4	1	3	4	4	3	2	4	0	1	1	2	3	4
X_2	1	0	3	4	4	2	3	2	3	1	0	0	1	3	4
X_3	4	4	0	3	4	4	3	2	2	0	0	0	1	3	4
X_4	3	4	1	0	4	4	4	4	3	0	1	2	1	4	4
X_5	0	0	0	0	0	2	3	0	0	0	0	0	0	4	2
X_6	3	1	0	3	4	0	4	4	4	0	0	0	2	3	4
X_7	3	2	1	4	4	1	0	4	4	0	0	0	0	4	4
X_8	2	0	0	3	4	3	4	0	3	0	0	0	2	4	3
X_9	3	3	0	4	4	3	4	1	0	0	0	1	3	4	2
X_{10}	0	0	0	2	4	0	0	2	2	0	4	1	2	4	3
X_{11}	1	3	3	2	4	1	1	4	4	0	0	0	2	4	4
X_{12}	4	4	2	4	2	4	2	1	3	4	0	3	0	3	4
X_{13}	0	0	0	2	3	0	0	2	1	0	0	0	0	4	2
X_{14}	0	0	0	0	0	0	0	1	2	0	0	0	0	0	3
X_{15}	0	0	0	0	2	0	0	1	3	0	0	0	0	4	0

根据计算步骤，参照李广利等（2021）的方法，运用行和最大值法对直接影响矩阵进行归一化处理，经计算行和最大值为41，可得到规范影响矩阵 X，见表7-7。按照式（7-3）对规范影响矩阵进行计算，得到综合影响矩阵 T，见表7-8。

$$T = X(1-X)^{-1} \tag{7-3}$$

规范影响矩阵 表 7-7

NO	X_1	X_2	X_3	X_4	X_5	X_6	X_7	X_8	X_9	X_{10}	X_{11}	X_{12}	X_{13}	X_{14}	X_{15}
X_1	0.00	0.10	0.02	0.07	0.10	0.10	0.07	0.05	0.10	0.00	0.02	0.02	0.05	0.07	0.10
X_2	0.02	0.00	0.07	0.10	0.10	0.05	0.07	0.05	0.07	0.02	0.00	0.00	0.02	0.07	0.10
X_3	0.10	0.10	0.00	0.07	0.10	0.10	0.07	0.05	0.05	0.00	0.00	0.00	0.02	0.07	0.10
X_4	0.07	0.10	0.02	0.00	0.10	0.10	0.10	0.10	0.07	0.00	0.02	0.05	0.02	0.10	0.10
X_5	0.00	0.00	0.00	0.00	0.00	0.00	0.00	0.05	0.07	0.00	0.00	0.00	0.00	0.10	0.05
X_6	0.07	0.02	0.00	0.07	0.10	0.00	0.10	0.10	0.10	0.00	0.00	0.00	0.05	0.07	0.10
X_7	0.07	0.05	0.02	0.10	0.10	0.02	0.00	0.10	0.10	0.00	0.00	0.00	0.00	0.10	0.10
X_8	0.05	0.00	0.00	0.07	0.10	0.07	0.10	0.00	0.07	0.00	0.00	0.00	0.05	0.10	0.07
X_9	0.07	0.07	0.00	0.10	0.10	0.07	0.10	0.02	0.00	0.00	0.00	0.02	0.07	0.10	0.05
X_{10}	0.00	0.00	0.00	0.05	0.10	0.00	0.00	0.05	0.05	0.00	0.10	0.02	0.05	0.10	0.07
X_{11}	0.02	0.07	0.07	0.05	0.10	0.02	0.02	0.10	0.10	0.00	0.00	0.00	0.05	0.10	0.10
X_{12}	0.10	0.10	0.05	0.10	0.10	0.05	0.02	0.07	0.10	0.00	0.07	0.00	0.07	0.07	0.10
X_{13}	0.00	0.00	0.00	0.05	0.07	0.00	0.00	0.05	0.02	0.00	0.00	0.00	0.00	0.10	0.05
X_{14}	0.00	0.00	0.00	0.00	0.05	0.00	0.00	0.02	0.05	0.00	0.00	0.00	0.00	0.00	0.07
X_{15}	0.00	0.00	0.00	0.00	0.05	0.00	0.00	0.02	0.07	0.00	0.00	0.00	0.10	0.10	0.00

综合影响矩阵 表 7-8

NO	X_1	X_2	X_3	X_4	X_5	X_6	X_7	X_8	X_9	X_{10}	X_{11}	X_{12}	X_{13}	X_{14}	X_{15}
X_1	0.08	0.16	0.05	0.17	0.25	0.17	0.17	0.15	0.23	0.00	0.03	0.04	0.10	0.24	0.24
X_2	0.09	0.06	0.09	0.17	0.23	0.11	0.15	0.14	0.19	0.03	0.01	0.02	0.07	0.22	0.22
X_3	0.16	0.16	0.03	0.17	0.24	0.17	0.16	0.15	0.18	0.00	0.01	0.02	0.07	0.23	0.24
X_4	0.15	0.17	0.05	0.11	0.27	0.18	0.20	0.21	0.23	0.00	0.04	0.06	0.08	0.28	0.26
X_5	0.02	0.01	0.00	0.02	0.04	0.02	0.02	0.07	0.10	0.00	0.00	0.00	0.01	0.14	0.08
X_6	0.13	0.08	0.02	0.16	0.23	0.07	0.18	0.18	0.21	0.00	0.01	0.02	0.09	0.22	0.22
X_7	0.13	0.11	0.04	0.17	0.23	0.10	0.09	0.18	0.21	0.00	0.01	0.02	0.04	0.24	0.22
X_8	0.10	0.05	0.01	0.14	0.21	0.12	0.16	0.08	0.17	0.00	0.01	0.01	0.08	0.22	0.18
X_9	0.13	0.13	0.02	0.18	0.23	0.14	0.18	0.12	0.13	0.00	0.01	0.04	0.11	0.24	0.18
X_{10}	0.04	0.04	0.02	0.10	0.18	0.04	0.05	0.11	0.13	0.00	0.10	0.03	0.08	0.20	0.15
X_{11}	0.09	0.13	0.09	0.13	0.23	0.09	0.11	0.18	0.21	0.00	0.01	0.01	0.09	0.24	0.22
X_{12}	0.18	0.18	0.08	0.21	0.28	0.14	0.14	0.19	0.26	0.00	0.08	0.02	0.13	0.27	0.27
X_{13}	0.02	0.02	0.00	0.07	0.12	0.02	0.03	0.08	0.07	0.00	0.00	0.01	0.01	0.15	0.09
X_{14}	0.01	0.01	0.00	0.01	0.07	0.01	0.02	0.04	0.07	0.00	0.00	0.00	0.01	0.03	0.09
X_{15}	0.01	0.01	0.00	0.02	0.08	0.02	0.02	0.04	0.10	0.00	0.00	0.00	0.01	0.13	0.03

然后，公式（7-4）与公式（7-5）计算影响度与被影响度。

$$D_i = \sum_{j=1}^{n} x_{ij}, (i = 1, 2, ..., n) \tag{7-4}$$

$$C_j = \sum_{i=1}^{n} x_{ij}, (j=1,2,...,n) \qquad (7-5)$$

表7-9呈现的绩效影响因素特征：影响度、被影响度、中心度（包含中心度的排名）以及原因度。中心度越大，表示在深圳市质子肿瘤治疗中心项目绩效影响因素中重要性越高。按照中心度进行排名，影响重要程度由大到小依次是：设计沟通协调难度大（X_9）、与现有医院设施衔接有难度（X_4）、参建方众多导致管理流程复杂（X_8）、质子设备安装调试复杂（X_1）、对业主管理能力要求高（X_{14}）、现场材料设备布置难度大（X_7）、总控计划设置难度大（X_5）、质子设备与非质子区存在大量交叉并行工作（X_6）、对承包商能力要求高（X_{15}）、项目施工技术难度大（X_2）、院方功能需求复杂（X_{12}）、建筑环境工艺要求严苛（X_3）、项目各方面目标要求较高（X_{11}）、项目报批报建流程复杂（X_{13}）、项目定位较高且受到广泛关注（X_{10}）。

DEMATEL 结果分析　　　　表 7-9

编号	影响度	被影响度	中心度	中心度排名	原因度
X_1	2.096	1.339	3.435	4	0.757
X_2	1.781	1.321	3.102	10	0.459
X_3	1.992	0.521	2.513	12	1.470
X_4	2.282	1.838	4.119	2	0.444
X_5	0.541	2.880	3.420	7	−2.339
X_6	1.811	1.396	3.207	8	0.415
X_7	1.781	1.651	3.433	6	0.130
X_8	1.552	1.908	3.460	3	−0.355
X_9	1.853	2.492	4.346	1	−0.639
X_{10}	1.259	0.057	1.316	15	1.203
X_{11}	1.833	0.325	2.158	13	1.508
X_{12}	2.436	0.306	2.742	11	2.129
X_{13}	0.674	1.003	1.677	14	−0.329
X_{14}	0.385	3.048	3.433	5	−2.663
X_{15}	0.481	2.673	3.154	9	−2.191

根据表7-9得出深圳市质子肿瘤治疗中心项目绩效影响因素的DEMATEL分析因果图（图7-4）。从图中可以看出，原因度值为正的是原因因素，直接影响深圳市质子肿瘤治疗中心项目绩效；原因度值为负的是结果因素，间接影响深圳市质子肿瘤治疗中心项目绩效。中心度更高的绩效影响因素，其在模型中的重要性也就越大。

通过表7-9及图7-4可知，属于原因因素的绩效影响因素有：质子设备安装调试复杂（X_1）、项目施工技术难度大（X_2）、建筑环境工艺要求严苛（X_3）、与现有医院设施衔接有难度（X_4）、质子设备与非质子区存在大量交叉并行工作（X_6）、现场材料设备布置难度大（X_7）、项目定位较高且受到广泛关注（X_{10}）、项目各方面目标要求较高（X_{11}）、院方功能需求复杂（X_{12}）；属于结果因素的绩效影响因素有：总控计划设置难度大（X_5）、参建方众多导致管理流程复杂（X_8）、设计沟通协调难度大（X_9）、项目报批报建流程复杂（X_{13}）、对业主管理能力要求高（X_{14}）、对承包商能力要求高（X_{15}）。

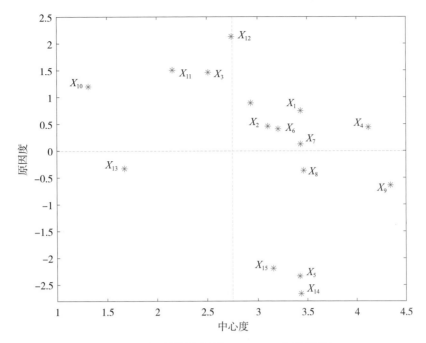

图 7-4　项目绩效影响因素 DEMATEL 分析因果图

从 DEMATEL 模型转换到 ISM 模型，通过综合影响矩阵 T 求得整体影响矩阵 H（表 7-10），整体影响矩阵 H 由综合影响矩阵 T 加上单位矩阵 I 得出，如公式（7-6）所示：

$$H = T + I = h_{ij} \quad (7\text{-}6)$$

h_{ij} 服务于公式（7-8）表示由所有元素组成的矩阵

之后需要确定可达矩阵 F，可达矩阵表明了所有构成要素之间是否存在影响关系。此处引入阈值 λ，目的是剔除因素间影响因素较小的关系，以便后续开展层级结构划分。通过计算综合影响矩阵 T 中所有项的平均值，求得适合本研究的阈值 $\lambda=0.12$。根据式（7-7）和（7-8），可以得到表 7-11 所列的可达矩阵 F。

$$f_{ij} = \begin{cases} 1 & h_{ij} \geq \lambda \\ 0 & h_{ij} < \lambda \end{cases} \quad (7\text{-}7)$$

$$F = \left[f_{ij} \right]_{n \times n}, (i, j = 1, 2, ..., n) \quad (7\text{-}8)$$

F_{ij} 即表示可达矩阵 F 的每一个元素的值

整体影响矩阵　　　　　　　　　　　　　　　　　　表 7-10

NO	X_1	X_2	X_3	X_4	X_5	X_6	X_7	X_8	X_9	X_{10}	X_{11}	X_{12}	X_{13}	X_{14}	X_{15}
X_1	1.08	0.16	0.05	0.17	0.25	0.17	0.17	0.15	0.23	0.00	0.03	0.04	0.10	0.24	0.24
X_2	0.09	1.06	0.09	0.17	0.23	0.11	0.15	0.14	0.19	0.03	0.01	0.02	0.07	0.22	0.22
X_3	0.16	0.16	1.03	0.17	0.24	0.17	0.16	0.15	0.18	0.00	0.01	0.02	0.07	0.23	0.24
X_4	0.15	0.17	0.05	1.11	0.27	0.18	0.20	0.21	0.23	0.00	0.04	0.06	0.08	0.28	0.26
X_5	0.02	0.01	0.00	0.02	1.04	0.02	0.02	0.07	0.10	0.00	0.00	0.00	0.01	0.14	0.08
X_6	0.13	0.08	0.02	0.16	0.23	1.07	0.18	0.18	0.21	0.00	0.01	0.02	0.09	0.22	0.22

续表

NO	X_1	X_2	X_3	X_4	X_5	X_6	X_7	X_8	X_9	X_{10}	X_{11}	X_{12}	X_{13}	X_{14}	X_{15}
X_7	0.13	0.11	0.04	0.17	0.23	0.10	1.09	0.18	0.21	0.00	0.01	0.02	0.04	0.24	0.22
X_8	0.10	0.05	0.01	0.14	0.21	0.12	0.16	1.08	0.17	0.00	0.01	0.01	0.08	0.22	0.18
X_9	0.13	0.13	0.02	0.18	0.23	0.14	0.18	0.12	1.13	0.00	0.01	0.04	0.11	0.24	0.18
X_{10}	0.04	0.04	0.02	0.10	0.18	0.04	0.05	0.11	0.13	1.00	0.10	0.03	0.08	0.20	0.15
X_{11}	0.09	0.13	0.09	0.13	0.23	0.09	0.11	0.18	0.21	0.00	1.01	0.01	0.09	0.24	0.22
X_{12}	0.18	0.18	0.08	0.21	0.28	0.14	0.14	0.19	0.26	0.00	0.08	1.02	0.13	0.27	0.27
X_{13}	0.02	0.02	0.00	0.07	0.12	0.02	0.03	0.08	0.07	0.00	0.00	0.01	1.01	0.15	0.09
X_{14}	0.01	0.01	0.00	0.01	0.07	0.01	0.02	0.04	0.07	0.00	0.00	0.00	0.01	1.03	0.09
X_{15}	0.01	0.01	0.00	0.02	0.08	0.02	0.02	0.04	0.10	0.00	0.00	0.00	0.01	0.13	1.03

可达矩阵　　　　　表 7-11

NO	X_1	X_2	X_3	X_4	X_5	X_6	X_7	X_8	X_9	X_{10}	X_{11}	X_{12}	X_{13}	X_{14}	X_{15}
X_1	1	1	0	1	1	1	1	1	1	0	0	0	0	1	1
X_2	1	1	0	1	1	1	1	1	1	0	0	0	0	1	1
X_3	1	1	1	1	1	1	1	1	1	0	0	0	0	1	1
X_4	1	1	0	1	1	1	1	1	1	0	0	0	0	1	1
X_5	0	0	0	0	1	0	0	0	0	0	0	0	0	1	0
X_6	1	1	0	1	1	1	1	1	1	0	0	0	0	1	1
X_7	1	1	0	1	1	1	1	1	1	0	0	0	0	1	1
X_8	1	1	0	1	1	1	1	1	1	0	0	0	0	1	1
X_9	1	1	0	1	1	1	1	1	1	0	0	0	0	1	1
X_{10}	1	1	0	1	1	1	1	1	1	1	0	0	0	1	1
X_{11}	1	1	0	1	1	1	1	1	1	0	1	0	0	1	1
X_{12}	1	1	0	1	1	1	1	1	1	0	0	1	1	1	1
X_{13}	0	0	0	0	0	0	0	0	0	0	0	0	1	1	0
X_{14}	0	0	0	0	0	0	0	0	0	0	0	0	0	1	0
X_{15}	0	0	0	0	0	0	0	0	0	0	0	0	0	1	1

7.3.2 可达矩阵的层次划分

得到可达矩阵 F 后，需要对可达矩阵 F 进行区间分解和级间分解。可达集 $R(S_j)$ 指的是在可达矩阵 F 中，影响因素 S_i 的所在行中，$F_{ij}=1$ 的列所对应的影响因素所组成的集合，表示影响因素 S_i 触发可以达到的全部影响因素的集合；先行集 $A(S_i)$ 指的是在可达矩阵 F 中，影响因素 S_j 的所在列中，$F_{ij}=1$ 的行所对应的影响因素所组成的集合，表示可以达到影响因素 S_j 的全部因素的集合，即：

$$R(S_j) = \left\{ S_j \in S \middle| F_{ij} = 1 \right\} \quad (7-9)$$

$$A(S_i) = \left\{ S_i \in S \middle| F_{ij} = 1 \right\} \quad (7-10)$$

若某个影响因素的可达集和先行集的交集满足 $C(S_i) = R(S_i) \cap A(S_i) = R(S_i)$ 时，表示 $A(S_i)$ 中对应的影响因素均能在 $A(S_i)$ 中找到前因，这些因素就被定义为最高层级的影响因素 $R(S_i)$；

然后，需要划去最高层级影响因素所对应的行和列，不断循环往复此过程。

由可达矩阵 F 求出可达集 $R(S_j)$ 和先行集 $A(S_i)$，从而得到第一层影响因素，表 7-12 显示出第一层绩效影响因素划分结果，得到最高层要素集 $L_1=\{14\}$。将 X_{14} 从所在的列和行中划去，再重复上述操作，划分可达集和先行集，得到如表 7-13 所示的绩效影响因素模型的第二层要素集 $L_2=\{5，13，15\}$。将 X_5、X_{13}、X_{15} 所在的行和列划去不予考虑，得到如表 7-14 所示的绩效影响因素模型的第三层要素集 $L_3=\{1，2，4，6，7，8，9\}$。最后进行一次上述操作，得到了表 7-15 所示的第四层要素集 $L_4=\{3，10，11，12\}$。

第一层绩效影响因素划分　　　　　　　　　　表 7-12

编号	$R(S_i)$	$A(S_i)$	$C(S_i)$
X_1	1, 2, 4, 5, 6, 7, 8, 9, 14, 15	1, 2, 3, 4, 6, 7, 8, 9, 10, 11, 12	1, 2, 4, 6, 7, 8, 9
X_2	1, 2, 4, 5, 6, 7, 8, 9, 14, 15	1, 2, 3, 4, 6, 7, 8, 9, 10, 11, 12	1, 2, 4, 6, 7, 8, 9
X_3	1, 2, 3, 4, 5, 6, 7, 8, 9, 14, 15	3	3
X_4	1, 2, 4, 5, 6, 7, 8, 9, 14, 15	1, 2, 3, 4, 6, 7, 8, 9, 10, 11, 12	1, 2, 4, 6, 7, 8, 9
X_5	5, 14	1, 2, 3, 4, 5, 6, 7, 8, 9, 10, 11, 12	5
X_6	1, 2, 4, 5, 6, 7, 8, 9, 14, 15	1, 2, 3, 4, 6, 7, 8, 9, 10, 11, 12	1, 2, 4, 6, 7, 8, 9
X_7	1, 2, 4, 5, 6, 7, 8, 9, 14, 15	1, 2, 3, 4, 6, 7, 8, 9, 10, 11, 12	1, 2, 4, 6, 7, 8, 9
X_8	1, 2, 4, 5, 6, 7, 8, 9, 14, 15	1, 2, 3, 4, 6, 7, 8, 9, 10, 11, 12	1, 2, 4, 6, 7, 8, 9
X_9	1, 2, 4, 5, 6, 7, 8, 9, 14, 15	1, 2, 3, 4, 6, 7, 8, 9, 10, 11, 12	1, 2, 4, 6, 7, 8, 9
X_{10}	1, 2, 4, 5, 6, 7, 8, 9, 10, 14, 15	10	10
X_{11}	1, 2, 4, 5, 6, 7, 8, 9, 11, 14, 15	11	11
X_{12}	1, 2, 4, 5, 6, 7, 8, 9, 12, 13, 14, 15	12	12
X_{13}	13, 14	12, 13	13
$\underline{X_{14}}$	$\underline{14}$	$\underline{1, 2, 3, 4, 5, 6, 7, 8, 9, 10, 11, 12, 13, 14, 15}$	$\underline{14}$
X_{15}	14, 15	1, 2, 3, 4, 6, 7, 8, 9, 10, 11, 12, 15	15

第二层绩效影响因素划分　　　　　　　　　　表 7-13

编号	$R(S_i)$	$A(S_i)$	$C(S_i)$
X_1	1, 2, 4, 5, 6, 7, 8, 9, 15	1, 2, 3, 4, 6, 7, 8, 9, 10, 11, 12	1, 2, 4, 6, 7, 8, 9
X_2	1, 2, 4, 5, 6, 7, 8, 9, 15	1, 2, 3, 4, 6, 7, 8, 9, 10, 11, 12	1, 2, 4, 6, 7, 8, 9
X_3	1, 2, 3, 4, 5, 6, 7, 8, 9, 15	3	3
X_4	1, 2, 4, 5, 6, 7, 8, 9, 15	1, 2, 3, 4, 6, 7, 8, 9, 10, 11, 12	1, 2, 4, 6, 7, 8, 9
$\underline{X_5}$	$\underline{5}$	$\underline{1, 2, 3, 4, 5, 6, 7, 8, 9, 10, 11, 12}$	$\underline{5}$
X_6	1, 2, 4, 5, 6, 7, 8, 9, 15	1, 2, 3, 4, 6, 7, 8, 9, 10, 11, 12	1, 2, 4, 6, 7, 8, 9
X_7	1, 2, 4, 5, 6, 7, 8, 9, 15	1, 2, 3, 4, 6, 7, 8, 9, 10, 11, 12	1, 2, 4, 6, 7, 8, 9
X_8	1, 2, 4, 5, 6, 7, 8, 9, 15	1, 2, 3, 4, 6, 7, 8, 9, 10, 11, 12	1, 2, 4, 6, 7, 8, 9
X_9	1, 2, 4, 5, 6, 7, 8, 9, 15	1, 2, 3, 4, 6, 7, 8, 9, 10, 11, 12	1, 2, 4, 6, 7, 8, 9
X_{10}	1, 2, 4, 5, 6, 7, 8, 9, 10, 15	10	10
X_{11}	1, 2, 4, 5, 6, 7, 8, 9, 11, 15	11	11

续表

编号	$R(S_i)$	$A(S_i)$	$C(S_i)$
X_{12}	1, 2, 4, 5, 6, 7, 8, 9, 12, 13, 15	12	12
X_{13}	13	12, 13	13
X_{15}	15	1, 2, 3, 4, 6, 7, 8, 9, 10, 11, 12, 15	15

第三层绩效影响因素划分　　　　　　　　　　　　　　　表 7-14

编号	$R(S_i)$	$A(S_i)$	$C(S_i)$
X_1	1, 2, 4, 6, 7, 8, 9	1, 2, 3, 4, 6, 7, 8, 9, 10, 11, 12	1, 2, 4, 6, 7, 8, 9
X_2	1, 2, 4, 6, 7, 8, 9	1, 2, 3, 4, 6, 7, 8, 9, 10, 11, 12	1, 2, 4, 6, 7, 8, 9
X_3	1, 2, 3, 4, 6, 7, 8, 9	3	3
X_4	1, 2, 4, 6, 7, 8, 9	1, 2, 3, 4, 6, 7, 8, 9, 10, 11, 12	1, 2, 4, 6, 7, 8, 9
X_6	1, 2, 4, 6, 7, 8, 9	1, 2, 3, 4, 6, 7, 8, 9, 10, 11, 12	1, 2, 4, 6, 7, 8, 9
X_7	1, 2, 4, 6, 7, 8, 9	1, 2, 3, 4, 6, 7, 8, 9, 10, 11, 12	1, 2, 4, 6, 7, 8, 9
X_8	1, 2, 4, 6, 7, 8, 9	1, 2, 3, 4, 6, 7, 8, 9, 10, 11, 12	1, 2, 4, 6, 7, 8, 9
X_9	1, 2, 4, 6, 7, 8, 9	1, 2, 3, 4, 6, 7, 8, 9, 10, 11, 12	1, 2, 4, 6, 7, 8, 9
X_{10}	1, 2, 4, 6, 7, 8, 9, 10	10	10
X_{11}	1, 2, 4, 6, 7, 8, 9, 11	11	11
X_{12}	1, 2, 4, 6, 7, 8, 9, 12	12	12

第四层绩效影响因素划分　　　　　　　　　　　　　　　表 7-15

编号	$R(S_i)$	$A(S_i)$	$C(S_i)$
X_3	3	3	3
X_{10}	10	10	10
X_{11}	11	11	11
X_{12}	12	12	12

综上所述，最终将深圳市质子肿瘤治疗中心项目绩效影响因素划分为四层 $L=[L_1, L_2, L_3, L_4]$，绩效影响因素的具体层级分布见表 7-16。

项目绩效影响因素层级分布　　　　　　　　　　　　　　　表 7-16

层级	影响因素
L_1	对业主管理能力要求高（X_{14}）
L_2	总控计划设置难度大（X_5）、项目报批报建流程复杂（X_{13}）、对承包商能力要求高（X_{15}）
L_3	质子设备安装调试复杂（X_1）、项目施工技术难度大（X_2）、与现有医院设施衔接有难度（X_4）、质子设备与非质子区存在大量交叉并行工作（X_6）、现场材料设备布置难度大（X_7）、参建方众多导致管理流程复杂（X_8）、设计沟通协调难度大（X_9）
L_4	建筑环境工艺要求严苛（X_3）、项目定位较高且受到广泛关注（X_{10}）、项目各方面目标要求较高（X_{11}）、院方功能需求复杂（X_{12}）

7.3.3 项目绩效影响因素解释结构模型（ISM）构建

在上一节中，通过可达矩阵 F 得出了绩效影响因素之间的层级结构。在拓扑关系中，可达矩阵还可以与有向图对应，矩阵中的数值可以转化为有向图中节点之间的关系。根据可达矩阵 F 以及表7-16得到的绩效影响因素层级分布图，构建深圳市质子肿瘤治疗中心项目绩效影响因素解释结构模型图，如图7-5所示。

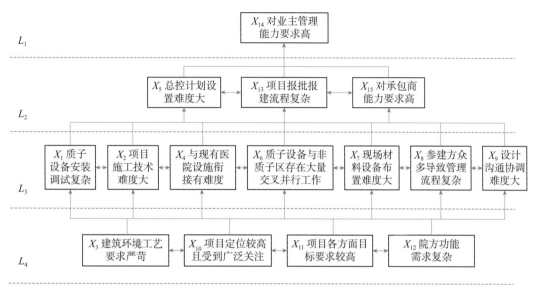

图7-5 绩效影响因素解释结构模型图

7.4 MICMAC 分析

在 ISM 分析的基础上，进一步开展 MICMAC 分析，对可达矩阵 F 的各行和各列分别求和，计算出深圳市质子肿瘤治疗中心项目绩效影响因素各因素的依赖性和驱动力数值，见表7-17。通过进一步计算依赖性和驱动力数值的平均值，作为由依赖性和驱动力构成横纵坐标的二维空间四象限的分界线，从而得出四类因素：自发型绩效影响因素、依赖型绩效影响因素、联动型绩效影响因素以及独立型绩效影响因素（图7-6、表7-18）。

项目绩效影响因素依赖性和驱动力数值　　表7-17

NO	X_1	X_2	X_3	X_4	X_5	X_6	X_7	X_8	X_9	X_{10}	X_{11}	X_{12}	X_{13}	X_{14}	X_{15}	驱动力
X_1	1	1	0	1	1	1	1	1	1	0	0	0	0	1	1	10
X_2	1	1	0	1	1	1	1	1	1	0	0	0	0	1	1	10
X_3	1	1	1	1	1	1	1	1	1	0	0	0	0	1	1	11
X_4	1	1	0	1	1	1	1	1	1	0	0	0	0	1	1	10
X_5	0	0	0	0	1	0	0	0	0	0	0	0	0	1	0	2
X_6	1	1	0	1	1	1	1	1	1	0	0	0	0	1	1	10
X_7	1	1	0	1	1	1	1	1	1	0	0	0	0	1	1	10

续表

NO	X_1	X_2	X_3	X_4	X_5	X_6	X_7	X_8	X_9	X_{10}	X_{11}	X_{12}	X_{13}	X_{14}	X_{15}	驱动力
X_8	1	1	0	1	1	1	1	1	1	0	0	0	0	1	1	10
X_9	1	1	0	1	1	1	1	1	1	0	0	0	0	1	1	10
X_{10}	1	1	0	1	1	1	1	1	1	1	0	0	0	1	1	11
X_{11}	1	1	0	1	1	1	1	1	1	0	1	0	0	1	1	11
X_{12}	1	1	0	1	1	1	1	1	1	0	1	1	0	1	1	12
X_{13}	0	0	0	0	0	0	0	0	0	0	0	0	1	1	0	2
X_{14}	0	0	0	0	0	0	0	0	0	0	0	0	0	1	0	1
X_{15}	0	0	0	0	0	0	0	0	0	0	0	0	1	1	1	2
依赖性	11	11	1	11	12	11	11	11	11	1	1	1	2	15	12	

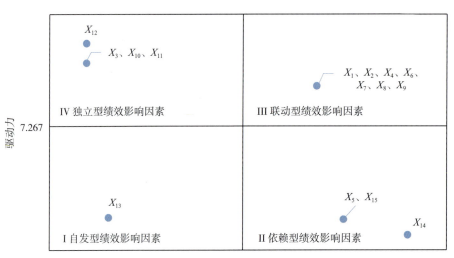

图 7-6　项目绩效影响因素驱动力—依赖性分类图

项目绩效影响因素驱动力—依赖性分布　　　　　表 7-18

分类	影响因素
自发型绩效影响因素	项目报批报建流程复杂（X_{13}）
依赖型绩效影响因素	总控计划设置难度大（X_5） 对业主管理能力要求高（X_{14}） 对承包商能力要求高（X_{15}）
联动型绩效影响因素	质子设备安装调试复杂（X_1） 项目施工技术难度大（X_2） 与现有医院设施衔接有难度（X_4） 质子设备与非质子区存在大量交叉并行工作（X_6） 现场材料设备布置难度大（X_7） 参建方众多导致管理流程复杂（X_8） 设计沟通协调难度大（X_9）
独立型绩效影响因素	建筑环境工艺要求严苛（X_3） 项目定位较高且受到广泛关注（X_{10}） 项目各方面目标要求较高（X_{11}） 院方功能需求复杂（X_{12}）

第一象限为自发型绩效影响因素，该象限内的因素具有较低的依赖性和较低的驱动力，属于在模型中不太重要的因素。在 ISM 模型中，"项目报批报建流程复杂"属于这一区域，说明"项目报批报建流程复杂"这一因素在模型中的因果联动性均较弱。

第二象限是依赖型绩效影响因素，该象限内的因素有较高的依赖性和较低的驱动力，一般处于多层递阶结构模型的上层。该区域内的因素有第一层因素"对业主管理能力要求高"和第二层因素"总控计划设置难度大""对承包商能力要求高"。从图 7-6 可以看出，相较于第一层因素，第二层因素的依赖性较低，这与解释结构模型的结果相符。

第三象限是联动型绩效影响因素，该象限内的因素有较高的依赖性和较高的驱动力，多为解释结构模型的中间层，既会广泛受到其他因素的影响，又对其他因素有很大程度的影响。该区域内有深圳市质子肿瘤治疗中心项目绩效影响因素第三层因素"质子设备安装调试复杂""项目施工技术难度大""与现有医院设施衔接有难度""质子设备与非质子区存在大量交叉并行工作""现场材料设备布置难度大""参建方众多导致管理流程复杂""设计沟通协调难度大"。这些因素在解释结构模型中起到承上启下的作用，应得到重点关注。

第四象限是独立型绩效影响因素，该象限内的因素有较低的依赖性和较高的驱动力，多为解释结构模型的最后数层，属于驱动因素，受到其他层级因素的影响较小。该区域内有深圳市质子肿瘤治疗中心项目绩效影响因素第四层因素"建筑环境工艺要求严苛""项目定位较高且受到广泛关注""项目各方面目标要求较高""院方功能需求复杂"。这些因素属于解释结构模型的基本因素，多为制度环境或项目特征等因素。

7.5 模型结果分析

结合 DEMATEL 与 ISM 得出的绩效影响因素因果关系图和解释结构模型，进一步开展多维度的分析。

7.5.1 解释结构模型各层级内涵及相关关系剖析

解释结构模型将深圳市质子肿瘤治疗中心项目 15 个绩效影响因素分为 4 个层级，不同层级的绩效影响因素之间有着不同的影响程度。

（1）处于第一层的绩效影响因素是"对业主管理能力要求高"，因此可以将第一层级概括为"业主能力层级"。第一层的绩效影响因素是改善深圳市质子肿瘤治疗中心项目进度管理成效的最直接因素，意味着如果从业主项目管理能力出发进行提升，可以在短时间内迅速改善进度管理绩效，使得项目的绩效得到保证。在业主能力层级中，业主的管理能力涉及多个方面，包括但不限于资源配置、决策制定、风险管理和人员协调；首先，业主需有效地配置资源，包括财务、人力和物料，以确保项目的顺利进行；其次，业主在项目中的决策制定能力也非常关键，如何在关键时刻做出正确的决定直接影响项目的进展；此外，业主还需要具备与项目相关的专业知识和技能。作为绩效影响因素解释结构模型的顶层，业主能力层级的优化和提升是影响项目成功的关键因素之一。通过增强业主的管理能力，可以更有效地应对项目中的各种挑战，及时调整项目计划，最终实现项目的进度管理绩效的提升和项目目标的达成。

（2）处于第二层的绩效影响因素是"总控计划设置难度大""项目报批报建流程复杂""对承包商能力要求高"，属于间接因素，通过影响顶层的业主能力来间接影响项目的实施绩效，同时也受下一层的影响。可以将第二层级概括为"项目与组织整体控制层级"。首先，"总控计划设置难度大"表明在涉及高科技医疗设备和复杂建筑工程的项目中，制定全面而有效的总控计划是具有挑战性的。总控计划不仅需要考虑项目的时间表和预算，还需考虑质量、资源和风险等多个维度，这就要求项目管理团队具有高超的技能和经验，以综合考虑和平衡这些因素。其次，"项目报批报建流程复杂"意味着在项目的起始阶段，需要完成许多报批和报建的程序。这些程序往往涉及与政府部门和相关监管机构的沟通与协调。因此，项目团队需要熟悉并遵守相关法规，同时具备良好的沟通和协调能力，以确保项目能够顺利通过这些流程。再者，"对承包商能力要求高"表明项目的成功在很大程度上依赖于选择合适的承包商。这不仅涉及承包商的技术能力，还包括其管理能力和可靠性。因此，业主和项目管理团队需要仔细评估和选择承包商，以确保他们能够满足项目的要求。

（3）处于第三层的绩效影响因素分别是"质子设备安装调试复杂""项目施工技术难度大""与现有医院设施衔接有难度""质子设备与非质子区存在大量交叉并行工作""现场材料设备布置难度大""参建方众多导致管理流程复杂""设计沟通协调难度大"。可以将第三层级概括为"施工计划与设备管控层级"。第三层的影响因素多是从项目管理的具体环节考虑。关键施工环节技术难度大是深圳市质子肿瘤治疗中心项目的管理难点之一，质子肿瘤治疗中心项目是一项高难度的建筑工程，需要克服多个施工重难点才能顺利完成，如加速器和质子治疗设备的安装、辐射防护、精密定位和校准、环境控制以及设施的安全性等问题；质子设备等材料设备的配置也反映了在施工前阶段该类型项目应更多关注质子设备这一项目特色，这些也都会给进度计划与进度目标的设定带来挑战。作为绩效影响因素解释结构模型的中间层，7个因素起到了承上启下的作用，说明了项目各阶段管理重点不可忽视。

（4）处于第四层的绩效影响因素分别是"建筑环境工艺要求严苛""项目定位较高且受到广泛关注""项目各方面目标要求较高""院方功能需求复杂"。第四层的影响因素已经较多涉及项目的客观条件，可以将第四层级概括为"项目环境与目标要求层级"。"建筑环境工艺要求严苛"强调了在建设过程中，需要遵守高标准的环境和工艺规范。特别是对于质子肿瘤治疗中心这样的医疗设施，环境因素对于设备的运行和患者的治疗具有至关重要的影响。因此，需要特别注意空气质量、温湿度控制以及辐射防护等方面。"项目定位较高且受到广泛关注"意味着该项目不仅在技术和规模上具有较高的标准，还在社会上引起广泛的关注。这就要求项目管理团队在执行过程中，既要注重技术细节，也要注意公众形象和社会责任，以维护项目的声誉和信誉。"项目各方面目标要求较高"表明，此项目在时间、成本、质量和功能等方面都设定了很高的标准。项目团队需要综合考虑这些目标，并在项目的各个阶段制定和实施有效的策略来实现这些目标。"院方功能需求复杂"涉及医院方面的各种需求，包括治疗设备的性能、医务人员的培训以及患者的服务和管理等。为满足这些复杂的需求，项目团队需要与医院方面紧密合作，确保项目的功能符合实际需求。

7.5.2 各层级绩效影响因素的重要性分析

结合中心度指标对绩效影响因素的重要性进行分析。研究发现，表7-9呈现了中心度排名前5的指标"设计沟通协调难度大""与现有医院设施衔接有难度""参建方众多导致管理流程复杂""质子设备安装调试复杂""对业主管理能力要求高",这5个绩效影响因素对模型中其他因素而言较为重要且关键,在进行进度管理策略分析时,应重点关注这5个因素。

首先,"设计沟通协调难度大"表明项目涉及的技术和流程复杂,需要不同专业领域的人员进行有效沟通和协调。为了解决这一问题,项目团队可以考虑制定明确的沟通流程,定期召开协调会议,并采用先进的协同工作工具。其次,"与现有医院设施衔接有难度"意味着项目需要与现有的医院设施高度集成。解决这一问题需要对现有设施进行详细的评估,并与各方利益相关者紧密合作,以制定和执行有效的衔接计划。然后,考虑到"参建方众多导致管理流程复杂",这强调了参与项目的各个方面的人员和单位的多样性,可能导致管理流程变得复杂和混乱。为了应对这一挑战,建议制定和实施明确的责任和职责分配,以及有效的信息共享和反馈机制。接着,"质子设备安装调试复杂"表明项目的核心设备需要高度专业化的安装和调试,为了保证设备的性能和安全性,项目团队应考虑聘请经验丰富的技术人员,并进行严格的质量控制。最后,"对业主管理能力要求高"强调了业主在项目管理中的重要作用。为了提高项目的绩效,业主应积极参与,提供必要的资源,并与项目团队建立良好的合作关系。

综上所述,深圳市质子肿瘤治疗中心项目的进度管理策略应关注并着重处理这5个关键的绩效影响因素,以促进项目的顺利进行并实现其目标。通过对这些因素的有效管理,可以提高项目的成功率,确保质量和满足各方利益相关者的期望。

第8章
全过程工程咨询对质子肿瘤治疗中心项目绩效的影响机理

8.1 项目绩效影响机理分析

本章使用结构方程模型（SEM）和模糊集定性比较分析（fsQCA）方法，探究全过程工程咨询服务的背景下，影响质子肿瘤治疗中心项目绩效的关键因素，以及对项目绩效的个体路径效应和组态效应。结合质子肿瘤治疗中心项目特点，本研究将自变量分为甲方集管理能力和项目治理机制两部分。

结合质子肿瘤治疗中心项目组织架构，甲方集管理能力包括全过程工程咨询单位能力（下文简称"全咨单位能力"）和业主单位能力。全咨单位能力主要体现在全过程统筹管理能力、投资控制能力、风险控制能力、资源整合能力、创新能力，以及在技术、经济、管理、法律等方面具有丰富经验。业主单位作为项目中统筹全局的一方，需要具备全方位全过程协调与统筹的综合能力，有力地保证既定目标的顺利实现，在本项目中，业主单位能力主要体现在决策与统筹层面，包括决策的制定流程、对各参建方的协调与监督、全过程的统筹控制等。

对于项目治理机制，根据项目治理理论，促进项目绩效的途径主要有合同治理和关系治理，二者存在着互补和替代的交互作用（Mellewigt等，2007）。合同治理作为一种正式的治理机制，能够以强制性的合同规定对项目的责权利以及应承担的风险进行明确划分，有效规范项目各参建方的行为，而在复杂的项目环境中，以信任为核心基础的关系治理方式相比之下往往更具有灵活性，作为一种非正式机制，它能够通过沟通协调的方式有效化解矛盾、改善合作双方之间的关系，促进信息共享与行动一致。在项目管理过程中，合同治理与关系治理往往动态交互作用于项目管理绩效，二者相互配合，共同促进项目管理绩效的提升（严玲等，2022），因此，本研究将项目治理机制分为合同治理和关系治理。其中，将合同治理按功能分为三个维度：合同控制、合同协调、合同适应。合同控制功能主要体现在合同条款对控制权的分配以及激励和惩罚措施，合同协调功能主要体现在合同条款对合同双方责权利以及监督程序的规定，合同适应功能是通过规定无法预料事件的处理程序、变更的处理程序来实现的，体现了合同的灵活性。关系治理分为两个维度：关系纽带和结构纽带。关系纽带是基于凝聚力和相互信任形成的直接联系，强调组织之间基于情感联系的信息共享、互利互惠；而结构纽带是组织之间因其在结构网络中的特定位置而形成的客观联系，强调组织之间基于商业联系的监督和控制（Wang等，2021）。

综上所述，本章节选取全咨单位能力和业主单位能力作为甲方集管理能力层面的绩效影响因素，选取合同治理的合同控制、合同协调、合同适应因素以及关系治理的关系纽带、结构纽带因素作为项目治理机制层面的绩效影响因素，探索它们各自对项目管理绩效的作用路径以及因素之间的组合作用。

8.2 理论模型与研究假设

8.2.1 能力与治理因素的直接效应

全过程工程咨询模式中，全咨单位需要在项目全生命周期为业主单位提供综合性咨询服务，服务范围和服务内容极其广泛，除了需要提供一般性的项目管理服务，还需要提供具有较强技术性的决策咨询、招标投标咨询、设计咨询、概预算咨询、技术咨询等服务，这表明全咨单位需要具备更广泛和全面的综合能力，全咨单位的能力能够通过知识信息、结构、制度等体系来优化其对项目的管理能力，进而提高项目效率（杨青等，2013）。一个综合能力高的全咨单位能够清晰地发现自身内部项目管理过程中所出现的问题，并针对问题提出可行性改正策略，从而提高项目管理智力水平与企业项目管理能力，继而通过企业自身能力的提高影响项目管理绩效。因此，本研究提出假设：

（1）H1a：全咨单位能力正向影响项目管理绩效。

业主单位是工程项目的总组织者与责任主体，在保证项目顺利推进和质量保障上起到了非常重要的作用。首先，业主方需要具备较强的专业技术能力，全面了解项目背景以及技术要求，在此基础上制定项目目标和要求，与承包商进行有效沟通，从而做好整个项目的进度、质量与成本把控；其次，在全过程工程咨询项目中，涉及的参建方众多，业主方需要与各个参建方建立友好、公平的合作关系，在项目进行过程中做到友好协商、信息共享，解决分歧与冲突，营造合作共赢的项目氛围，从而促进项目高效推进；此外，全过程工程咨询项目具有高度的复杂性，项目推进过程中会出现众多不可预见的风险与突发事件，业主单位需灵活应对，与各参建方协商解决复杂问题的策略，把控全局，迅速决策并下达指令，最大化降低项目收益损失，因此业主单位具备较强的风险应对能力也有助于促进项目绩效提升。因此，本研究提出假设：

（2）H1b：业主单位能力正向影响项目管理绩效。

首先，对于全过程咨询而言，控制权的有效把控对于项目管理绩效的提升十分重要。在全过程工程咨询项目中，业主方和全咨单位之间的权力分配是复杂且模糊的，对于咨询单位与业主之间的有效控制权配置，应致力于获得"1+1>2"的效果，而不是由一方被动受制于另一方。如果合同控制配置不合理，业主过度下放控制权容易造成业主的权利受到威胁，破坏合作关系，降低业主与咨询单位的合作效率，最终影响项目管理绩效。其次，业主单位严格依据规定的合同条款对其他参建方进行有效的监督和控制，保证各参建方都能够依照合同规定的条款完成各自的工作，抑制各参建方的机会主义行为，减轻由于信息不对称和机会主义对项目带来的损失，从而提高项目绩效。因此，本研究提出假设：

（3）H2a：合同控制正向影响项目管理绩效。

Argyres和Mayer（2007）认为，对角色和责任的权衡与协调也是合同的主要功能之一。合同协调是通过在合同双方之间建立正式的信息和知识共享渠道的条款来实现的，不明确的合同义务会出现机会主义行为，从而导致合作关系破裂，对合同义务和责任的漫长谈判会进一步阻碍项目的顺利进行，进而降低项目绩效。高度的合同协调明确了各方的权利义务，通过合同条款建立正式的信息和知识共享渠道，降低信息间的不对称性，对争端解决的方案和发包方发放指令的程序实行公开透明化，通过合同条款协调各方之间的关系，从而减少机会主义行为的发生，进而提高项目管理绩效。因此，本研究提出假设：

（4）H2b：合同协调正向影响项目管理绩效。

在合同治理中，工程项目合同签订时无法预料和考虑到建设过程中出现的所有问题以及解决措施，随着项目的推进，项目的不确定性逐渐涌现，合同将无法满足复杂的工程需求。尤其是在全过程工程咨询项目中，涉及的参建方众多，具有高度的项目复杂性。因此在签订合同时，具有适应性的柔性合同更能应对复杂项目的不确定性，灵活处理项目进行过程中不断出现的问题，对项目风险进行把控。合同适应（也称"合同柔性"）具有经济且快速适应项目内外部环境变化的能力，能够调节工程项目的不确定性，降低建设过程中不确定性风险对项目带来的损失，进而提高工程项目绩效（吕丽辉等，2023）。因此，本研究提出假设：

（5）H2c：合同适应正向影响项目管理绩效。

全过程工程咨询项目的成功需要治理结构中各参与方的共同努力，其中咨询单位与其他各参与方的协调关系更为重要。在执行全过程工程咨询项目的过程中，当发生合同中未约定的事件或突发情况时，掌握信息更全面的一方将事件信息告知咨询单位，通过咨询单位的信息传递中介，使双方信息尽可能对称，减少项目实施过程中分歧和冲突的发生（陈思颖，2020）。因此，在应对复杂性项目时，参建方之间的信任与有效的沟通能够高效地解决项目中不断出现的新问题，协商合力应对风险与挑战，避免分歧与冲突的产生，对全过程工程咨询项目管理绩效提高是具有积极影响的。因此，本研究提出假设：

（6）H2d：关系纽带正向影响项目管理绩效。

结构纽带与结构嵌入相关，是指组织之间因其在社会网络中的特定位置而形成的纽带，与关系纽带强调沟通和信任不同，结构纽带更注重基于利益的商业联系（Wang 等，2021）。在这种互惠互利关系的基础上，组织会注重自身在网络中的嵌入性，关注自己以及合作伙伴在合作网络中的地位与价值，评估利益相关者在网络结构中的嵌入水平，组织之间通过信息的获取以及结构的关联促进合作，从而提高项目管理绩效。因此，本研究提出假设：

（7）H2e：结构纽带正向影响项目管理绩效。

业主单位和承包商是工程建设项目中最重要的两个主体，前者负责决策制定，后者负责决策执行，二者建立稳定良好的合作关系，共同确立一致的目标，在项目实施过程中相互协调与支持。一方面，双方基于合作行为的信息共享和共同行动，能够提前预测并高效解决项目中出现的问题，降低项目不确定性和复杂性带来的损害，更加有利于应对复杂项目中出现的风险；另一方面，能够减少机会主义的出现，降低交易成本，保证项目顺利执行，从而提高项目管理绩效。因此，本研究提出假设：

（8）H3：承包商合作行为正向影响项目管理绩效。

8.2.2　能力与治理因素的链式中介效应

在全过程工程咨询中，业主方赋予了咨询单位组织协调的权利，全过程工程咨询单位在项目决策、勘察设计、招标采购、施工、竣工验收、运营维护等项目各阶段为业主方提供了咨询服务和决策指导。一方面，减轻了业主方的任务负担，提高业主方的决策效率；另一方面，也提高了业主方资源配置、决策制定、人员配置、风险控制的能力。因此，全过程工程咨询单位的能力对提高业主方能力起着至关重要的作用。

全过程工程咨询项目实施过程中，在技术方面往往具有高度的复杂性，因此，业主方不仅需要具备良好的项目管理能力，还需要具有丰富的专业技术储备。只有对项目的技术要求有清晰的认识，并能够以严谨的专业技术有效把控项目实施过程中的风险，业主才能准确地制定项目目标和要求，并有效地与承包商进行沟通和合作。

结合前述假设，本研究认为业主单位能力和承包商合作行为在全咨单位能力与项目管理绩效之间可能发挥链式中介作用，多个中介变量相互影响，并存在顺序性特征，形成中介链，即"全咨单位能力→业主单位能力→承包商合作行为→项目管理绩效"。因此，本研究提出假设：

H4：业主单位能力和承包商合作行为在全咨单位能力和项目管理绩效之间起正向链式中介效应。

8.2.3 承包商合作行为的中介效应

各组织间的良性合作可以减少工程项目中的冲突，保证工程项目有序实施，进而提高项目绩效。其中，业主单位和承包商之间的合作对建设项目的成功起到了尤为重要的作用，构成了建设项目成功的基础。因此，作为项目实施主体的承包商的合作行为有助于项目管理绩效的提高，促进项目顺利实施。而从项目治理的角度看，合同治理与关系治理都能对承包商被动要求和主动自愿的合作行为产生促进作用（林艺馨和张慧瑾，2020）。

基于合同治理的视角，作为一种正式的项目治理方式，控制权配置合理、权责明确、灵活度高的合同条款规定了合同参与方的权利、义务和责任，有效约束了合同参与各方的行为，降低合作伙伴采取机会主义行为的意愿，极大地降低了承包商的风险，从而维持承包商与其他各方的合作。因此，本研究提出假设：

（1）H5a：承包商合作行为在合同控制和项目管理绩效之间起中介作用。

（2）H5b：承包商合作行为在合同协调和项目管理绩效之间起中介作用。

（3）H5c：承包商合作行为在合同适用和项目管理绩效之间起中介作用。

基于关系治理的视角，关系治理依靠的是各参与方之间的信任和非正式的组织结构。在建设工程项目的实施过程中，由于工程项目自身和外部环境的复杂性，合同不能预见项目实施过程中会出现的所有情况。此时，仅仅靠合同规定的行为是远远不够的，基于组织间信任与合作利益的自发自愿行为至关重要，为保障承包商和其他各方的持续性合作奠定了基础。因此，本研究提出假设：

（4）H5d：承包商合作行为在关系纽带和项目管理绩效之间起中介作用。

（5）H5e：承包商合作行为在结构纽带和项目管理绩效之间起中介作用。

8.2.4 承包商能力的调节效应

承包商的能力强，就可以运用丰富的经验和高度的专业技能，高效执行业主方提出的施工要求和任务，并与其他各方有效沟通协调，高效解决项目实施过程中出现的复杂问题，保证项目的顺利进行。因此，承包商的能力使得承包商与其他组织的合作行为得到了保障，承包商的能力越强，与其他组织的沟通协作就越高效，合作行为更有利于促进项目管理绩效的提高。

综合前述假设，本研究认为当承包商具备较高的综合能力时，更有利于促进甲方集管理能力和项目治理机制提高项目管理绩效。因此，本研究提出假设：

H6：承包商能力在承包商合作行为与项目管理绩效之间起到正向调节作用。

依据上述理论及假设，本研究理论模型如图8-1所示。

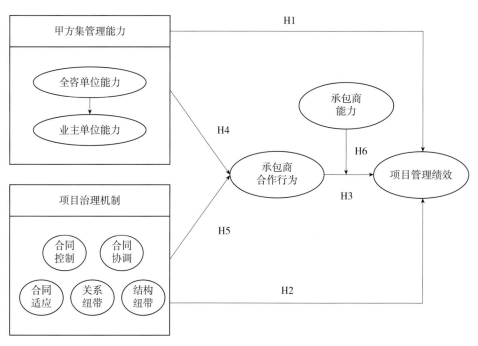

图8-1 理论模型图

8.3 研究数据

8.3.1 变量测量

1. 全咨单位能力

在现有研究中，全咨单位能力的量表较少，将各项影响因素量化是构建模糊综合评价模型的基础，因此本研究对所构建的评价指标体系中的基层影响因素进行量化，即对评价指标体系中的方案层进行量化，制定评价标准。量化标准的合理性将直接影响最终综合评价结果，在制定评价标准时，必须遵循合理性和科学性的原则。全咨单位能力测量指标见表8-1。

全咨单位能力测量指标　　　　　　　　　　　　　　表8-1

测量指标	测量编号	题项
全咨单位能力	1	全咨单位能够提供充足且高质量的管理人员
	2	全咨单位的同类项目管理经验丰富
	3	全咨单位具备良好的项目前期策划能力
	4	全咨单位具备良好的设计管理能力
	5	全咨单位具备良好的进度、质量、投资管理能力

2. 业主单位能力

在现有研究中业主单位能力的量表较少，在本研究中全咨单位能力影响业主单位能力，业主单位能力作为中介变量发挥作用，因此在制定评价标准时，必须遵循合理性和科学性的原则。业主单位能力测量指标见表 8-2。

业主单位能力测量指标 表 8-2

测量指标	测量编号	题项
业主单位能力	1	业主单位有全周期、全方位的动态管理意识
	2	业主单位对各参建方的监管是有效且合理的
	3	业主单位具备良好的组织协调能力
	4	业主单位提出的需求是明确且技术上可行的
	5	业主单位内部的决策程序是灵活且高效的

3. 项目治理机制

对于项目管理治理水平的模型已有较多研究，其中项目管理学会的项目管理知识体系指南中所提出的项目管理治理水平标准得到普遍认可。对于项目管理治理水平一共分为五部分，包括：合同控制、合同协调、合同适应、关系纽带、结构纽带。项目治理机制测量指标见表 8-3。

项目治理机制测量指标 表 8-3

测量指标	测量编号	题项
关系纽带	1	我方与项目其他参建方有着密切的社会关系
	2	我方与项目其他参建方之间有一种"同舟共济"的感觉
	3	我方与项目其他参建方经常互访
	4	我方与项目其他参建方经常开展纯粹的社交活动
	5	我方与项目其他参建方经常互相帮助
结构纽带	1	我们收集有关项目其他参建方的信息
	2	我们关注项目其他参建方的表现
	3	我们发展评估项目其他参建方的能力
	4	我们有一个明确的指标来衡量项目其他参建方的业绩
	5	我们通过使用项目其他参建方的信息来预测其未来表现
合同控制	1	合同明确规定了项目各参建方的责任、权利与义务
	2	合同对违约行为设置了合理的处罚措施
	3	合同对特定风险的处理进行了明确的说明
	4	合同中对提前竣工、投资结余或项目评奖设置了合理的奖励条款
合同适应	1	合同条款设置了一定的浮动范围，来应对潜在风险或不确定性事项
	2	针对潜在风险，合同条款能够提供相应的应对方案
	3	合同允许针对某些问题在事后对条款进行补充、调整或完善
	4	合同条款中的再谈判程序很灵活
合同协调	1	合同可以有效促进各个参与主体之间相互监督
	2	合同条款鼓励各个参与主体在履行合同时能够积极主动、协调同步
	3	合同中规定的各个参与主体的权责是匹配的
	4	合同中对各个参与主体的授权是充分且合理的

4. 承包商合作行为

业主与承包商之间的合作是促进项目顺利进行、实现工程项目高绩效不可缺少的重要因素。在建筑工程项目中，由于项目复杂性，项目合同通常不够完整，无法包括项目中所有情况的描述，在项目建设过程中可能出现一些不可预见的变化或意外情况。此时，如果仅依靠合同规定的行为，可能会导致项目进程中断。因此，在实际的工程项目建设中，业主单位和承包商之间主动自愿的合作行为通常会提高项目绩效。林艺馨和张慧瑾（2020）从主动自愿和被动要求两维度定义工程项目中的合作行为，姜新宽等（2016）依据行为是否是承包商带有完成组成目标意愿的、履行合约规定范围内的，将承包商的合作行为分为角色内行为与角色外行为。本研究根据全过程项目工程咨询及本项目的特点，确立了量表来测度承包商合作行为，见表8-4。

承包商合作行为测量指标　　　　表8-4

测量指标	测量编号	题项
承包商合作行为	1	如果有利于项目，承包商愿意为业主提供有用的信息
	2	当发生会影响业主的变化或事项时，承包商会及时告知业主
	3	承包商与业主共同解决问题，而不是将问题推给对方
	4	承包商主动承担相应责任，以确保合作关系的运转
	5	当意外事项发生时，承包商会与业主协商新的解决方案，而不是固守过时的约定
	6	如果有必要，承包商愿意对合同条款内容作出改变

5. 承包商能力

承包商能力一般包括资源配置能力和管理能力。夏松林（2012）建立的承包商能力评价模型分为承包商资质经验、人力资源、建造场地、专业装备、管理体系五部分。通过调研中国大型国际工程承包商的核心能力现状，林正航等（2015）制定了以文化能力、战略能力、组织能力、项目管理能力、专业技术能力、人力资源能力、风险管理能力、资本运作能力、市场拓展能力9项能力要素构成的承包商核心能力评价模型。本研究基于项目特点，设计了承包商能力测量指标，见表8-5。

承包商能力测量指标　　　　表8-5

测量指标	测量编号	题项
承包商能力	1	承包商有丰富的全咨项目施工经验
	2	承包商能够提供充足且有质量的管理人员
	3	承包商具备良好的进度控制能力
	4	承包商具备良好的质量控制能力
	5	承包商具备良好的成本控制能力
	6	承包商具备良好的组织协调能力

6. 项目管理绩效

一般工程项目管理绩效评价主要集中于"铁三角"——质量、工期、成本。然而，虽然采用这三种指标可以对项目进行较快的评价，但是在评价过程中仍存在不足之处。"铁三角"实际只是针对项目的短期效应，且该三类指标并不在同一层面；从管理目标实际入手，研究代建绩效时采用项目实现情况、单位收益情况和利益相关者满意情况作为量表维度。因此，学者们对于项目管理绩效评价指标的研究进行了扩展，如增添满意度和功能性指标等，由此分为微观指标和宏观指标（表8-6）。

项目管理绩效测量指标　　　　　　　　　　　　表8-6

测量指标	测量编号	题项
项目管理绩效	1	项目整体按项目前期策划进行
	2	项目基本实现了我方的目标
	3	项目基本实现了总体目标（包括但不限于投资、工期、质量、安全）
	4	业主单位对该项目的实施过程及结果表示满意
	5	各参建方相互之间的信任和合作水平得到提升，愿意再次合作

8.3.2　问卷收集

1. 问卷设计原则

本研究所需数据采用问卷形式收集，其中相关内容涵盖研究的6个构念。在设计问卷过程中需遵循以下基本原则，以保证问卷的真实、有效、合理。设计问卷的原则有以下4个方面：①问卷的语言尽量简单，避免受试者对问卷的理解不充分；②问卷中出现的术语和相关概念需保证清晰、明确，以使受试者回答问题都在正确的理解范围内，并保证受试者的回答选项在问卷中得到合理分布；③问卷中不存在具有偏向性和否定形式的题项，且保证前一个问题对后面各问题的回答互不干预；④对于问卷中的问题，受试者均可相对完整、容易地填写。

2. 问卷的基本结构

本研究的正式问卷由问卷说明、个人信息和测量题项三部分构成。①问卷说明应在问卷开头、过渡与结尾体现。在问卷开头介绍本次研究的研究目的，并表示感谢；在卷中采取过渡形式，使受试者明白不同题项的填写意图以及注意事项；问卷结尾最后感谢受试者对于本次研究的支持与问卷填写，并征求针对性意见。②个人基本信息包括受试者的工作岗位、工作年限、受教育情况等信息。通过基本信息的综合考量，判断所收集数据的有效性。③测量题项是问卷的主体部分，包括10个量表：甲方集管理能力中包括2个量表，共设置10个题项；项目治理机制5个量表，共22个题项；承包商合作行为包括1个量表，共6个题项；承包商能力1个量表，共6个题项；项目管理绩效测量量表设置5个题项。

8.3.3　数据描述与统计

本次研究问卷设计采用李克特5级量表，将问卷划分为非常不符合、不符合、一般、符合、非常符合五项，分值越高说明问卷受访者更同意该题项的问题。研究期间所发放问卷于附件部分显示。本研究共收回175份问卷，并按照一般调查研究的筛选标准选择删除，筛选后共获得有效问卷162份，有效率为92.57%。通过对所收问卷数据进行分析，发现技术职称在中级及以上的达54.32%，而从事工作年限五年以上的达70.37%，答题者的其他基本情况见表8-7。

问卷调查的样本特征性描述统计　　　　表 8-7

样本特征	类别	频次	占总体百分比（%）
性别	男	85	52.47
	女	77	47.53
年龄	25岁以下	14	8.64
	25~30岁	47	29.01
	31~40岁	50	30.86
	41~50岁	36	22.22
	50岁以上	14	8.64
工作经验	小于5年	48	29.63
	5~10年	49	30.25
	11~15年	19	11.73
	16~20年	18	11.11
	大于20年	28	17.28
技术职称	暂无职称	35	21.60
	初级职称	35	21.60
	中级职称	64	39.51
	副高级职称	24	14.81
	正高级职称	4	2.47
项目中担任的角色	业主及使用方单位	12	7.41
	全咨单位	48	29.63
	施工总包、分包及供货单位	63	38.89
	设计及其他咨询单位	39	24.07

本研究采用 SPSS 27.0 软件检验大样本数据是否符合正态分布，通过对各项测量题项进行包括均值、标准差、方差、偏度和峰度在内的统计分析，得出如表 8-8 所示的具体统计结果。

测量题项描述性统计　　　　表 8-8

测量题项	均值 统计值	标准差 统计值	方差 统计值	偏度 统计值	偏度 标准差	峰度 统计值	峰度 标准差
Qznl1	3.358	1.139	1.298	−0.105	0.066	−0.983	0.072
Qznl2	3.353	1.162	1.351	−0.115	0.066	−1.018	0.072
Qznl3	3.379	1.201	1.443	−0.171	0.066	−1.128	0.072
Qznl4	3.448	1.173	1.375	−0.126	0.066	−1.254	0.072
Qznl5	3.438	1.166	1.359	−0.195	0.066	−1.092	0.072
Yznl1	3.348	1.164	1.355	−0.010	0.066	−1.174	0.072
Yznl2	3.318	1.155	1.335	−0.049	0.066	−1.066	0.072
Yznl3	3.368	1.183	1.400	−0.118	0.066	−1.113	0.072
Yznl4	3.321	1.143	1.306	−0.058	0.066	−1.126	0.072
Yznl5	3.336	1.202	1.446	−0.072	0.066	−1.168	0.072
Gxnd1	3.348	1.149	1.320	−0.056	0.066	−1.078	0.072

续表

测量题项	均值 统计值	标准差 统计值	方差 统计值	偏度 统计值	偏度 标准差	峰度 统计值	峰度 标准差
Gxnd2	3.413	1.109	1.231	−0.165	0.066	−1.014	0.072
Gxnd3	3.410	1.185	1.405	−0.143	0.066	−1.143	0.072
Gxnd4	3.423	1.180	1.392	−0.227	0.066	−1.040	0.072
Gxnd5	3.470	1.169	1.367	−0.154	0.066	−1.198	0.072
Jgnd1	3.378	1.137	1.293	−0.085	0.066	−1.123	0.072
Jgnd2	3.343	1.139	1.298	−0.072	0.066	−1.130	0.072
Jgnd3	3.308	1.162	1.351	−0.094	0.066	−1.103	0.072
Jgnd4	3.408	1.170	1.369	−0.171	0.066	−1.134	0.072
Jgnd5	3.321	1.141	1.301	−0.085	0.066	−1.028	0.072
Htkz1	3.313	1.242	1.542	−0.078	0.066	−1.256	0.072
Htkz2	3.291	1.189	1.414	−0.006	0.066	−1.135	0.072
Htkz3	3.366	1.220	1.489	−0.107	0.066	−1.157	0.072
Htkz4	3.286	1.182	1.397	0.032	0.066	−1.150	0.072
Htsy1	3.296	1.202	1.446	−0.084	0.066	−1.172	0.072
Htsy2	3.378	1.180	1.393	−0.100	0.066	−1.176	0.072
Htsy3	3.381	1.185	1.403	−0.102	0.066	−1.189	0.072
Htsy4	3.289	1.163	1.353	−0.053	0.066	−0.975	0.072
Htxt1	3.221	1.249	1.559	0.038	0.066	−1.196	0.072
Htxt2	3.328	1.214	1.473	−0.104	0.066	−1.123	0.072
Htxt3	3.311	1.238	1.532	−0.100	0.066	−1.180	0.072
Htxt4	3.236	1.189	1.413	0.063	0.066	−1.123	0.072
hzxw1	3.301	1.187	1.408	−0.051	0.066	−1.144	0.072
hzxw2	3.346	1.157	1.339	−0.121	0.066	−1.010	0.072
hzxw3	3.296	1.162	1.351	0.028	0.066	−1.103	0.072
hzxw4	3.378	1.172	1.373	−0.162	0.066	−1.044	0.072
hzxw5	3.351	1.153	1.331	−0.058	0.066	−1.059	0.072
hzxw6	3.310	1.173	1.377	0.000	0.066	−1.144	0.072
Cbsnl1	3.363	1.161	1.349	−0.068	0.066	−1.146	0.072
Cbsnl2	3.353	1.165	1.356	−0.165	0.066	−1.052	0.072
Cbsnl3	3.328	1.148	1.318	−0.041	0.066	−1.196	0.072
Cbsnl4	3.356	1.158	1.342	−0.134	0.066	−1.043	0.072
Cbsnl5	3.353	1.101	1.212	−0.136	0.066	−0.966	0.072
Cbsnl6	3.371	1.179	1.391	−0.201	0.066	−1.007	0.072
Xmjx1	3.229	1.234	1.524	0.005	0.066	−1.160	0.072
Xmjx2	3.274	1.200	1.441	−0.036	0.066	−1.194	0.072
Xmjx3	3.296	1.249	1.561	−0.074	0.066	−1.226	0.072
Xmjx4	3.306	1.223	1.495	−0.091	0.066	−1.125	0.072
Xmjx5	3.254	1.192	1.422	0.023	0.066	−1.176	0.072

通过上述表中的分析结果可以发现，各变量的测量题项的偏度值明显低于3，各变量的测量题项的峰度值明显分别低于10，由此可以判断该样本数据符合正态分布的标准要求，样本数据可用于后续结构方程模型分析。

8.3.4 探索性因子分析

全咨单位能力量表由5个测量题项组成，业主单位能力量表由5个测量题项组成，项目治理机制划分为5个测量指标，分别是：合同控制、合同协调、合同适应、关系纽带和结构纽带。其中合同控制量表由4个测量题项组成，合同协调量表由4个测量题项组成，合同适应量表由4个测量题项组成，关系纽带量表由5个测量题项组成，结构纽带量表由5个测量题项组成。承包商合作行为量表由6个测量题项组成，承包商能力量表由6个测量题项组成，项目管理绩效量表由5个测量题项组成。首先，采用SPSS 27.0软件对所收集到的162个大样本数据进行信度检验，其输出结果表明全咨单位能力、业主单位能力、合同控制、合同协调、合同适应、关系纽带、结构纽带、承包商合作行为、承包商能力和项目管理绩效量表的Cronbach's α系数分别为0.885、0.886、0.868、0.877、0.867、0.891、0.877、0.898、0.896和0.904，满足大于0.8的要求。由此可知，全咨单位能力、业主单位能力、合同控制、合同协调、合同适应、关系纽带、结构纽带、承包商合作行为、承包商能力和项目管理绩效量表的信度水平较高。其次，对样本数据进行因子分析的可行性检验，KMO值分别为0.887、0.882、0.822、0.839、0.830、0.884、0.874、0.916、0.911和0.896，均大于0.8，同时Barlett球形检验结果显示（sig.值为0.000）具有显著性。因此，全咨单位能力、业主单位能力、合同控制、合同协调、合同适应、关系纽带、结构纽带、承包商合作行为、承包商能力和项目管理绩效量表可以进行验证性因子分析。

8.3.5 验证性因子分析

效度分析是指衡量工具能够真正衡量出想要衡量事物的程度。本研究以内容效度、收敛效度和区分效度分析进行判定，运用AMOS软件构建验证性因子结构方程模型（图8-2）并运用验证性因子分析（CFA）方法再次检验其结构效度和收敛效度。

本次验证因子结构方程模型中所需检验的因子共有10个，分别为全咨单位能力、关系纽带、结构纽带、合同控制、合同适应、合同协调、业主单位能力、承包商合作行为、承包商能力、项目管理绩效，共包含49个测量题目，执行CFA分析后，得到验证性因子模型拟合度（表8-9）。由表8-9可知，CMIN/DF为1.046，小于5；RMSEA为0.011，小于0.08；IFI为0.996，大于0.9；TLI为0.995，大于0.9；CFI为0.996，大于0.9。各指标均符合一般的研究标准，综上可以认为该模型结构效度良好。

收敛效度需要通过验证性因子结构方程模型与AVE和CR等其他指标共同检验，由表8-10可知，各个测量指标标准化因子载荷均大于0.6，组合信度（CR）均大于0.7，所得平均提取方差值（AVE）均大于0.5。由此表明，各变量具有良好的收敛效度。

区分效度强调的是不同构念下的题项不在同一因子下，本研究采用较为严谨的AVE法对区别效度进行评估，每个因素AVE的二次根号值须大于各成对变量的相关系数，表示因素之间具有区分效度。由表8-11可知，各因素AVE的二次根号值均大于对角线外的标准化相关系数，因此本研究具有区分效度。

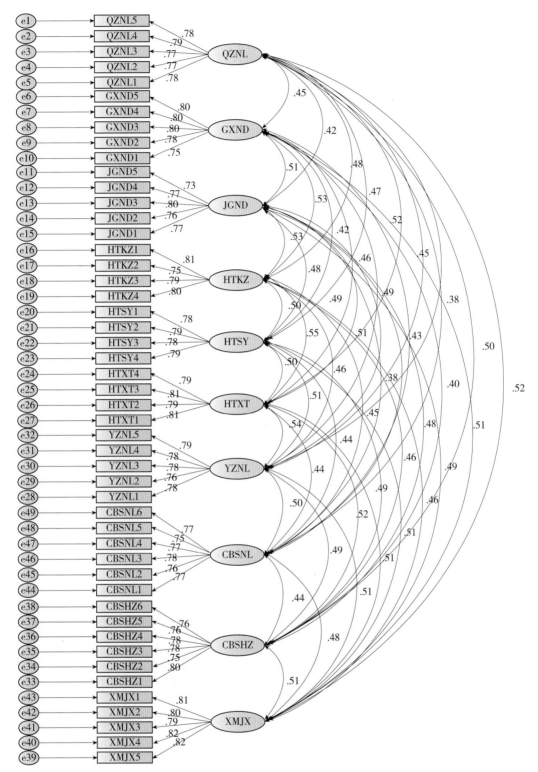

图 8-2 验证因子结构方程模型

验证性因子模型拟合度　　　　　　　　　　　　　　　　　表 8-9

模型拟合指标	CMIN/DF <5	RMSEA <0.08	IFI >0.9	TLI >0.9	CFI >0.9
统计值	1.046	0.011	0.996	0.995	0.996

注：CMIN/DF 为卡方/自由度；RMSEA 为残差均方和平方根；IFI 为增量拟合指数；TLI 为非规范拟合指数；CFI 为比较拟合指数

验证性因子分析结果　　　表 8-10

变量	路径	因子载荷	AVE	CR	变量	路径	因子载荷	AVE	CR
QZNL	QZNL1	0.781	0.606	0.885	HTSY	HTSY1	0.782	0.620	0.867
	QZNL2	0.773				HTSY2	0.795		
	QZNL3	0.768				HTSY3	0.78		
	QZNL4	0.789				HTSY4	0.793		
	QZNL5	0.78			HTXT	HTXT1	0.809	0.642	0.878
YZNL	YZNL1	0.775	0.608	0.886		HTXT2	0.795		
	YZNL2	0.764				HTXT3	0.808		
	YZNL3	0.783				HTXT4	0.792		
	YZNL4	0.782			CBSHZ	CBSHZ1	0.802	0.596	0.898
	YZNL5	0.794				CBSHZ2	0.751		
GXND	GXND1	0.752	0.621	0.891		CBSHZ3	0.781		
	GXND2	0.785				CBSHZ4	0.779		
	GXND3	0.802				CBSHZ5	0.756		
	GXND4	0.801				CBSHZ6	0.761		
	GXND5	0.798			CBSNL	CBSNL1	0.773	0.590	0.896
JGND	JGND1	0.77	0.588	0.877		CBSNL2	0.757		
	JGND2	0.761				CBSNL3	0.781		
	JGND3	0.8				CBSNL4	0.768		
	JGND4	0.769				CBSNL5	0.755		
	JGND5	0.733				CBSNL6	0.774		
HTKZ	HTKZ1	0.81	0.621	0.868	XMJX	XMJX1	0.813	0.655	0.905
	HTKZ2	0.752				XMJX2	0.801		
	HTKZ3	0.789				XMJX3	0.791		
	HTKZ4	0.801				XMJX4	0.818		
						XMJX5	0.822		

区分效度　　　表 8-11

	QZNL	YZNL	GXND	JGND	HTKZ	HTSY	HTXT	CBSHZ	CBSNL	XMJX
QZNL	0.778									
YZNL	0.451	0.780								
GXND	0.450	0.492	0.788							
JGND	0.423	0.514	0.505	0.767						
HTKZ	0.485	0.459	0.527	0.530	0.788					
HTSY	0.472	0.509	0.416	0.477	0.502	0.788				
HTXT	0.519	0.539	0.456	0.491	0.548	0.499	0.801			
CBSHZ	0.504	0.492	0.398	0.476	0.456	0.489	0.518	0.772		
CBSNL	0.383	0.499	0.428	0.377	0.452	0.445	0.442	0.439	0.768	
XMJX	0.517*	0.509	0.514	0.495	0.458	0.506	0.513	0.511	0.484	0.809

注：黑色加粗数值为 AVE 开平方根

8.4 质子肿瘤治疗中心项目绩效影响因素的路径效应分析

本研究利用 AMOS 和 SPSS 工具，通过检验结构方程模型的整体拟合程度和各个路径系数，检验项目绩效影响因素的路径效应。首先，检验全咨单位能力、业主单位能力、关系纽带、结构纽带、合同控制、合同适应、合同协调、承包商合作行为八个变量对项目管理绩效的直接效应；其次，检验业主单位能力与承包商合作行为在全咨单位能力与项目管理绩效之间影响的双重链式中介效应；再次，检验承包商合作能力在项目治理机制五个变量与项目管理绩效之间影响的中介效应；最后，检验承包商能力对承包商合作行为与项目管理绩效之间影响的调节作用。

8.4.1 甲方集管理能力和项目治理机制对项目管理绩效的直接作用

本节将分析各个变量对项目管理绩效的直接效用机制。结合 8.3.1 中的量表与图 8-1 的理论模型图，将问卷数据导入模型，构建全咨单位能力与项目管理绩效的结构方程模型以及标准化系数（图 8-3）。

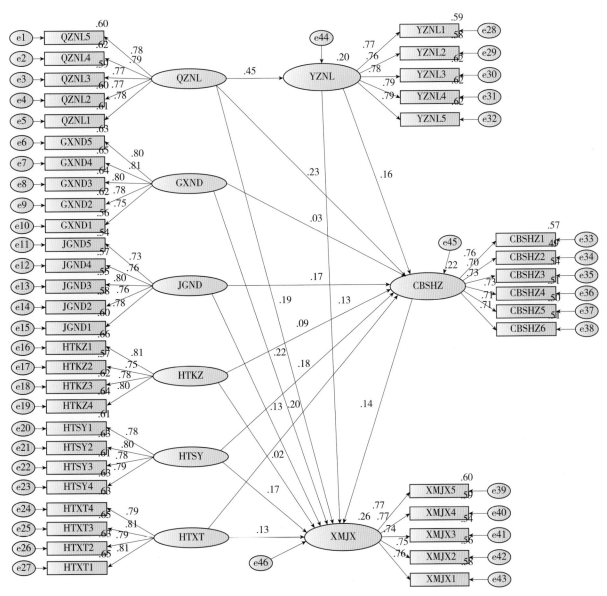

图 8-3 项目管理绩效直接效应路径系数

为检验模型的拟合度，将各模型的拟合指标整理为表 8-12。其中，CMIN/DF=1.968（<5），RMSEA=0.049（<0.08），IFI=0.919（>0.9），TLI=0.912（>0.9），CFI=0.918（>0.9），满足各项指标判别标准。

直接效应各模型拟合度指标　　表 8-12

模型	CMIN/DF <5	RMSEA <0.08	IFI >0.9	TLI >0.9	CFI >0.9
直接效应模型	1.968	0.049	0.919	0.912	0.918

注：CMIN/DF 为卡方/自由度；RMSEA 为残差均方和平方根；IFI 为增量拟合指数；TLI 为非规范拟合指数；CFI 为比较拟合指数

直接效应各模型路径拟合结果见表 8-13，全咨单位能力对项目管理绩效（β=0.191，P<0.01）、业主单位能力对项目管理绩效（β=0.132，P<0.05）、关系纽带对项目管理绩效（β=0.22，P<0.001）、结构纽带对项目管理绩效（β=0.132，P<0.05）、合同适应对项目管理绩效（β=0.168，P<0.01）、合同协调对项目管理绩效（β=0.134，P<0.05）、承包商合作行为对项目管理绩效（β=0.143，P<0.05）都具有显著的正向影响，而合同控制对项目管理绩效（β=0.024，P=0.64>0.05）没有显著影响。因此，假设 H1a、H1b、H2b、H2c、H2d、H2e、H3 成立，假设 H2a 不成立。

直接效应各模型路径拟合结果　　表 8-13

路径	标准化系数	非标准化系数	标准误	临界比	显著性
QZNL → YZNL	0.451	0.446	0.057	7.78	***
YZNL → CBSHZ	0.162	0.149	0.055	2.687	**
QZNL → CBSHZ	0.232	0.211	0.056	3.791	***
GXND → CBSHZ	0.03	0.027	0.046	0.587	0.557
JGND → CBSHZ	0.168	0.166	0.052	3.178	**
HTKZ → CBSHZ	0.087	0.075	0.046	1.652	0.098
HTSY → CBSHZ	0.181	0.162	0.048	3.403	***
HTXT → CBSHZ	0.203	0.177	0.046	3.806	***
CBSHZ → XMJX	0.143	0.147	0.062	2.356	*
QZNL → XMJX	0.191	0.18	0.057	3.126	**
GXND → XMJX	0.22	0.2	0.047	4.227	***
JGND → XMJX	0.132	0.134	0.053	2.505	*
HTKZ → XMJX	0.024	0.022	0.046	0.468	0.64
HTSY → XMJX	0.168	0.154	0.049	3.138	**
HTXT → XMJX	0.134	0.121	0.048	2.525	*
YZNL → XMJX	0.132	0.125	0.056	2.21	*

注：* 表示 P<0.05，** 表示 P<0.01，*** 表示 P<0.001

8.4.2 甲方集治理能力和承包商合作行为的链式中介效应

本研究主要研究以业主单位能力和承包商合作行为为中介变量，全咨单位能力为自变量，项目管理绩效为因变量的链式中介效应，将问卷数据导入后，得到的模型及各路径系数如图 8-4 所示。整理模型拟合度指标参数表，见表 8-14，其中各个拟合指标均达到了拟合标准，说明模型拟合度良好。

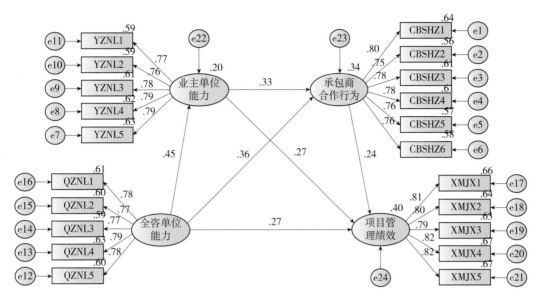

图 8-4 业主单位能力与承包商合作行为的链式中介效应模型图

链式中介模型拟合度指标 表 8-14

指标	CMIN/DF <5	RMSEA <0.08	IFI >0.9	TLI >0.9	CFI >0.9
拟合值	1.018	0.007	0.999	0.999	0.999

注：CMIN/DF 为卡方/自由度；RMSEA 为残差均方和平方根；IFI 为增量拟合指数；TLI 为非规范拟合指数；CFI 为比较拟合指数

表 8-15 的路径拟合结果表明，在链式中介模型中，全咨单位能力对业主单位能力（β=0.45，P<0.001）和承包商合作行为（β=0.356，P<0.001）均为显著促进效应；业主单位能力对承包商合作行为（β=0.33，P<0.001）也是显著促进作用；此外，全咨单位能力、业主单位能力、承包商合作行为都对项目管理绩效有显著的正向促进作用（β=0.275，P<0.001；β=0.267，P<0.001；β=0.241，P<0.001）。

链式中介效应影响路径拟合结果 表 8-15

路径	非标准化估计	标准化估计	标准误	临界比	显著性
QZNL → YZNL	0.45	0.474	0.06	7.851	***
YZNL → CBSHZ	0.33	0.329	0.057	5.742	***
QZNL → CBSHZ	0.356	0.373	0.061	6.128	***
CBSHZ → XMJX	0.241	0.255	0.063	4.081	***
QZNL → XMJX	0.275	0.305	0.065	4.693	***
YZNL → XMJX	0.267	0.281	0.061	4.63	***

注：*** 表示 P<0.001

运用 AMOS 软件中的 Bootstrap 检验方法运行 5000 次，得到路径的标准化效应值以及 Bias-Corrected 在 95% 的置信度下的水平值，如表 8-16 所示。在链式中介模型中，"全咨单位能力→项目管理绩效"的总效应值为 0.573，其主要凭借三条中介链发生作用。其中，以"全咨单位能力→

业主单位能力→项目管理绩效"为路径的间接效应值为 0.133，以"全咨单位能力→承包商合作行为→项目管理绩效"为路径的间接效应值为 0.095，以"全咨单位能力→业主单位能力→承包商合作行为→项目管理绩效"为路径的间接效应值为 0.040，三条中介链的总间接效应值为 0.268，以"全咨单位能力→项目管理绩效"为路径的直接效应值为 0.305。其直接效应、间接效应、总效应所在的 Bias-Corrected 置信区间范围均大于 0，所以以业主单位能力和承包商合作行为为链式中介的直接效应、间接效应和总效应均显著存在，说明业主单位能力和承包商合作行为在全咨单位能力与项目管理绩效之间的链式中介效应作用显著，因此，假设 H4 成立。

链式中介效应模型 Bootstrap 分析　　　　　表 8-16

路径	效应值	95% 置信区间		显著性
		下限	上限	
QZNL → XMJX	总效应 0.573	0.469	0.692	***
QZNL → YZNL → XMJX	间接效应 0.133	0.073	0.215	***
QZNL → CBSHZ → XMJX	间接效应 0.095	0.046	0.161	***
QZNL → YZNL → CBSHZ → XMJX	间接效应 0.040	0.021	0.069	***
QZNL → XMJX	直接效应 0.305	0.186	0.435	***

注：*** 表示 $P<0.001$

8.4.3 项目治理机制和承包商合作行为的简单中介效应

本节将分析以承包商合作行为为中介变量的项目治理机制对项目管理绩效的机制研究。其中，项目治理机制由关系纽带、结构纽带、合同控制、合同适应、合同协调五部分构成，所以下面将构建包含五个中介模型的结构方程模型并进行检验。根据图 8-1 的理论模型与 8.3.1 中的量表，将问卷数据导入模型，构建出的中介效应模型如图 8-5 所示。

为检验模型的拟合度，将模型的拟合指标整理为表 8-17。其中，CMIN/DF=2.055（<5），RMSEA=0.051（<0.08），IFI=0.933（>0.9），TLI=0.926（>0.9），CFI=0.933（>0.9），满足各项指标判别标准，证明所验模型具有良好的拟合度。

项目治理机制中介效应模型拟合度指标　　　　　表 8-17

指标	CMIN/DF <5	RMSEA <0.08	IFI >0.9	TLI >0.9	CFI >0.9
拟合值	2.055	0.051	0.933	0.926	0.933

注：CMIN/DF 为卡方/自由度；RMSEA 为残差均方和平方根；IFI 为增量拟合指数；TLI 为非规范拟合指数；CFI 为比较拟合指数

从模型的各条路径来看，由表 8-18 可以看出，结构纽带（β=0.203，$P<0.001$）、合同控制（β=0.126，$P<0.05$）、合同适应（β=0.248，$P<0.001$）、合同协调（β=0.288，$P<0.001$）对承包商合作行为具有显著的正向影响，承包商合作行为对项目管理绩效（β=0.19，$P<0.01$）也有显著的正向影响。说明结构纽带、合同控制、合同适应、合同协调可以通过促进承包商合作行为从而提高项目管理绩效。

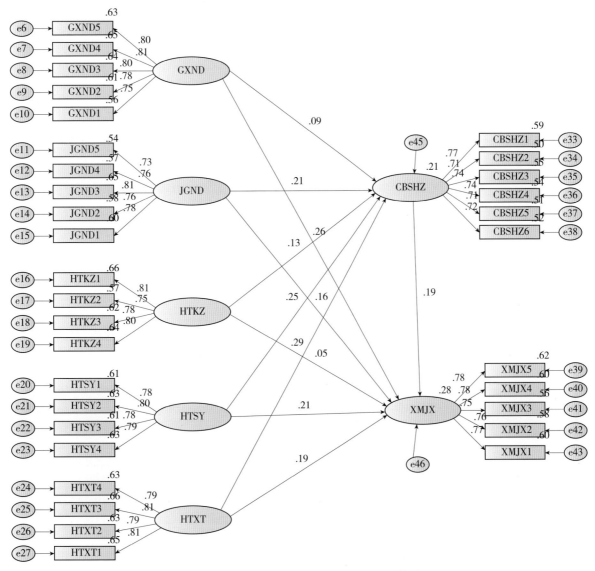

图 8-5 项目治理机制与项目管理绩效的中介效应模型图

项目治理机制中介效应模型路径拟合结果　　　　　　　　　　表 8-18

路径	标准化系数	非标准化系数	标准误	临界比	显著性
HTKZ → CBSHZ	0.126	0.112	0.047	2.376	*
HTSY → CBSHZ	0.248	0.227	0.05	4.571	***
HTXT → CBSHZ	0.288	0.241	0.046	5.286	***
JGND → CBSHZ	0.212	0.203	0.051	3.955	***
GXND → CBSHZ	0.093	0.091	0.051	1.789	0.074
CBSHZ → XMJX	0.19	0.193	0.06	3.189	**
HTXT → XMJX	0.189	0.16	0.046	3.463	***
HTSY → XMJX	0.209	0.194	0.05	3.851	***
JGND → XMJX	0.156	0.151	0.051	2.956	**
GXND → XMJX	0.26	0.258	0.052	4.956	***
HTKZ → XMJX	0.051	0.046	0.046	0.995	0.32

注：* 表示 P<0.05，** 表示 P<0.01，*** 表示 P<0.001

在此基础上，本研究采用 Bootstrap 方法对承包商合作行为的中介作用加以验证，在 AMOS 软件中使用 Bootstrap 方法运行 5000 次，得出 Bias-Corrected 在 95% 置信度下的水平值、标准化的总效应值、间接效应值以及直接效应值，如表 8-19 所示。在自变量为结构纽带的中介效应模型中，"结构纽带→项目管理绩效"的总效应值为 0.197，所在置信区间所处位置大于 0，P<0.01，所以结构纽带对项目管理绩效的总效应存在；"结构纽带→承包商合作能力→项目管理绩效"的间接效应值为 0.040，所在置信区间 >0，且 P<0.01，所以以承包商合作行为为中介的间接效应存在；"结构纽带→项目管理绩效"的直接效应值为 0.156，所在置信区间大于 0，P<0.05，所以直接效应显著存在。直接效应值、间接效应值均显著存在，且直接效应值小于总效应值，说明承包商合作行为在结构纽带与项目管理绩效之间起到部分中介作用，假设 H5e 成立。同理，承包商合作行为在以合同协调、合同适应为自变量的中介效应模型中也起到部分中介作用，因此假设 H5b、H5c 成立。在自变量为关系纽带的中介效应模型中，"关系纽带→承包商合作能力→项目管理绩效"的间接效应值为 0.018，所在置信区间包含 0，且 P=0.092>0.05，所以以承包商合作行为为中介的间接效应不存在，因此承包商合作行为对关系纽带与项目管理绩效的中介效应不显著，假设 H5d 不成立。在自变量为合同控制的中介效应模型中，间接效应显著存在，但直接效应不显著，因此，承包商合作行为在合同控制与项目管理绩效之间起到完全中介作用，假设 H5a 成立。

关系纽带与项目管理绩效的中介效应模型 Bootstrap 分析　　　　表 8-19

模型	路径	效应值	95% 置信区间		P
			下限	上限	
GXND → CBSHZ → XMJX	GXND → XMJX	总效应 0.278	0.143	0.396	**
	GXND → CBSHZ → XMJX	间接效应 0.018	−0.003	0.052	0.092
	GXND → XMJX	直接效应 0.260	0.133	0.378	***
JGND → CBSHZ → XMJX	JGND → XMJX	总效应 0.197	0.073	0.317	**
	JGND → CBSHZ → XMJX	间接效应 0.040	0.011	0.091	**
	JGND → XMJX	直接效应 0.156	0.030	0.279	*
HTKZ → CBSHZ → XMJX	HTKZ → XMJX	总效应 0.075	−0.049	0.210	0.229
	HTKZ → CBSHZ → XMJX	间接效应 0.024	0.002	0.065	*
	HTKZ → XMJX	直接效应 0.051	−0.074	0.183	0.449
HTSY → CBSHZ → XMJX	HTSY → XMJX	总效应 0.257	0.129	0.390	***
	HTSY → CBSHZ → XMJX	间接效应 0.047	0.016	0.094	**
	HTSY → XMJX	直接效应 0.209	0.076	0.342	**
HTXT → CBSHZ → XMJX	HTXT → XMJX	总效应 0.244	0.111	0.362	**
	HTXT → CBSHZ → XMJX	间接效应 0.055	0.020	0.109	**
	HTXT → XMJX	直接效应 0.189	0.060	0.314	**

注：* 表示 P<0.05，** 表示 P<0.01，*** 表示 P<0.001

8.4.4 承包商能力的调节效应

本研究通过逐步回归法检验承包商能力的调节作用。首先需要对承包商合作行为与承包商能力变量进行中心化处理以降低多重共线性问题并计算二者的交互项；然后分别检验承包商合作行为、承包商能力对项目管理绩效的影响；最后检验承包商合作行为、承包商能力以及二者中心化后的交互项对项目管理绩效的影响。如果其交互项回归系数显著，表明调节效应存在。

本研究运用 SPSS 软件中的回归分析，分别以性别（GEN）、年龄（AGE）、工作经验（EXP）、技术职称（TIT）、所在单位（UNIT）为控制变量，承包商合作行为（CBSHZ）为自变量，承包商能力（CBSNL）为调节变量，项目管理绩效（XMJX）为因变量，进行调节检验分析（表 8-20）。

承包商能力在承包商合作行为和项目管理绩效之间的调节检验　　表 8-20

变量	模型 1		模型 2		模型 3	
	β	t（P）	β	t（P）	β	t（P）
CONS	3.269	5.360***	0.702	1.253***	2.911	5.648***
GEN	0.123	1.777	0.106	1.203	0.105	1.210
AGE	−0.048	−0.367	0.002	0.015	0.000	0.002
EXP	−0.005	−0.048	0.005	0.048	0.019	0.200
TIT	−0.036	−0.363	0.006	0.067	0.019	0.236
UNIT	0.030	0.897	0.004	0.145	0.007	0.242
CBSHZ	/	/	0.368	7.269***	0.353	7.034***
CHSNL	/	/	0.338	6.527***	0.311	6.015***
CBSHZ × CBSNL	/	/	/	/	0.172	3.403***
R^2	0.007		0.288		0.311	
△R^2	0.007		0.281		0.023	
F	0.528		0.303		22.215***	

注：* 表示 P<0.05，** 表示 P<0.01，*** 表示 P<0.001

由模型 3 可知，交互项"承包商合作行为 × 承包商能力"对项目管理绩效（β=0.172，P<0.001）具有显著的正向影响，表明承包商能力在承包商合作行为对项目管理绩效具有显著的正向调节作用。为了更清晰地展现出承包商能力在承包商合作行为与项目管理绩效之间调节作用的方向，绘制相应调节效应图，如图 8-6 所示。

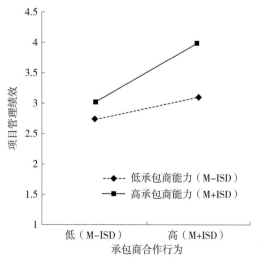

图 8-6　承包商能力在承包商合作行为与项目管理绩效间的调节效应图

结果表明，与低承包商能力相比，在高承包商能力的条件下，承包商合作行为与项目管理绩效之间关系的斜率较大。由此可得，承包商能力正向调节承包商合作行为与项目管理绩效之间的关系，假设 H6 成立。

8.5 质子肿瘤治疗中心项目绩效影响因素的组态效应分析

8.5.1 fsQCA研究流程

本研究采用以下 4 个步骤使用 fsQCA 方法对影响因素的组态效应进行分析。

（1）标定变量。即对所需研究问题的前因变量与结果变量进行有效选取，其中前因变量个数一般 3~8 个较为合适。在确定变量后对每个变量进行合理赋值。

（2）构建真值表。真值表所展现的数据是逻辑上可以进行匹配的所有前因变量组合。理论上按照布尔代数运算法则，k 个因素变量会产生 2k 个因素组合。在确定所有可能的组合形式后，通过设定一致性阈值和频数阈值对组合进行筛选，删除不符合条件的构型。

（3）运算 fsQCA 软件。通过软件运行所得出的复杂解、简洁解和中间解，得到可进行结果分析的有效条件。

（4）结果分析。通过对不同构型的一致性和覆盖率的有效分析，结合复杂解、简洁解和中间解结果，评价构型的可行性，以形成前因变量到结果变量的多重构型路径。

8.5.2 变量赋值与校准

本研究在因子分析的基础上，分别选取各构念的相关题项的均值作为构念的初始赋值。本研究采用模糊集定性比较分析法，首先需要对原始李克特量表数据进行校准。在 fsQCA 技术中，其所处理的数据是 [0，1] 的连续集，即成员身份度（member-ship score）。因此，将 5 点李克特量表数据转化为完全隶属于某一成员身份、半隶属于某一成员身份和完全隶属于某一非成员身份的三种阈值指标。首先需对每个构念的测量题项计算平均值，根据不同平均值构成的新变量校验临界值，再将其分别对应 0.95、0.5 以及 0.05 这 3 个成员身份度，在李克特 5 点法中由"5"代表最高程度，"1"代表最低程度，因此本研究选取"5"和"1"作为"0.95"和"0.05"的临界值，同时根据 Loughran 和 Ritter 以及 Bell 的做法，取题项均值作为"0.5"的临界值，由此得到对应的完全隶属阈值、交叉点及完全不隶属阈值（表 8-21）。

在确定模糊集锚点阈值后，利用 fsQCA 4.0 软件对各变量进行校准，将初始题项平均值数据转化成 [0，1] 的模糊数。转换后的结果见表 8-22。由于本研究的样本量为 162 个，因此表中仅呈现其中 10 份数据。

模糊集锚点阈值表　　　　　　　　　表 8-21

		QZNL	YZNL	HTKZ	HTXT	HTSY	GXND	JGND	HZXW	CBSNL	XMJX
完全隶属阈值	最大值	5	5	5	5	5	5	5	5	5	5
交叉点	平均值均值	3.395	3.338	3.314	3.274	3.336	3.413	3.352	3.330	3.354	3.272
完全不隶属阈值	最小值	1	1	1	1	1	1	1	1	1	1

部分数据标准化结果 表 8–22

样本	QZNL	YZNL	HTKZ	HTXT	HTSY	GXND	JGND	HZXW	CBSNL	XMJX
1	0.59	0.39	0.2	0.12	0.25	0.18	0.19	0.58	0.57	0.48
2	0.38	0.7	0.58	0.41	0.39	0.68	0.45	0.58	0.71	0.48
3	0.499	0.77	0.4	0.93	0.39	0.87	0.93	0.65	0.39	0.88
4	0.82	0.93	0.93	0.78	0.68	0.93	0.69	0.82	0.44	0.91
5	0.9	0.93	0.58	0.93	0.93	0.95	0.95	0.65	0.34	0.93
6	0.95	0.93	0.89	0.95	0.77	0.93	0.91	0.501	0.49	0.83
7	0.27	0.7	0.15	0.49	0.39	0.15	0.61	0.15	0.81	0.08
8	0.18	0.28	0.4	0.21	0.39	0.32	0.15	0.15	0.76	0.29
9	0.95	0.46	0.89	0.78	0.89	0.27	0.69	0.89	0.86	0.83
10	0.95	0.83	0.89	0.6	0.93	0.9	0.61	0.58	0.39	0.88

8.5.3 构建真值表

通过校准数据得到模糊数据集，本研究运用 fsQCA 4.0 软件对包括全咨单位能力、业主单位能力、合同控制、合同协调、合同适应、关系纽带、结构纽带、承包商合作行为、承包商能力在内的前因变量与项目管理绩效之间的关系进行分析，以形成决定全过程工程咨询项目管理绩效改善的前因条件构型，因此需要进行必要条件检验。必要条件检验需对各前因变量的一致性与覆盖率进行分析，其中一致性是前因变量结果的必要程度，而覆盖率则表示多少个案例可以解释前因变量的必要性。由于社会科学数据很难存在完美的子集关系，因此一致性为 1 的结果绝对必要条件并不符合研究规律。因此以 0.9 作为一致性指标的基准线，即当前因条件必要性的一致性 >0.9 时，就可以认为其是重要的必要条件（Ragin，2008）。

必要性检验 表 8–23

前因变量	一致性（Consistency）	覆盖率（Coverage）
全咨单位能力	0.793453	0.772356
业主能力	0.785769	0.779626
合同控制	0.763228	0.761121
合同协调	0.773878	0.772329
合同适应	0.775071	0.769158
关系纽带	0.790381	0.768999
结构纽带	0.776123	0.767003
承包商合作行为	0.781485	0.770720
承包商能力	0.778892	0.770721

通过表 8-23 可知，全咨单位能力、业主单位能力、合同控制、合同协调、合同适应、关系纽带、结构纽带、承包商合作行为、承包商能力 9 个前因变量各自解释中对于项目管理绩效水平的必要性均未超过 0.9。由此可知，任何一个前因变量均不构成也不近似于必要条件（Ragin，2006）。有鉴于此，本研究从多个因素组合出发，进一步分析不同前置因素构型与项目管理绩效的关系。

在上述研究的基础上对真值表进行构建，本研究的9个解释变量包括全咨单位能力、业主单位能力、合同控制、合同协调、合同适应、关系纽带、结构纽带、承包商合作行为、承包商能力，因此理论上共存在512种原因组合，每行显示一种可能的配置。本研究根据一般经验，将观察频数在75%以下的案例视为逻辑余项，并予以剔除（杜运周和贾良定，2017）。保留的观察案例中，对于一致性水平高于经验临界值的案例赋予布尔逻辑值1，表示可以产生有效关系行为；而一致性水平低于经验临界值的案例赋予布尔逻辑值0，表示未产生有效关系行为，并在分析中将样本频数临界值设置为5，这意味着只有至少有5种情况的配置才与经验相关。同时，该经验临界值一般取0.85（Ragin，2009），但由于本文所收集的数据量较大且质量较高，保留的观察案例中其一致性水平均高于0.85，因此本文取0.9作为阈值。标准分析结果未出现矛盾组态（contradictory configurations），表示分析结果的解释力度较强。最终只有7种不同条件组合可以产生有效关系行为，结果为"1"，其余不同条件组合不产生关系行为结果为"0"。本文只研究产生有效关系行为的因素组合，故将不产生关系行为的因素组合删除。

8.5.4　fsQCA运算结果

fsQCA软件分析产生了三种可能的解决方案，即复杂、中间和简约的解决方案（表8-24）。从表8-25所列中间解结果可知，fsQCA分析得到了对项目管理绩效具有解释力的5个前因因素构型。5种构型的覆盖值范围从0.467到0.476，总体覆盖率0.542。一致性值范围从0.965到0.968，总体方案的一致性为0.942，高于0.75的临界值（Ragin，2008），这表明有5条等效路径会导致项目管理绩效改善的形成。

组态分析简约解　　　　　　表8-24

构型	原始覆盖度	唯一覆盖度	一致性
JGND*~HTKZ	0.667	0.062	0.863
HTXT*GXND*HZXW	0.661	0.064	0.857
YZNL*JGND	0.669	0.064	0.857
YZNL*HTXT	0.662	0.065	0.862
YZNL*JGND*HZXW	0.660	0.055	0.856
总体覆盖率	/	0.78	/
总体一致性	/	0.801	/

组态分析中间解　　　　　　表8-25

构型	原始覆盖度	唯一覆盖度	一致性
QZNL*YZNL*~HTKZ*HTSY*JGND	0.476	0.021	0.965
QZNL*YZNL*HTXT*~HTSY*GXND*HZXW*CBSNL	0.468	0.012	0.965
YZNL*~HTKZ*JGND*HZXW*CBSNL	0.468	0.013	0.965
YZNL*HTXT*HTSY*~GXND*HZXW	0.467	0.011	0.965
YZNL*HTKZ*JGND*HZXW	0.469	0.014	0.967
总体覆盖率	/	0.542	/
总体一致性	/	0.942	/

核心要素是构型中必要的存在，其与结果变量存在很强的因果关系，本研究按照 Ragin 和 Fiss（2011）的相关研究，采用中间解和简约解对构型中的核心要素和非核心要素进行区分。其中，同时出现在中间解和简约解的表示核心要素，用符号"●"表示；而仅出现在中间解的表示非核心要素，用符号"●"表示；如果前因变量前出现"~"则表示该构型中前因变量未出现，用"⊗"表示；如果前因变量对结果没有影响时，用空格进行表示；"*"是连接因素的符号；根据表简约解和表中间解的运行结果，构建如表 8-26 所示的构型分析。

构型分析 表 8-26

前因变量	构型 1	构型 2	构型 3	构型 4	构型 5
全咨单位能力	●	●			
业主单位能力	●	●	●	●	●
合同控制	⊗	/	⊗	/	●
合同协调	/	●	/	●	/
合同适应	●	⊗			
关系纽带	/	●	/	⊗	/
结构纽带	●	/	●		●
承包商合作行为	/	●	●	●	●
承包商能力	/	●	●		
一致性	0.965	0.965	0.965	0.965	0.967
原始覆盖度	0.476	0.468	0.468	0.467	0.469
唯一覆盖度	0.021	0.012	0.013	0.011	0.013
原始覆盖率	0.542				
唯一覆盖率	0.942				

原始覆盖度表示此构型在所出现的结果呈现的种种条件组合中所占的比例；唯一覆盖度表示没有被其他解覆盖的隶属度。由表 8-26 可知，6 个构型所呈现的一致性均超过 0.9，表明模型中 9 个前因变量对项目管理绩效的解释程度较高。同时，由模型解的原始覆盖度 0.542 可知，本研究所得结果可以解释 54.2% 的项目管理绩效改善原因，满足 Woodside 等（2011）提出的覆盖度标准。

8.6 结论与讨论

8.6.1 影响因素的路径效应分析

本章采用 AMOS 软件对研究框架中的潜变量进行路径分析并构建结构方程，对于其中的 15 个假设进行检验，假设检验结果汇总见表 8-27。

1. 甲方集管理能力和项目治理机制对项目管理绩效的直接作用

从 8.4.1 的实证结果可知，在甲方集管理能力的变量中，假设 H1a 和假设 H1b 均得到了验证，即全咨单位能力和业主单位能力都显著正向影响项目管理绩效。

在项目治理机制的变量中，H2b、H2c、H2d、H2e 均得到了支持，即合同协调、合同适应、关系纽带、结构纽带也都显著正向影响项目管理绩效。然而，H2a 未得到支持，这表明当不存在中介

表 8-27 假设检验结果汇总

假设	假设内容	结论
H1a	全咨单位能力正向影响项目管理绩效	支持
H1b	业主单位能力正向影响项目管理绩效	支持
H2a	合同控制正向影响项目管理绩效	不支持
H2b	合同协调正向影响项目管理绩效	支持
H2c	合同适应正向影响项目管理绩效	支持
H2d	关系纽带正向影响项目管理绩效	支持
H2e	结构纽带正向影响项目管理绩效	支持
H3	承包商合作行为正向影响项目管理绩效	支持
H4	业主单位能力和承包商合作行为在全咨单位能力和项目管理绩效之间起到链式中介效应	支持
H5a	承包商合作行为在合同控制和项目管理绩效之间起中介作用	支持
H5b	承包商合作行为在合同协调和项目管理绩效之间起中介作用	支持
H5c	承包商合作行为在合同适应和项目管理绩效之间起中介作用	支持
H5d	承包商合作行为在关系纽带和项目管理绩效之间起中介作用	不支持
H5e	承包商合作行为在结构纽带和项目管理绩效之间起中介作用	支持
H6	承包商能力在承包商合作行为与项目管理绩效之间起到正向调节作用	支持

变量时，合同控制对项目管理绩效并无显著影响。一个可能的原因是，全过程工程咨询项目自身的复杂性减弱了合同控制对项目管理绩效的影响效果（严玲和陈义超，2022），在深圳质子肿瘤中心项目中，涉及的参建方众多，部分合同关系缺失，合同关系具有高度复杂性，这可能会导致合同控制对项目管理绩效的影响效果不显著。

2. 甲方集治理能力和承包商合作行为的链式中介效应

通过结构方程模型中 Bootstrap 方法对甲方集治理能力、承包商合作行为与项目管理绩效的链式中介作用进行检验，其结果表明，以业主单位能力和承包商合作行为为中介变量的链式中介效应存在，假设 H4 成立。说明全咨单位能力可以通过增强业主单位能力而增强承包商合作行为，从而提高项目管理绩效。在全过程工程咨询项目中，综合实力强的全咨单位能够提高业主单位的决策效率与管理能力，从而更好地促进与承包商之间的合作，提高项目管理绩效。

3. 项目治理机制和承包商合作行为的简单中介效应

承包商合作行为在合同适应、合同协调、结构纽带与项目管理绩效之间起到了部分中介作用，假设 H5b、H5c、H5e 成立。

在直接效应模型中，当中介变量承包商合作行为不存在时，合同控制对项目管理绩效并无显著直接影响，但当中介变量存在时，该中介效应模型的间接效应显著存在，因此，承包商合作行为在合同控制与项目管理绩效之间起到完全中介作用，假设 H5a 成立，这表明承包商合作行为是合同控制影响项目管理绩效的必要中介途径。如前文所述，在深圳市质子肿瘤治疗中心项目中，由于参建方众多，合同关系具有高度的复杂性，部分管理界面交叉，此外，项目还涉及国际合作，因此在具体的工作中会出现沟通不畅、协调不合、信息不对称的现象，在这种情况下，高度的合同控制并不能直接提高项目管理绩效。合同控制需要对承包商与各参建方的合作关系进行协调，建立良好的沟通合作平台，促进各参建方之间的过程协作与信息共享，以此提高项目管理绩效。因此，合同控制应注重对合作关系的调节，通过促进承包商合作行为来提高项目管理绩效。

在以关系纽带为自变量的中介效应模型中，当中介变量存在时，关系纽带与项目管理绩效之间的间接效应不显著，假设 H5d 不成立。因此，承包商合作行为在关系纽带与项目管理绩效之间没有起到中介作用。一个可能的解释是，关系纽带拉近了业主单位与承包商之间的距离，但这也可能使得承包商有机可乘，从而滋生机会主义行为，破坏双方合作关系，因此关系纽带并不能通过促使双方建立良性的合作关系进而提高项目管理绩效。

4. 承包商能力的调节效应

本研究还探讨了承包商能力在承包商合作行为与项目管理绩效关系之间的调节作用，研究结果表明，承包商能力正向调节承包商合作行为和项目管理绩效间的关系，假设 H6 成立。该结果说明，承包商合作行为在对项目管理绩效产生影响时也受到承包商能力的影响，当承包商能力高时，承包商合作行为对项目管理绩效的正向影响越强，当承包商能力低时，承包商合作行为对项目管理绩效的正向影响力也随之减弱。由于承包商能力在很大程度上影响了承包商与其他单位尤其是业主单位的合作效率，对承包商合作行为起到了补充的作用，所以与能力高的承包商的合作行为更有助于项目管理绩效的提升。

8.6.2 影响因素的组态效应分析

1. 构型分析

定性比较分析法所得结果表明，组织内部治理属性组织间治理机制所衍生的 5 种构型是有利于全过程工程咨询项目管理绩效的。

（1）构型 1（"全咨主导—适应优化构型"）

QZNL 表示全咨单位能力水平较高，YZNL 表示业主单位能力水平较高，~HTKZ 表示合同条款对项目的控制水平较低，HTSY 表示合同条款的设置能够很好地与项目运作相适应，JGND 表示项目各参建方的结构配置水平较高。

在当前的建设项目中，合同条款的设定和管理对确保项目成功非常关键；然而，当合同条款的控制力度较弱时，全咨单位和业主单位的能力变得尤为重要。首先，全咨单位在建设项目中起到了中枢的角色。这是一个具有专业知识和丰富经验的团队，能为项目提供广泛的技术和管理建议。高水平的全咨单位意味着它拥有深厚的专业背景，能够为项目提供有效的解决方案，从而确保项目的进展。此外，全咨单位还能为业主单位提供有关市场、技术和管理的最新资讯，使业主单位在决策时更有依据。然而，业主单位的能力也同样关键。业主单位是项目的主导者，拥有资金、资源和决策权。强大的业主单位不仅能为项目提供足够的资源支持，还能够确保项目的决策过程更为流畅和高效。但当合同条款的控制水平较低时，就需要额外的手段来确保项目的顺利进行，这时，合同的适应性就显得尤为重要。一个具有高度适应性的合同可以根据项目实际情况进行调整，以满足项目的特定需求。这种灵活性为项目提供了更多的机会去应对不可预见的情况，如市场变化、技术更新等。同时，项目的结构配置也十分关键，合理的结构配置可以确保各参建方明确自己的职责，知道如何协同工作。结构配置的优化还能提高项目的效率，减少资源浪费，确保项目能够按时完成。

（2）构型2（"关系主导—全咨协助构型"）

QZNL 表示全咨单位能力水平较高，YZNL 表示业主单位能力水平较高，HTXT 表示合同条款对项目的协调能力较强，~HTSY 表示合同的适应性较差，GXND 表示项目各参建方具有很好的协作关系，HZXW 表示承包商的合作行为能较好地配合业主单位促进项目顺利进展，CBSNL 表示承包商有较好的资源配置和管理能力。

全咨单位的作用在此构型中再次得到了凸显。除了其专业的技术和管理建议外，全咨单位还能够协助各参建方建立和维护良好的关系。在建设项目中，经常会有各种意见和利益的冲突，全咨单位凭借其中立和专业的地位，能够有效地调解这些冲突，确保项目的顺利进行。业主单位的能力也是此构型的核心。业主单位通常拥有项目的最终决策权，它的决策会直接影响项目的方向和成果。因此，强大的业主单位能确保项目在正确的方向上前进，避免因错误决策导致的资源浪费。在这种情况下，合同的协调性变得尤为关键。协调性强的合同可以确保各参建方之间的行动一致，避免因为不同的解读或理解导致的混乱。此外，承包商在此构型中也发挥了重要作用。承包商通常是项目的执行者，负责项目的具体实施。因此，承包商的资源配置和管理能力直接影响项目的效率和质量。

（3）构型3（"业主赋能—结构配置构型"）

YZNL 表示业主单位能力水平较高，~HTKZ 表示合同条款对项目的控制性水平较差，JGND 表示项目各参建方的结构配置水平较高，HZXW 表示承包商的合作行为能较好地配合业主单位促进项目顺利进展，CBSNL 表示承包商有较好的资源配置和管理能力。

首先，业主单位通常拥有项目的主导权，它的决策会决定项目的方向和资源分配。强大的业主单位不仅能为项目提供充足的资源，还能够确保决策的准确性和时效性。同时，项目的结构配置也十分关键。合理的结构配置能够确保资源的高效利用，减少浪费。在项目中，结构配置通常包括项目的组织结构、流程设计、资源分配等，这些元素共同确保项目的顺利进行。承包商在此构型中也占有一席之地。作为项目的执行者，承包商负责项目的具体施工和管理。因此，承包商的资源配置和管理能力直接影响项目的成果。当承包商能够与业主单位紧密配合，响应其决策，项目就更可能成功。

（4）构型4（"业主主导—合同协调构型"）

YZNL 表示业主单位能力水平较高，HTXT 表示合同条款的协调性水平较高，HTSY 表示合同条款的适应性水平较高，~GXND 表示项目各参建方具有的协作关系较差，HZXW 表示承包商的合作行为。能较好地配合业主单位促进项目顺利进展。

首先，业主单位作为项目的主导者，通常拥有项目的最终决策权。其决策会决定项目的方向、资源分配和管理方式。强大的业主单位不仅能为项目提供充足的资源支持，还能够确保决策的准确性和时效性。在这种情况下，合同的协调性和适应性就显得尤为关键。协调性强的合同可以确保各参建方之间的行动一致，避免因为不同的解读或理解导致的混乱。而适应性强的合同则能够根据项目的实际情况进行调整，以满足项目的特定需求。承包商在此构型中也发挥了关键作用。作为项目的执行者，承包商需要与业主单位建立良好的信任关系，确保其决策得到有效的执行。

（5）构型5"结构优化—业主协调构型"

YZNL 表示业主单位能力水平较高，HTKZ 表示合同条款对项目的控制水平较高，JGND 表示项目各参建方的结构设置合理程度较高，HZXW 表示承包商的行为能较好地配合业主单位促进项目顺利进展。

首先，业主单位的决策和管理能力在此构型中再次得到凸显。业主单位的决策会决定项目的方向和资源分配，其管理能力则确保项目的顺利进行。合同的控制水平也十分关键。控制性强的合同可以确保项目的方向和资源得到有效的管理，避免因为合同条款的不明确或不一致导致的混乱。项目的结构配置也在此构型中发挥了关键作用。合理的结构配置能够确保资源的高效利用，减少浪费，这包括项目的组织结构、流程设计、资源分配等。承包商的合作行为在此构型中也得到了强调。为了确保项目的成功，承包商需要与业主单位紧密配合，响应其决策，确保项目的顺利进行。

2. 单因素分析

本研究针对其中较为重要的影响因素做了进一步分析。首先，在众多的影响因素中，全咨单位的项目管理水平和业主单位的能力被认为是最为基础且关键的。在研究中发现，无论项目治理机制的组合方式如何，6 种构型中有 5 种均包含全咨单位能力这一前因变量。这为我们提供了一个明确的信息：选择有能力的全咨单位是项目成功的关键。当我们深入分析网络治理理论时，会发现这一理论提到网络作为一个减少单位自身受到的独立性风险，并能够获得外部资源的机制。这意味着，当业主单位进行全过程工程咨询时，其目的不仅仅是为了完成一个单纯的建设任务，更重要的是为了获取外部资源和提高自身的能力。在这一过程中，业主单位需要转变角色，成为一个学习者。而当业主单位在能力上存在某种缺陷，无法独立完成全过程的项目管理时，他们会根据自己的需要，选择合适的全咨单位进行合作。这也进一步强调了选择有能力的全咨单位的重要性。更令人注目的是，所有的构型都包含了业主单位能力这一前因变量，足以见证业主单位在项目管理绩效中的关键角色。这不仅意味着业主单位本身的项目管理能力在整个项目中扮演了决定性的角色，还说明了全咨单位的高项目管理水平对于整体项目的成功有着至关重要的作用。

其次，合同协调也是提高项目绩效的另一个关键因素。合同协调其实是一个非常复杂的过程，它需要企业深入梳理和理解合同管理的每一个细节，从而发现其中潜藏的风险点。特别是对于某些特定的项目，例如质子肿瘤治疗中心项目，其关联性和复杂性更为突出。由于这类项目通常涉及大量的人力、物力和财力投入，以及高度的技术要求和多方合作，因此合同的内容必须既明确又具有弹性。这就要求项目合同不仅要能够保护企业的利益，还要确保项目的顺利进行。因此，良好的合同协调变得尤为重要。它不仅可以帮助企业有效地识别和控制潜在的合同风险，还可以避免因为合同问题导致的项目延误或失败，从而确保项目的成功完成。总的来说，无论是全咨单位的能力，还是业主单位的能力，亦或是合同协调，都在项目管理绩效中扮演着关键的角色。只有当这些因素都被妥善管理时，项目才能够真正地成功。

第9章
质子肿瘤治疗中心项目全过程工程咨询服务绩效提升策略

为进一步推动质子肿瘤治疗中心项目的顺利交付，节约资源与成本，提高管理效率，本章基于质子肿瘤治疗中心项目绩效影响因素分析结果、全过程工程咨询对项目绩效的路径分析与组态分析结果，结合访谈内容、课题组专家研讨会议等，从甲方集管理能力、项目治理、承包商能力三个视角，提出九项具体针对质子肿瘤治疗中心项目等大型复杂医院建设项目的绩效提升策略。

9.1 甲方集管理能力视角

9.1.1 促进全咨单位赋能业主项目管理

质子肿瘤治疗中心项目的高度复杂性使得全咨单位的重要性凸显。第8章的研究也证实了全咨单位管理能力在提升项目绩效方面的关键作用。全咨单位的作用在于整合各专业单位资源，优化整个项目过程，从而最大程度地提升项目的效率、品质和满意度。在这个过程中，全过程工程咨询单位的功能就体现在为业主提供专业的管理资源，以赋能业主的项目管理。

首先，全咨单位要注重维持与政府型业主的合作与互补关系。政府型业主作为业主的项目管理有其特有的优势和功能，例如，政策制定、法规监管、市场准入和公共服务等，能够从宏观层面保障项目的顺利实施。然而，由于政府型业主的职能定位以及人员结构特点，其在具体的工程管理操作上可能存在一定的劣势，比如，专业技术水平、项目管理经验、专业工具应用、市场资源整合等。在这些方面，全过程工程咨询单位就能够弥补政府机构的不足。全过程工程咨询单位是以专业技术和管理服务为主的机构，其服务能力包括设计、施工、采购、投资、运营等全过程的专业技术和管理支持。这种专业服务能力在很大程度上能够提升业主的项目管理能力，使得业主在项目实施过程中，能够更好地进行决策，控制风险，保障质量，提升效率。

其次，全过程工程咨询单位赋能业主管理能力的主要方式有两个，一是，提供大量的人力资源；二是，提供专业的项目管理经验和技术支持。①全过程工程咨询单位通过提供大量的人力资源，帮助业主弥补在人力资源方面的短板。在工程项目实施过程中，人力资源是非常关键的因素。但是，由于各种原因，业主往往难以拥有足够的人力资源来应对各种复杂的任务和挑战。这时，全过程工程咨询单位能够提供大量的专业人力资源，为业主的项目实施提供有力的支撑。②全过程工程咨询单位通过提供专业的项目管理经验和技术支持，帮助业主提升项目管理的专业水平。这包括专业的工程管理经验、项目管理工具的使用、工程技术问题的解决等。尤其是针对混凝土配合比设计、钢筋模板安装、机电管线预埋技术管理问题，是确保现场大体积混凝土施工顺利进行的关键。这种专业经验和技术支持，对于业主来说，是非常宝贵的资源，能够帮助其提升项目的成功率，降低项目的风险。

在深圳市质子肿瘤治疗中心项目中，全过程工程咨询单位具有丰富的质子肿瘤治疗中心项目管理经验，其全咨服务团队中，有专门的质子治疗设备专家、医疗工程专家、项目管理专家等，能够为业主提供全方位、深层次、高质量的咨询服务。全过程工程咨询单位能够在项目策划、设计、采购、施工、验收等各阶段，为业主提供专业支持，帮助业主进行正确决策，控制项目风险，保障项目质量，提升项目效率。同时，全过程工程咨询单位也能够整合其在全国范围内的资源，为业主提供市场信息，推荐优质的供应商和合作伙伴，帮助业主节约成本，提升效益。此外，全过程工程咨询单位的总部还会对其在深圳市质子肿瘤治疗中心项目中的工作进行全程监控和技术支持，确保全咨服务的品质和效果。

总的来说，借助全过程工程咨询单位赋能业主项目管理，是一种行之有效的项目管理模式。在深圳市质子肿瘤治疗中心项目中，全过程工程咨询单位的参与，无疑会极大地提升业主的项目管理能力，提升项目的成功率，降低项目的风险，为深圳市民提供更好的质子治疗服务。

9.1.2 对全咨单位进一步授权

全过程工程咨询在工程项目中的应用已取得了显著的效果，然而要让全咨在项目中发挥出最大的作用，需要对其进行更大程度的授权。首先，需要为全咨单位提供更大的权力，给予其更多的决策空间。全咨单位通常拥有丰富的行业经验和专业知识，这使他们在项目管理中具有独特的视角和方法。然而，目前在项目中，全咨单位的权力有限，不能完全发挥其优势。因此，业主单位需要适当放权，并与院方进行协商，让全咨单位有更大的决策空间，从而更好地运用其专业知识和经验。同时，业主单位需要让全咨单位与其管理体系更好地融合，这样可以使管理流程更为顺畅，提高项目效率。全咨对项目投资的控制更多体现在项目的前期控制。由于管理层级的增加，可能会导致决策时间的拉长，从而影响项目进度。这就需要业主单位在项目初期，就对全咨单位进行明确的授权，让其在前期就参与到项目管理中，从而对项目投资进行有效的控制，避免因决策延迟而导致项目延误。

此外，政府审计和业主单位的制度有时可能会限制全咨单位的专业性咨询工作。这就需要业主单位在制定管理政策和规则时，充分考虑全咨单位的特点和需求，尽量避免这种情况的发生。例如，在质子设备管理方面，目前由深圳市卫生健康委员会牵头，全咨单位无法直接进行质子设备的统筹管理。这就需要业主单位重新审视和调整项目的管理体系，分析是否有可能让全咨单位参与到更具体、更重要的项目工作中；在访谈过程中，也有专家反映，全咨人员并未纳入五方责任主体，导致其无法做到全过程管理，力量发挥有限，话语权不够。业主单位需要让全过程工程咨询单位与其管理体系更好地融合，这样可以使得管理流程更为顺畅，提高项目效率。全过程工程咨询单位对项目投资的控制更多体现在项目的前期控制。为了让全咨单位更好地发挥作用，业主需要将全咨单位纳入责任主体中，使其在项目中有更大的话语权，可以更好地进行全过程管理。全咨单位信息反馈的及时性也是影响其工作效果的一个重要因素，业主单位需要通过改善通信方式和流程，保证信息的及时反馈。

总的来说，需要进一步对全咨单位进行授权，让其在项目中发挥出更大的作用，提高项目的效率和质量。

9.1.3 加强全过程需求管理

在质子肿瘤治疗中心项目的建设过程中，全咨单位主要以施工为导向，而院方主要以运维为导向。在这种差异的背景下，业主单位需要采取一些策略来调整全咨单位的工作重心，以便更好地满足院方需求，同时也提升全咨单位的工作效率和效果。

首先，业主单位需要强化全咨单位对运维需求的理解和关注。这需要全咨单位在每个项目阶段都积极参与，尽可能在项目设计、施工过程中考虑到运维的需求。例如，在设计阶段就可以考虑设备的易用性、可维护性等因素；在施工阶段则需要考虑设备的安装、调试等运维工作。其次，业主单位需要加强全咨单位与院方的沟通与合作。全咨单位需要定期与院方进行会议，了解院方的需求和问题，及时反馈解决方案。此外，全咨单位也需要加强与院方的日常沟通，随时获取运维的反馈信息，及时调整施工方案。业主单位也需要改善全咨单位的信息反馈机制，在项目进行过程中，全咨单位的信息反馈速度和准确性将直接影响项目的进度和质量。因此，全咨单位需要建立一个高效的信息反馈系统，定期向院方报告项目的进度和问题，以便院方及时进行决策和调整。

其次，需要加强全咨团队成员的风险意识。在现代的工程项目管理中，风险管理是一项极为重要的任务。全咨团队成员需要具备敏锐的风险识别和处理能力，对于项目过程中可能出现的各类风险，如财务风险、技术风险、合同风险、环境风险、市场风险、管理风险等，都需要深入理解和全面掌握。加强风险意识的关键在于对风险的识别、预防和控制。在日常工作中，全咨团队成员需要对各类风险因素进行精准识别，并制订针对性的应对策略。全咨团队成员要学会站在风险管理的角度，全方位、多角度去考虑问题，发现潜在的风险点，并能及时进行预警，以保证项目的顺利进行。同时，全咨团队成员在工作中不仅要注重风险的预防和控制，还要主动积累和总结经验，以提升自身应对风险的能力。通过实际项目的操作，全咨团队成员能够进一步提升自身的风险管理能力，形成一套完善的风险管理经验和体系。通过不断地实践和总结，全咨团队成员能更好地应对未来可能出现的风险。对于全咨团队成员来说，提升风险意识不只是在工作中发现问题、预防问题，更重要的是在问题出现后，能迅速定位问题、解决问题，并总结问题，避免类似问题的再次出现。这种风险意识的提升，是全咨团队成员在日常工作中不断积累和提高的。最后，加强风险意识，还需要全咨单位建立一套完善的风险管理制度，包括风险识别、风险评估、风险防控、风险应急等环节。通过系统性的风险管理，全咨团队成员可以更全面、更深入地理解和掌握风险管理的知识，形成一套科学、完备的风险管理机制，从而能更好地应对各种复杂的风险情境。

最后，全咨人员需要注意日常工作的细节处理，做到事前有准备、事中有跟踪、事后有总结。全咨人员在进行项目实施前，需要对项目进行全面、详尽的规划和预测。根据项目的特性和实际情况，进行详细的工作分解，明确每个阶段的工作任务和目标，做好工作进度和资源的预算和安排，形成详细的工作计划；全咨人员在项目实施过程中，需要对项目的进展进行实时跟踪和监控。通过实时的项目管理，可以及时发现项目实施中的问题和偏差，进行及时的调整和优化，确保项目的进度和质量；全咨人员在项目实施结束后，需要对项目的执行情况进行全面、深入的总结和反思，对项目实施过程中的成功经验和失败教训进行深入的剖析和总结，形成项目实施的经验和教训，为以后的项目实施提供参考和借鉴。

9.1.4 全咨单位与业主协同开展前期与设计管理工作

全咨单位与业主应联合在项目前期与设计阶段发挥力量。在项目前期，建议全咨单位尽早介入，积极参与医院的可行性研究工作、总体进度规划、设计管理以及招标策划方案的技术管理，这将对确保项目顺利进行产生重要影响。全咨单位需要全面理解项目的需求和目标，为项目的进度策划提供有效的建议和解决方案。前期工作的目标是通过科学的项目管理和进度策划，确保项目从设计到施工的各个环节都能够按照既定的时间节点顺利进行。

设计管理工作是确保项目质量和进度的重要环节，需要全咨单位与设计单位进行深度合作。首先，全咨单位需要根据项目的特性和需求，针对设计发包模式制定合理的管理策略，简化设备供应商与设计单位的沟通界面，提升沟通效率。其次，全咨单位需要与设计单位保持良好的沟通，进行专业性的讨论，确保设计方案的准确性和合理性。这种讨论应该包括对设计方案的全面评估，对可能存在的问题和风险的预测和解决，以及对设计方案改进的建议和策略。同时，全咨单位也要进行图纸精审及协调部分事项，避免因设计问题导致工程延误。在此过程中，全咨单位应当编制专项设计专篇，并实施 BIM 正向设计，包括实施方案和模型标准的制定。

在项目管理过程中，业主单位扮演着至关重要的角色，对于项目的成功或失败具有决定性的影响。在众多的管理责任中，构建一个合理的设计合同结构是业主需要特别关注的任务之一，因为设计合同的质量、结构和内容将直接影响项目的整体运作。首先，设计合同是管理项目的关键工具，它定义了项目各方的权利和义务，规定了项目的基本框架和运行规则。设计合同的合理性和完善性将在很大程度上决定项目的管理效率和效果。因此，业主单位在项目开始之前，需要对设计合同进行细致的审查和评估，确保设计合同的内容、形式和条款都符合项目的实际需求和目标。在审查和评估设计合同的过程中，业主单位需要注意的问题之一就是设计方和工务署之间的合同关系。目前，由于设计方和工务署没有签订合同，这在一定程度上给项目的管理带来了困难。没有合同约束的关系，可能会导致责任不明确，风险增大，对项目的进度和质量产生不利影响。对于这个问题，业主需要积极寻求解决方案。例如，业主可以尝试在设计合同中明确设备供应商和设计单位的责任和义务，确保在项目实施过程中，即使设备方已经确认了设计方案，也能有效解决由于设计问题导致的非质子区的问题。这样做可以降低项目风险，提高项目的管理效率和效果。业主在设备供应商和设计单位的责任和义务方面，需要进行细致的研究和规划。这包括确定各方的权利和义务，明确各方的责任范围，以及在出现问题时的处理机制和解决方案等。这样可以保证在项目执行过程中，各方的责任和义务清晰，能够有效解决可能出现的问题。此外，业主还需要对设计合同进行持续的跟踪和管理，确保设计合同的执行符合预期目标。这包括监督设计合同的执行，定期进行合同的评审和调整，以及在出现问题时及时进行处理和解决。这样做可以确保设计合同的执行符合预期的目标，提高项目的管理效率和效果。

9.2 项目治理视角

9.2.1 充分发挥全咨单位的管理协调能力

在项目建设过程中，全咨单位需要充分发挥自身能力优势，将自身优秀的管理协调能力付诸实践，需要重点注意和提升以下几方面内容。

（1）全过程工程咨询单位作为项目管理的重要一环，应发挥其在技术指导上的专业优势。项目实施过程中，无论是设计、施工，还是后期运维，都会出现各种复杂的技术问题。全咨单位需要具备全面深入理解项目需求、施工技术及施工过程中可能出现问题的能力。全咨单位应在理解项目需求的基础上，提出技术指导建议，解决现场出现的技术问题，为项目顺利进行提供有力保障。在项目实施过程中，全咨单位需要组织各参建方进行交流调研，通过分享经验、探讨问题、提出建议等方式，发现并识别项目的重难点。这一环节可以通过定期的技术研讨会、现场勘查等形式进行，使全咨单位更深入地了解项目现状，更准确地把握项目管理的难点和重点。通过技术指导和交流调研，全咨单位能够及时发现并识别出项目中的问题，对于项目的成功实施至关重要。全咨单位需充分发挥其专业能力，提供针对性的解决方案，帮助项目顺利完成。

（2）在项目实施过程中，各种施工难点是无法避免的。这时，全咨单位需要充分发挥其专业优势，针对施工难点进行专项攻关。全咨单位应积极收集并分析施工过程中出现的各种问题，通过对比分析不同解决方案的优劣，确定最佳施工方案。针对重大的技术难点，全咨单位还须组织相关专家进行论证，这样既可以获得更多的专业意见，也能进一步提高决策的科学性。专家论证的结果需要形成文档，以供参考和备案。全咨单位还需要提出具体的方案，对施工难点进行管控，包括：制定具体的施工步骤、设定施工进度、确定质量标准、设计应急预案等。全咨单位应将这些管控方案向项目管理人员及时通报，以确保所有人都清楚地知道应如何执行。

（3）在质子肿瘤治疗中心项目中，质子设备安装调试与非质子区的并行施工是一大难点。由于质子设备的精密性，其安装调试要求极高，同时又要与非质子区的施工进行协调，这给项目带来了巨大的挑战。全咨单位需要对这个问题进行详细分析，制定具体的协调方案。全咨单位可以根据项目的实际情况，对项目的关键节点进行预测分析，制定出合理的施工进度表，并制定详细的操作指南，确保质子设备的安装调试和非质子区的施工能够有效协调，互不影响。全咨单位还需要在项目执行过程中，根据实际情况，调整协调方案，以确保项目的顺利进行。全咨单位还须定期对项目的进度进行评估，如果发现有可能影响项目的关键节点，就要及时提出警告，防止项目出现延误。

（4）全咨单位需要与设计方进行深度的沟通，理解设计方案的细节、原则和理念，同时根据项目实际情况和经验提出优化建议，帮助设计方优化设计方案。设计变更是工程项目中常见的问题，频繁的设计变更不仅会增加工程成本，还可能影响工程进度。因此，全咨单位在设计变更环节上需要发挥重要作用。所有的设计变更都应由全咨单位进行审查，并出具专业的意见。在变更方案的评估中，全咨单位不仅要考虑变更的必要性，还要评估变更对工程成本和进度的影响，最后提出全面、权威的意见。全咨单位应充分落实设计管理，严格控制设计变更的次数，减少不必要的修改。这需要全咨单位与设计方、施工方、业主方进行充分的沟通协调，确保每一次设计变更都是必要的，符合项目的利益。同时，全咨单位还应积极引导设计方优化设计，提高设计质量，从源头上减少设计变更的发生。

9.2.2 严控参建单位合同管理与履约

在深圳市质子肿瘤治疗中心项目中，参建单位多，合同关系复杂，存在诸多挑战。项目的成功建设与运营，严重依赖于各参建单位合同管理与履约的严谨性与有效性。第 8 章的实证研究亦肯定了合同治理的重要角色。在此背景下，对于参建单位的合同管理与履约进行严格控制，构建有效的绩效提升策略，显得至关重要。

合同管理策略方面，总结了三项举措。首先，项目管理人员需要完善合同制度建设。因为在涉及多方利益主体的大型项目中，合同关系的复杂性是不可避免的。因此，项目管理人员强调构建一个全面的、健全的合同制度，涉及合同编制、审批、签订、执行、修改、解除、终止以及争议处理等多个环节的操作规程。通过设立明确的规则和流程，项目管理人员可以保证合同的合规性和透明度，减少由于管理不当导致的风险，从而提高合同管理效率。其次，加强合同审核流程是另一个重要举措。根据项目管理人员对该项目的初步分析，涉及的合同关系包括业主方、全过程工程咨询单位、质子设备供应单位、总承包单位、分包单位、运营单位等多方合同主体。因此，项目管理人员需要对每一份合同文本进行详尽的审查，以确保其中的规定既合法又合理。项目管理人员要预防任何可能的争议和纠纷，尽可能地消除合同执行中的不确定性。在签订合同之前，项目管理人员还应邀请相关领域的专家参与合同条款的制定和审核，以保证合同的合规性和公平性。最后，项目管理人员必须强调合同风险防控的重要性。在合同执行过程中，可能出现的风险包括合同方可能的违约行为、合同方可能的破产或财务困难、合同内容可能存在的争议等。针对这些风险，项目管理人员需要在合同中明确规定相应的防控措施，如合同违约责任条款、信用担保条款、争议解决机制等。同时，项目管理人员也需要建立一个健全的合同风险防控机制，以便及时识别、评估和控制合同风险。

在履约管理方面，项目管理人员需要考虑的三个重要措施是建立严格的履约监控体系，对参建单位实施激励和约束并重的管理策略，以及制定合理的绩效考核体系。项目管理人员首先需要建立严格的履约监控体系。履约管理是合同管理的重要组成部分，对于参建单位的履约行为，项目管理人员需要建立严格的监控体系。这包括对各参建单位履约情况的定期检查和评价，对履约行为的详细记录和分析，对未能按照合同规定履约的单位进行适当的惩罚；其次，项目管理人员需要对参建单位采取一种既激励又约束的管理策略。对于履约良好的单位，项目管理人员应当给予适当的激励，包括优质服务、优惠政策、信誉评价等。同时，对于未能履约的单位，项目管理人员应当采取严格的约束措施，包括违约罚款、信誉降级、合同终止等。这种激励与约束并重的策略，旨在鼓励参建单位严格遵守合同规定，提高履约率；最后，项目管理人员需要建立合理的绩效考核体系。履约情况应作为绩效考核的重要指标，使得各参建单位有更强的动力去履行合同。项目管理人员可以设置不同等级的绩效评价，以便对履约优秀的单位给予更高的评价和奖励。这样的体系可以鼓励和奖励良好的履约行为，同时也能对那些未能履约的单位产生警示和震慑作用。

9.2.3 充分发挥关系治理的作用

这个策略是基于第 8 章关于结构纽带和关系纽带的研究结论，强调建立和维持稳定的结构关系，以及通过有效的治理方法，来实现各个参与方之间的协调和合作，从而提高项目的整体绩效。

项目的目标定位在对标国际先进水平，其目标的高度和规模都超出了常规项目的标准。由于这样的定位和期望，项目管理人员面临的施工质量和进度管理的挑战也相应增加。在面对这样的挑战时，项目管理人员必须在项目的各个阶段中，建立明确的结构关系，确保各参与方的目标和工作都能够对齐。具体而言，可以通过签订明确的合同，设定清晰的工作范围和任务分工，建立透明的信息共享平台，以及通过定期的项目会议和报告，来实现这个目标。在明确的结构关系中，各参与方之间的联系将成为关系纽带，有效地把所有的参与者整合到一起，形成共同的力量。此外，项目管理人员也需要制定和执行严格的质量和进度管理制度，通过监测和控制项目的质量和进度，以确保项目的目标能够按时完成。

在项目的实施过程中，项目管理人员还需要考虑项目的自然环境和社会环境因素，以及质子装置对建筑环境工艺的严苛要求，这些因素都给项目的实施过程带来了许多不确定性和风险。为了应对这些挑战，项目管理人员需要在项目的规划和设计阶段，就充分考虑这些因素，并通过风险评估和管理，来提前预防和应对可能出现的问题。同时，项目管理人员需要建立起与设计单位、施工单位、设备供应商等关键参与方的紧密合作关系。在这种关系中，各方之间的合作和信息共享成为关系纽带，帮助项目管理人员共同面对和解决问题，以确保项目的顺利实施。

最后，由于项目的组织结构复杂，参建单位众多，且涉及多方的协调和沟通，这无疑增加了项目的管理难度。对此，项目管理人员需要建立一个明确的组织结构、分明的角色和职责，以及有效的沟通和协调机制，来确保项目的顺利进行。项目管理人员需要制定清晰的项目组织结构图，明确各个角色的职责和工作范围，设立专门的项目协调小组，以及建立定期的项目会议和报告制度等。在这个组织结构中，各参建单位之间的互动和沟通成为关系纽带，促进了项目的顺利进行。

9.3 承包商能力视角

9.3.1 重视施工单位等参建单位的择优

在进行工程项目建设时，施工单位等参建单位的选择很大程度上决定了工程的建设质量、效率和最终成效。本研究结果也肯定了承包商合作行为以及合作能力的关键影响。因此，重视施工单位等参建单位的择优，无疑是提高工程项目绩效的关键策略。深圳市质子肿瘤治疗中心项目由于定位高、要求严、投入大、风险高，这更使得选优策略的执行显得至关重要。

由于质子肿瘤治疗中心项目较高的定位和期望，项目管理人员所面临的施工质量和进度管理的挑战也相应增加。项目管理人员在选择施工单位等参建单位时，不能掉以轻心，项目管理人员必须深入考察其是否具有相应的国际视野和超常规的执行能力。这一阶段的工作要求项目管理人员详细评估参建单位的各项能力和特点，这不仅包括对参建单位的资质、技术人员要求、项目经验、质量保证体系等硬性指标的考察，而且还包括对参建单位的企业文化、管理理念、创新能力等软实力的深入了解。项目管理人员希望参建单位不仅在硬实力上达到标准，而且在软实力上也能体现出卓越。

特别需要强调的是，项目管理人员面临的不只是一般的工程项目，而是涉及具有极高精密度和对环境要求极严苛的质子治疗设备的特殊项目。因此，选择的参建单位必须具有相应的专业能力和严谨的工作态度。这不仅要求他们有丰富的相关工程项目的经验和成果，而且还需要他们具备处理高难度问题的能力和意识。项目管理人员期待他们能够凭借自身的专业能力和严谨的工作态度，克服项目中的各种难题，确保工程的顺利推进和成功完成。

接下来，项目管理人员要面对的是工程项目复杂性的挑战。在选择施工单位等参建单位时，项目管理人员必须考察他们是否具有足够的项目管理能力和协调能力。具体来说，对于参与工程项目的各种参建单位，其能否形成高效的合作模式，能否有效协调解决各种可能出现的问题，成为项目管理人员选择的重要依据。医院项目参建单位众多，管理协调工作复杂，项目管理人员需要选择的参建单位必须具有丰富的跨项目协调经验和妥善处理复杂衔接问题的能力。只有这样，项目管理人员才能保证项目的顺利进行和达成预期目标。

此外，项目管理人员还需要考虑到全生命周期的BIM技术应用对协调配合提出的更高要求。BIM技术是当前工程项目管理中的重要工具，它可以提供更为全面和深入的数据分析，帮助项目管理人员更好地理解和掌控项目。因此，项目管理人员应选择那些对BIM技术有深入理解和实践经验的参建单位。他们不仅能够运用BIM技术提高设计质量和施工效率，而且还能够有效利用BIM技术的数据分析功能，为项目决策提供科学依据，以实现项目的质量目标、进度目标和投资目标。

9.3.2 重视BIM技术在项目管理中的应用优势

考虑到质子肿瘤治疗中心项目的特殊性和复杂性，BIM技术在质子肿瘤治疗中心项目中的优势应得到进一步关注。主要包括以下四方面内容。

（1）加强设计管理的应用。首先，项目管理人员需要理解，质子肿瘤治疗中心项目的设计涉及极其复杂的工程技术和医疗技术，这对设计的精度和质量提出了极高的要求。而BIM技术的引入正好可以提供高精度的设计需求，其三维建模能力将使设计更直观精准。通过BIM技术，设计人员能够清晰地看到各个构件的布局和连接方式，可以更精准地进行设计和修改，避免了传统二维设计中出现的诸多不清晰和误解问题。此外，设计阶段的问题识别与解决也变得更为直观和高效。由于BIM技术使得建筑模型能够在电脑上全方位、多角度进行查看，设计人员、建设方和运营方都能更早地看到设计中可能出现的问题，提前进行解决，避免了后期修改设计、改动施工计划所带来的时间和金钱的浪费。

（2）施工管理的优化。在施工阶段，质子肿瘤治疗中心项目的建设过程中可能会出现各种各样的问题，如构件冲突、施工顺序混乱、施工进度延误等。这些问题往往会导致项目成本的增加和项目进度的延误。利用BIM技术，项目管理人员可以进行施工模拟和优化。比如，项目管理人员可以通过BIM模型模拟各个施工环节的顺序和方式，提前识别可能出现的冲突和问题，然后制定出最优的施工计划，减少冲突发生的可能性，确保施工进度的顺利进行。

（3）设备运维管理的整合。在质子肿瘤治疗中心项目的运维阶段，设备的管理是一项非常重要的工作。设备的运行状态直接关系到治疗的效果和患者的安全，因此对设备的管理必须足够重视。而BIM技术在设备管理方面有着显著的优势，它能够整合和管理设备的各种信息，包括设备的规格、性能参数、购买日期、保养记录等，所有这些信息都可以在BIM模型中一目了然。此外，BIM技术还能实现设备的虚拟访问。这意味着，运维人员在任何地方都可以通过电脑或者移动设备查看到设备的实时运行状态，进行远程监控和管理。这极大地提高了设备的管理效率，同时也降低了管理成本。

（4）项目风险管理。在项目实施过程中，总会存在各种各样的风险，如设计风险、施工风险、运维风险等。而BIM技术的引入，可以使项目管理人员更早地识别到这些风险，提前进行风险的评估和管理。通过对BIM模型的分析，项目管理人员可以看到设计、施工和运维过程中可能出现的问题和冲突，从而及早地采取预防和应对措施，降低风险对项目的影响。

本篇小节

本篇从理论分析的视角探讨了深圳市质子肿瘤治疗中心项目的绩效提升机理及全过程工程咨询服务在其中发挥的作用。第 6 章梳理了现有的国内外针对质子肿瘤治疗中心项目建设管理、绩效提升以及全过程工程咨询的相关研究，发现了以下几方面的研究不足。首先，尽管已有研究涉及质子肿瘤治疗中心项目的技术挑战、质量控制等方面，但对于项目绩效影响因素的探讨仍不够深入，绩效影响因素间的关系复杂，增加了对其进行系统性分析的困难性，这方面的不足意味着项目管理人员无法深入理解和评估项目的绩效；其次，尚未有对全过程工程咨询模式如何影响质子肿瘤治疗中心项目绩效的系统性研究，这一不足导致在全过程工程咨询模式提升绩效方面缺乏理论和实践的支持；最后，目前针对质子肿瘤治疗中心项目的文献研究仍未深入到技术参数、功能需求及配合要求的细节，需要结合全过程工程咨询的视角，并分析影响绩效的多种因素，为实际操作提供策略性建议。

第 7 章识别了质子肿瘤治疗中心项目绩效的影响因素及其相互之间的影响关系，研究基于项目本体复杂性（技术、组织及环境）以及组织驾驭复杂性的能力，结合德尔菲法，共识别了 15 个影响因素。DEMATEL-ISM 分析结果将 15 个影响因素划分为"业主能力层级""项目与组织整体控制层级""施工计划与设备管控层级""项目环境与目标要求层级"四个层级，并进一步结合每个影响因素的中心度、原因度等指标，分析了因素之间的相互重要程度以及针对项目绩效的重要程度，为构建绩效影响因素提升路径奠定了基础。

第 8 章运用路径效应分析及组态效应分析两种研究方法，分析了甲方集管理能力、项目治理机制等因素对于项目绩效的路径效应以及组态效应。结构方程模型分析识别了甲方集管理能力、项目治理机制等因素对质子肿瘤治疗中心项目绩效的显著正向影响，并肯定了承包商合作行为在其中发挥的中介作用以及承包商管理能力的调节作用；组态分析针对性地分析了甲方集管理能力、项目治理机制等因素确定了 5 种有助于显著提升质子肿瘤治疗中心项目绩效的组合："全咨主导—适应优化构型""关系主导—全咨协助构型""业主赋能—结构配置构型""业主主导—合同协调构型""结构优化—业主协调构型"。

第 9 章结合第 7 章和第 8 章的研究结论，进一步针对质子肿瘤治疗中心项目绩效的提升提出了一系列策略。首先，全咨单位的赋能与进一步授权被认为是提高业主项目管理效能的关键，确保全咨单位能够充分发挥其专业知识和协调能力。此外，全过程的需求管理被视为确保项目目标与实际需求一致性的基石。在项目的前期与设计阶段，全咨单位与业主单位的紧密协同将对项目的成功起到决定性的作用。对参建单位，强调了合同管理与履约的严格性，同时强调了选择合适的参建单位的重要性。关系治理在整个项目中扮演了桥梁的角色，促进了各方之间的和谐合作。最后，BIM 技术的应用被认为是提高项目管理精度和效率的现代化工具，为优化项目绩效提供了有力支持。

第 3 篇
实践篇

本篇以深圳市质子肿瘤治疗中心项目开展的全过程工程咨询工作具体实践为基准，主要阐述质子肿瘤治疗中心项目全过程工程咨询全生命周期各个阶段的主要工作，包括项目策划咨询、医疗工艺咨询、工程设计咨询、招标采购咨询、工程施工咨询、BIM咨询和调试验收与移交咨询七个方面。实践篇通过对质子肿瘤治疗中心项目各阶段咨询工作的详细描述，为质子肿瘤治疗中心项目全过程工程咨询的发展和工程创优提供了借鉴和参考，有利于指导质子肿瘤治疗中心项目全过程工程咨询的实践操作。

第 10 章
项目策划咨询

10.1 项目策划咨询概述

项目策划咨询是全过程工程咨询单位根据业主总体目标要求，通过收集资料和调查研究，针对工程的实施和决策或相关问题，开展的技术、经济、管理、组织等方面的可行性科学分析和论证，以此围绕建设活动总体战略的运筹规划，对全过程建设活动的预先设想和考虑。

由于质子医院建设具有诸多不同于传统医院建设的特点，因此，项目策划咨询的进行需要全过程工程咨询单位在前期开展对质子医院建设的研究。在项目全生命周期建设中，起决定性作用的是项目策划阶段，它直接决定了项目的成败。项目策划最主要的任务是定义开发内容、效益和意义。由于质子医院建设的特殊性，项目策划不同于一般医院项目。一般来说，项目策划应在掌握项目相关背景信息的前提下开展，内容应该包括选址策划、定位策划、功能分析与规模策划及项目管理策划。

10.2 项目策划咨询内容

10.2.1 选址策划咨询

质子治疗是先进的肿瘤治疗技术，且质子治疗设备对建筑的技术要求很高，因此对于一些老院区来说，就地建设往往会存在很多限制，而更合适的是异地新建或新征毗邻地块建设质子治疗中心。在选址方面，主要考虑以下因素：

1. 交通环境

对于优质医疗机构来说，特别是北上广等优质医疗机构高度集中的城市，其辐射的病人服务范围是全国性的；而省会城市的优质医疗机构，其辐射的病人往往是省内的或相邻省份的。因此质子中心的建设地点应位于交通便捷的区域。

2. 医疗资源环境

肿瘤治疗需要手术、放疗和化疗的多学科综合治疗的配合，而质子中心的治疗手段相对较为单一，从医疗安全和病人来源的角度综合考虑，需要肿瘤治疗实力比较强的综合医院或肿瘤专科医院的支撑。除了技术互为支持的原因外，对病人来说，本人是不会清楚自己的病是否适合质子治疗的。那么先依托其他医疗机构进行诊断、筛选后，再明确该病人是否适合质子治疗显得更为合理，也使得质子医疗资源能充分利用,不造成浪费。所以在质子中心的选址上,原则宜靠近综合医院或肿瘤专科医院,不仅可以方便病人转诊,而且也方便医生的会诊。

3. 科研环境

与普通医疗机构不同,质子治疗机构的科研含量更加高,其除了普通的医护人员、医疗临床的研究人员外,还需配备生物学、物理学研究人员,可以说是不同科学领域的融合之地。国内质子治疗尚在起步阶段,各大科研机构基本都需要与医疗机构进行合作,研究质子治疗设备在临床的应用,双方各自发挥优势,形成有效推动。因此,质子治疗中心的筹建还与科研环境有关,并且科研技术力量的支持需要贯穿项目的全周期。

4. 政策环境

一个项目的落地,离不开政策的支持。质子医院作为具有先进治疗技术的医疗机构,其投入大,对社会发展、环境影响、当地经济及人口就业等多方面会产生影响。不同的地区有不同的政策环境、不同的发展规划,因此项目的选址不仅需要考虑当地的政策支持力度,还要契合当地的发展规划,这样才能让一个项目在全生命周期发挥出最理想的效益。

【案例10.1】深圳市质子肿瘤治疗中心场址地点

深圳市质子肿瘤治疗中心项目选址为龙岗中心城南区宝荷路南侧,龙翔大道以东,沙荷路以西,毗邻深汕高速(又称沈海高速、广深高速、惠盐高速)和宝荷路。项目建设用地面积5999.85m²,卫星地图如图10-1所示。

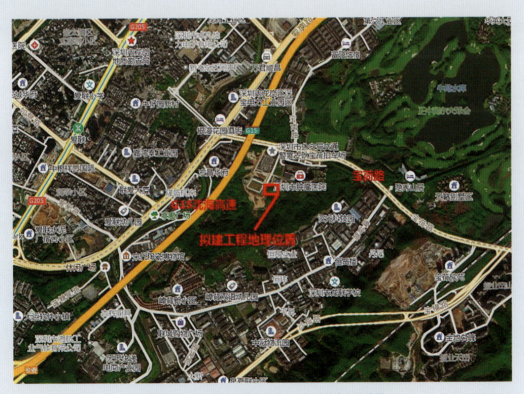

图10-1 深圳市质子肿瘤治疗中心场址地点卫星地图

10.2.2 定位策划咨询

与一般项目定位研究不同，质子治疗中心在建设时已经确定其用途，因此，其定位是指建成后的用途，是单纯的治疗用、科研用或是兼具治疗和科研用途。定位策划十分重要，因为治疗用建筑和科研用建筑具有不同特点，对建设面积也有不同要求，因此必须在建设质子治疗中心的前期策划阶段就确定其定位，避免后续施工时出现问题。

【案例10.2】深圳市质子肿瘤治疗中心项目定位

> 深圳市质子肿瘤治疗中心项目将建成集医疗、教学、科研、培训功能于一体，适应人民群众医疗服务需要的华南地区首屈一指的质子治疗中心，将迅速填补深圳市肿瘤治疗短板，可以为华南地区和港澳地区乃至东南亚地区肿瘤患者提供国际先进肿瘤治疗技术，并形成深圳多样化、综合化的肿瘤治疗体系。

10.2.3 功能分析与规模策划咨询

1. 功能分析

项目功能分析是指在总体构思和项目总体定位的基础上，在不违背对项目性质、项目规模以及开发战略等定位的前提下，结合潜在用户的需求分析，将项目功能、项目内容、项目规模和项目标准等进行细化，以满足项目投资者或项目使用者的要求。现代综合性医院一般包括医疗、教学、科研和康复等功能，由于质子医院的特殊性，其功能组成与传统医院有所不同，主要包括质子治疗以及为质子服务、配套的其他功能。其主要功能可分为以下几块：质子治疗区、质子装置设备区、非质子医疗区、研发办公区和能源供应区等。

2. 规模策划

项目规模策划是建设工程项目定义的重要工具，它是对项目功能定位在数量和规模上的进一步量化，是从功能需求上为项目的具体规划提供设计依据，使规划设计方案更具合理性和可操作性，使投资估算更具准确性。另外，项目规模策划是工程项目前期策划的内容，它并不能代替规划设计，而是着重于功能需求，体现了项目策划的理念对于项目定位思考的深度，其已远远超过普通的项目可行性研究对项目的定位深度，是对项目决策依据的补充和完善。

质子医院规模策划主要包括治疗室数量的确定以及医疗、科研用房规模的确定等。质子医院建设主要服务于质子装置，但是作为科研型医疗机构，除了质子装置设备所需用房外，还需考虑其他医疗用房及科研人员所需用房，因此质子医院不能完全按照常规综合医院建设标准考虑，须考虑其特殊性。质子医院建成后承担以放射治疗为主的临床医疗任务，因此必须配置一些与质子治疗相关的大中小型放疗设备来满足质子医院对患者的检查、治疗需求。

总的来说，质子医院不同于医疗卫生建设项目，也不同于纯科研项目，必须根据质子医院自身特点，深入了解使用者的需求，将医疗和科研二者需求相结合，使其发挥最大的社会效益。

【案例10.3】深圳市质子肿瘤治疗中心功能分区

深圳市质子肿瘤治疗中心项目建设内容为质子治疗区、门诊用房及住院用房。其中质子治疗区位于地下1~3层，门诊用房位于地上1层，医生办公、培训用房位于地上2层，住院用房位于地上3~10层。质子肿瘤治疗中心功能分区见表10-1。

质子肿瘤治疗中心功能分区　　　　　表 10-1

序号	功能区	面积（m²）	备注
1	定位室、质子设备间、信息中心、设备用房等	4717	-1F
2	质子加速器及治疗室、控制室、直线加速器、MRI室	4907.04	-2F
3	质子加速器及治疗室底坑、设备用房	4907	-3F
4	会诊中心	1921.54	1层
5	培训室、办公室、会议室	1881.89	2层
6	GCP病房	2052.3	3层
7	GCP病房	2052.3	4层
8	标准病房	2065.88	5层
9	标准病房	2039.16	6层
10	标准病房	2065.88	7层
11	标准病房	2039.16	8层
12	标准病房	2065.88	9层
13	标准病房	1849.45	10层
14	标准病房	497.86	屋顶层
	合计	35062.34	

10.2.4　项目管理策划咨询

一个质子医院项目是否能按期建成，建成后能否满足使用者的需求，是建设单位关心的问题。按期或提早建成，意味着项目能尽早发挥社会、经济效益；建成后满足了使用者的需求，意味着项目能实现预期的项目目标。质子医院项目参建方多，需要全过程工程咨询单位在项目前期就对项目管理进行策划，构建合理的组织构架，明确任务分工、职能分工和工作流程，如此可以使管理机构高效运转，有效推进项目，进行项目总控，最终实现预期的进度、质量和投资控制目标。

组织架构是组织运行的基础，合适的组织架构是组织高效运营的先决条件。在质子治疗中心工程前期策划时，要根据不同项目组织结构模式对项目实施的影响不同来确定合适的组织结构。在组织结构策划完成后，全过程工程咨询单位应对各单位部门或个体进行管理职能分工和任务分工。管理职能分工和任务分工是对项目组织结构的说明和补充，是组织结构策划的重要内容。

【案例10.4】深圳市质子肿瘤治疗中心项目总体组织架构

深圳市质子肿瘤治疗中心项目总体组织架构如图10-2所示。

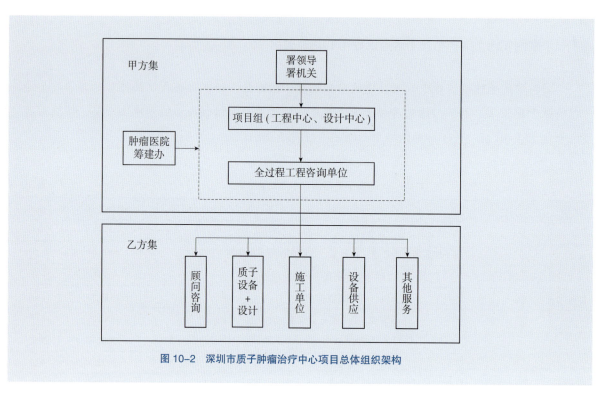

图 10-2 深圳市质子肿瘤治疗中心项目总体组织架构

10.2.5 可行性研究阶段咨询

可行性研究报告主要用来阐述项目在各个层面上的可行性与必要性，对于项目审核通过、获取资金支持、理清项目方向、规划抗风险策略都有着相当重要的作用。

项目可行性研究报告主要是通过对项目的主要内容和配套条件，如市场需求、资源供应、建设规模、工艺路线、设备选型、环境影响、资金筹措、盈利能力等，从技术、经济、工程等方面进行调查研究和分析比较，并对项目建成以后可能取得的财务、经济效益及社会影响进行预测，从而提出该项目是否值得投资和如何进行建设的咨询意见，为项目决策提供依据的一种综合性分析方法。可行性研究具有预见性、公正性、可靠性、科学性的特点。

可行性研究内容和深度应达到可行性研究报告、建设条件单项咨询相应的规定要求，必须满足决策者定方案、定项目的要求。鼓励将国家法律法规、行政审批中要求的可行性研究报告报批前必须完成的建设条件单项咨询纳入可行性研究统筹论证；鼓励将开工前必须完成的其他建设条件单项咨询主要内容纳入可行性研究统筹论证。本阶段的咨询工作较为繁杂，但主要是围绕项目《工程可行性研究报告》批复的主线展开工作。

10.3 项目策划咨询要点

10.3.1 投资目标控制

全过程工程咨询单位须以批复的项目总概算为控制总目标，严格控制投资计划。要点如下：

（1）全过程工程咨询单位应严格按照项目立项时提出的要求，严谨、科学地进行基建工程项目决策的投资控制工作。

（2）全过程工程咨询单位应充分理解使用部门的需求，合理确定项目的建设规模、标准等内容，提高项目的使用功能。

（3）全过程工程咨询单位须按照相关程序，完成工程项目投资估算和方案的审核、上报。经上级主管部门批复的初步设计图纸和概算一经确定，任何人不得擅自更改。批准后的概算作为后续阶段的造价控制总目标。

10.3.2 项目进度计划管控

1. 项目进度计划管控的重要性

项目进度计划管理是整个项目实施管理过程的重要组成部分，在项目管理中起着重中之重的决定性地位。进度计划作为五要素之一，虽然任何项目都不可能只以进度计划作为项目的唯一目标，但是范围、成本、质量和安全最终都可以反映在项目的进度计划中，所以进度计划绝对是衡量一个项目成败的关键性要素。

2. 项目总控进度计划的编制要点

1）"自上而下"原则

总控进度计划按专业通过项目范围和项目目标的划分确定关键的且易于管理的工作分解结构。在实际项目中通过结合项目报建、方案设计、项目开工等重要里程碑时间点，参考项目体量和性质相同的竣工计划，编制初始的项目总控进度计划。

2）"循序渐进"原则

项目涉及专业繁多，粗放的任务作业无法验证专业与专业任务穿插作业的合理性，更无法辨识各专业间交界面的时间节点。在无约束理想状态下，将逻辑关系搭接正确的总控进度计划做到循序渐进地细化。

3）"逐步优化"原则

例如在项目中，通过合理压缩关键路径上设备设计提资时间，从而达到设备提早现场交付，另调整设备安装顺序从而提早设备系统整合的时间。通过循环运用"逐步优化"原则，编制完成满足项目目标的总控进度计划。可进一步通过总控进度计划中非关键路径上任务作业的自由时差，来进一步优化调整非关键路径上任务作业的开始时间，使整个项目的资源变得更均衡，以达到项目的进度计划和项目成本双赢的效果。

【案例10.5】深圳市质子肿瘤治疗中心项目总控计划

> 深圳市质子肿瘤治疗中心项目总控计划如图10-3所示，总控管理工作分解见表10-2。
> 深圳市质子肿瘤治疗中心项目以质子设备制造、安装、调试、验收以及与之相关的建安工程为进度管控重点，进度计划制定时考虑两条主线并行、关联。第一条以建安施工达到具备质子设备吊装条件为主线，第二条以质子设备制造、安装、调试及验收为主线。

10.3.3 《可行性研究报告》编制管理要点

（1）项目可行性研究报告应能充分反映项目可行性研究工作的成果，内容齐全，结论明确，数

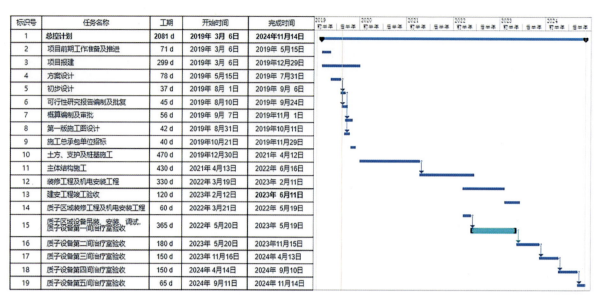

图 10-3　深圳市质子肿瘤治疗中心项目总控计划

深圳市质子肿瘤治疗中心项目总控管理工作分解表　　　　　　表 10-2

序号	工作分解
1	项目文件与资料移交
2	组建项目管理部
3	分析管理文件、依据
4	组织内部启动会
5	编制 WBS 工作分解结构
6	编制《开工前进度计划》
7	编制《总控进度计划》
8	编制项目管理规划
9	组织外部启动会
10	组织编制《项目管理实施细则》
11	项目动态监控
12	项目整体变更与控制
13	合同风险分析
14	风险预控措施表
15	编制《信息沟通计划表》
16	编制《项目管理月报》
17	编制《项目管理月度目标偏差分析表》
18	编制《月工作计划》
19	编制《周工作计划》
20	收发文登记表
21	编写会议纪要、简报
22	组织项目管理周例会
23	组织专题会议
24	项目管理后评价

据准确，论据充分，满足决策者定方案、定项目的要求。

（2）重大技术方案，应有两个以上方案的比选，方案中应当包含建设项目的规模、功能、标准等内容。

（3）咨询单位须在《工程可行性研究报告》编制过程中，不断消化吸收专题研究成果，多听取专家意见和相关部门的要求，进行相关方案的优化调整，在此基础上就技术标准、工程方案等问题同建设单位及相关部门多交换意见。

（4）主要工程技术数据应能指导下一步项目初步设计的进行。

（5）项目的资金筹措方案应切实可行，投资估算，土地、资金、建造成本分析应当合理，如有银行贷款等非政府资金筹集方式，报告还应能满足银行等金融部门信贷决策的需要。

10.4 项目策划咨询流程

项目策划阶段总体策划流程如图10-4所示。

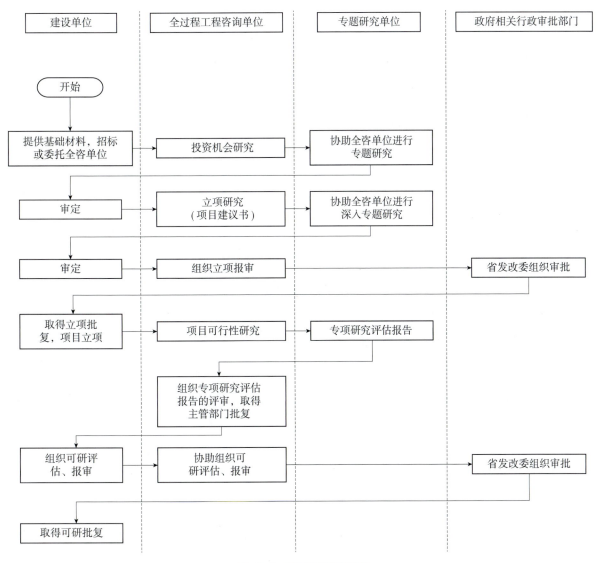

图10-4 项目总体策划流程

10.5 项目策划咨询成果

项目策划阶段的咨询成果论证了工程实施的必要性、可行性，重点解决了"该不该建、在哪建、建什么、建多大、何时建、怎么建、如何避免风险、如何后期运营、产生什么样的社会效益和经济效益"等重大问题，为工程高质量实施提供依据。具体来说，项目策划阶段咨询成果见表 10-3。

项目策划咨询成果 表 10-3

序号	咨询成果
1	项目建议书
2	可行性研究报告
3	选址意见书
4	环评报告书
5	辐射环评报告
6	职业病危害放射防护预评价报告
7	卫生学预评价
8	用水节水评估报告
9	水土保持报告
10	节能评估报告
11	地质灾害危险性评估报告

第 11 章
医疗工艺咨询

11.1 医疗工艺咨询概述

医疗工艺专项设计是一项非常系统、复杂、具体的工作，对设计人员有很高的要求。设计人员需要了解并熟悉医院的管理及工作系统、医疗设备的规格和功能、医疗服务的发展趋势和发展方向，并且要具有创新意识，去面对新的形势。而在全过程工程咨询的模式下设计人员对医院的管理及工作系统、医疗设备的规格和功能等的直接信息来源途径就是与医院使用方和设备供应方的沟通。医疗工艺咨询的任务就是协助设计人员了解医院使用方和设备供应方的需求，并在两方需求冲突时进行协调，从而使设计人员实现一、二、三级医疗工艺流程的设计。

医疗工艺设计在医疗建筑中的重要作用正在得到越来越多的重视，医疗工艺咨询也在医疗建设项目中扮演着越来越重要的角色。医疗工艺设计的理论知识及做法也越来越具有系统性和规范性，医疗工艺设计的职业化进程必然会加快，专业性程度也会越来越高。

11.2 医疗工艺咨询内容

11.2.1 一级医疗工艺流程管理

一级流程要落实医疗建筑中建筑单体、楼层以及大的功能分区之间的关系，还要解决流程与动线之间的关系。一级流程的设计由医疗工艺设计师和建筑设计师根据使用单位提出的要求完成，无论是医疗工艺设计师还是建筑设计师，都不宜改变使用单位确定的医疗流程。例如急诊和心血管介入治疗、大型放射设备、手术区域的位置关系及动线，在夜间与儿科急诊的关系等。良好的动线设计可以大幅提高就医效率，不仅可以为救治赢得时间，良好的周转率也会极大地提升医院的就医环境品质。

一级医疗工艺流程是医院建筑的总体医疗工艺设计，全过程工程咨询单位需要参与确定医院的分类、制定医院建设的指标、确定医院的等级、规定医院的基本设施和其他功能设施、建立医院各项设施、功能单元和系统之间相互关系的总体性规划设计。

11.2.2 二级医疗工艺流程管理

二级流程需要落实相对独立的医疗分区或是部门应采取的平面布局形式，主要解决的是面积与形态的关系。因为不同专业诊室的功能都不尽相同，每个专业在不同时间的就诊量也都是不一样的，但是在很多医院的建筑设计图中，不同专业的诊室及等候区都是一样的面积和布局，虽然此种设计可以理解为出于模块化设计的考虑，但是从专业的医疗工艺设计角度来讲是较为不合理的。二级流程设计需要充分考虑不同的医疗环境因素，结合不同科室专业的不同特性，准确找出医疗分区或部门的特点和需求，同时还要在满足所需面积的情况下，在建筑平面中予以落实布局形态。在质子肿瘤治疗中心项目中，二级流程的设计就更具有针对性，应优先满足质子医疗设备的正常需求。二级流程的设计成果应在充分的调研后形成，其中包含但不限于对已实施项目的考察、对运营单位需求的实现及优化等。完成二级流程设计后，再想进行关于布局方式的改动已无可能。

二级医疗工艺流程是单元部门的医疗工艺设计，需要全过程工程咨询单位参与协调确定各医疗功能单元建设等级及规模、建立单元或部门内部功能设施和系统之间相互关系的设计。

11.2.3 三级医疗工艺流程管理

三级流程的设计内容会通过平面设计的细节部分影响患者及医护人员的体验感。具体体现为影响患者和医护人员在房间或某些区域内的行为，以及满足实现这些行为的功能设计。三级流程设计要求医疗工艺设计师清楚每一个医疗环节的操作方式及习惯，并且要站在医护人员和患者的行为习惯、安全、隐私和方便性等多个角度去考虑问题，是医疗工艺设计中最难以把握、最费时间的设计阶段。在很多新建成的医院中，医院的建筑外观，整体环境都很不错，但是医护人员和患者在工作和就医时就是感觉不方便，甚至在某些细节上还不如老医院好，问题大概率是出现在三级流程的设计过程上。

三级医疗工艺流程主要为室内设计及机电末端定位的医疗工艺设计，全过程工程咨询单位需要协助确定建筑装饰标准、医疗设施标准、感染控制要求的设计。三级医疗工艺流程在医院建筑设计中不具有规范性，需要根据运营单位相关人员的使用习惯来灵活布置。

11.2.4 医疗工艺管理工作内容

（1）项目发展定位研究：全过程工程咨询单位须组织建设单位、使用单位结合行业发展趋势和配套政策，对项目发展定位、经营目标进行调研、讨论和论证，明确项目的发展目标。

（2）项目市场环境分析：全过程工程咨询单位需根据项目规划所处区位，分析未来经营服务范围和目标，对项目所承担行政职能、周边区域卫生资源以及同类资源竞争进行分析。

（3）项目学科建设分析：全过程工程咨询单位需通过对项目使用单位目前各临床学科运营现状进行调研，与使用单位领导对未来临床业务规划研讨，确定重点学科和常规发展学科规划目标及规模。

（4）项目规模及分期建议：全过程工程咨询单位须根据总体医疗规划，计算、统计出面积指标和主要医疗设备配置，为项目投资规模的估算提供数据支撑，并根据投资估算和医疗规划提供分期规划建设的建议性方案。

（5）全过程工程咨询单位应准确表达使用单位对项目的医疗规划要求，以及医院建设规模、设计标准、设计深度的要求，编制设计任务书。

（6）全过程工程咨询单位须配合建筑设计方案完善各级医疗工艺流程的设计内容。

在项目实施各阶段中，医疗工艺咨询各阶段具体工作内容见表11-1。

表 11-1　医疗工艺咨询各阶段具体工作内容

序号	阶段	工作内容
1	医疗策划阶段	配合医院明确医院建设五大定位和学科设置与规模，进行三大分析，订立运营计划和学科规划
2	方案设计阶段	①配合医院完成需求定义汇总、编制设计任务书 ②配合医疗方案设计完成以下工作：医疗指标测算、制作功能单位一览表、进行房型分析、制作面积清单、完成信息物流规划、完成一级和二级流程设计、进行科室分析、进行功能单位定义
3	初步设计和施工图设计阶段	①协调医院、医疗设备供应商，给设计院提供设备技术条件 ②组织进行设计图纸审核，确认工艺条件和医疗设备条件 ③配合第三方顾问单位完成有关评估评价报告书
4	采购和施工阶段	①组织采购招标工作 ②协调医疗设备供应商的现场安装工作，协调供应商的供货满足项目进度要求

【案例11.1】深圳市质子肿瘤治疗中心医疗工艺特点

深圳市质子肿瘤治疗中心项目的主要工艺路线为以下三个区域：质子治疗区、辅助治疗区（直线加速器、MRI、CT等）、门诊及住院病房区。

质子治疗区是本项目的核心，其工艺流程由IBA制定，并得到肿瘤医院确认。

辅助治疗区、门诊及住院病房区的工艺流程由肿瘤医院主导制定，并与质子治疗区相协调。

整体医疗工艺流程需要考虑与改扩建二期及整个肿瘤医院的功能衔接。各区域示意图如图11-1所示。

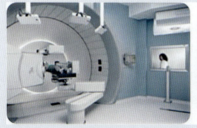
质子治疗

核磁

病房

图11-1　深圳市质子肿瘤治疗中心医疗区域示意图

11.3　医疗工艺咨询要点

11.3.1　医疗工艺进度控制

医疗工艺专项设计所做的一切工作均是为了更好地服务医护人员和患者，要站在医护人员和患者的角度考虑问题。患者对于医院的意见并无较好的收集渠道，所以医护人员对于医院的使用经验和意见极为重要，尤其是新建医院未来运营单位的意见。若忽略运营单位的意见可能会造成项目建成后在交付阶段，运营单位提出大量意见造成大范围改造修整，甚至拒绝接收的局面。在实际操作中，无法保证在项目筹划初期便有条件确定运营单位，即便在较早可以确定，运营单位提出的意见也难免随着项目的推进发生变化，很容易对医疗工艺设计师的工作产生影响。

为了保证项目正常有序地推进，避免延误工期，全过程工程咨询单位在编制设计条件时必须及时与运营单位充分沟通，沟通结果须有相关责任人签字记录以做备案。在某些情况下，运营单位进入项目对设计条件提出意见的时间较晚，需要医疗工艺设计单位对已完成的设计条件进行颠覆性的修改，此时医疗工艺设计单位应及时与运营单位、建设单位和设计主管单位进行沟通，根据实际情况制定工作计划，切勿将问题搁置和拖延以至于造成进度不可控的结果。

11.3.2 医疗工艺质量控制

建筑设计单位在落实和深化医疗工艺设计方案的过程中，会面临与医疗工艺设计条件相关的若干问题，全过程工程咨询单位需要视不同情况采取不同的处理方法。有些是因为建筑设计的需要而产生的条件变化，比如某些房间中需要增加设备管井以至于使用面积缩小，某些房间需要增加吊顶高度以至于净高变低等；而有些是因为采取了新的技术、设备等，以往的设计经验不足以支撑现状的设计内容。这个时候需要全过程工程咨询单位与医疗工艺设计单位沟通，积极配合建筑设计单位，评判建筑设计单位的修改意见对医疗工艺流程产生的影响是否符合规范以及日常使用，及时准确地修改和优化医疗工艺设计条件；医疗工艺设计单位无法解决的问题应由全过程工程咨询单位召开专家会议进行讨论，达成共识性文件以作为深化设计的依据，使建筑设计单位的工作有据可循。建筑设计单位在完成设计图之后应提交给医疗工艺设计单位进行审核，以确保医疗工艺设计条件的落实和完成。

11.3.3 设计指导建设

医院建筑对比其他类型的建筑要复杂得多，在工程建设中要需要注意的内容也相应增加很多。某些学科房间因特殊性需要设置在建筑的地下室中，如人防医院，有些则需要设置在医院的顶楼，还有一些学科对环境有特殊需求，要在工程末期才能体现，因此医院建筑的特殊性从工程建设的初期便体现出来，一直持续到工程结束，特别是质子肿瘤治疗中心项目。全过程工程咨询单位在工程建设中要未雨绸缪，让设计师在设计阶段就要提前预留相应的条件以免在后期造成不必要的拆改。在设计阶段中预留的各种给排水点位、强弱电点位、大型设备吊装安装通道等需要在工程建设中充分落实，坚决执行"设计指导建设，而不是建设指导设计"的原则。

11.4 医疗工艺咨询流程

医疗工艺管理流程如图 11-2 所示。

11.5 医疗工艺咨询成果

医疗工艺管理主要咨询成果见表 11-2。

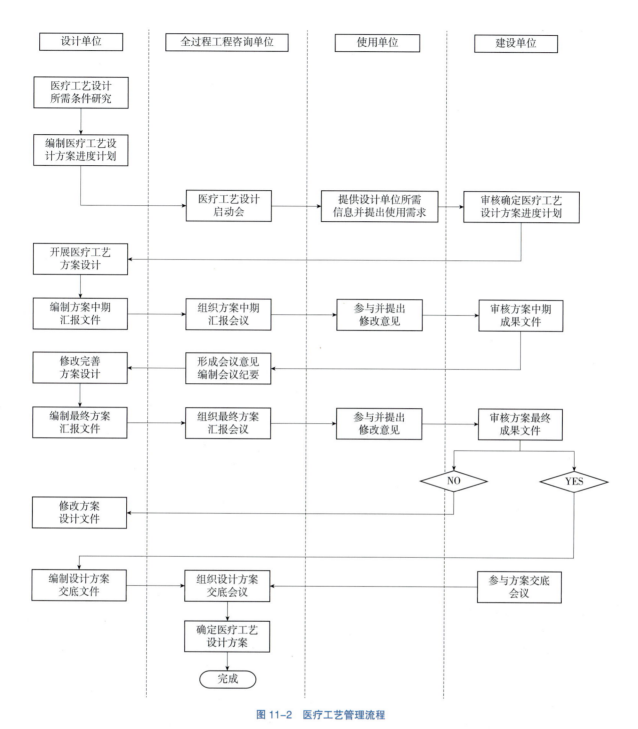

图 11-2 医疗工艺管理流程

医疗工艺管理主要咨询成果　　　　　　　　　　　表 11-2

序号	咨询成果
1	工艺规划和设计任务书
2	方案设计
3	一级医疗工艺流程
4	二级医疗工艺流程
5	功能/房间清单
6	医疗设备清单

续表

序号	咨询成果
7	医疗专项设计
8	医疗智能化设计
9	医疗标识设计
10	医用洁净设计
11	医用气体设计
12	物流传输设计
13	中央纯水设计
14	放射防护设计
15	污水处理设计
16	医疗设备采购技术要求
17	医疗设备采购及安装计划

第 12 章
工程设计咨询

12.1 工程设计阶段咨询概述

工程设计阶段是工程项目全生命周期中承前启后的关键阶段,对实现工程项目建设目标和取得良好社会效益、经济效益起决定性作用。工程设计阶段的工作是整个工程建设的灵魂,是把工程建设技术成果转化为现实生产力的主要途径之一,是推动科技创新、管理创新和产品创新的主要平台,是带动相关装备制造、建筑材料、建筑施工等行业发展的先导,在提高投资效益、转变经济发展方式、加强节能减排、保护生态环境和确保工程质量安全等方面肩负着重要的责任。

工程设计阶段咨询的核心并不是对设计单位工作进行监督,而是通过建立一套沟通、交流与协作的系统化管理制度,帮助建设单位和设计单位去解决工程设计阶段中,设计单位与建设单位、政府有关建设主管部门、施工单位以及其他项目参与方的组织、沟通和协作问题,使得项目取得优质的设计成果。

12.2 工程设计阶段咨询内容

对于既承担项目管理服务,又承担设计任务的全过程工程咨询单位,工程设计阶段咨询内容分为两类,一是设计管理工作,二是设计工作。

12.2.1 设计管理工作内容

全过程工程咨询单位的设计管理工作主要包括项目可行性研究报告技术把关、设计管理模式及合同包划分、功能需求管理、医疗工艺流程设计管理、方案设计管理、初步设计及施工图设计管理、各专项设计管理、设计顾问及医疗咨询顾问单位的招标管控、报批报建相关事宜的跟进、施工配合及设计变更管理等。

全过程工程咨询单位设计管理工作内容见表 12-1。

设计管理工作内容　　　　　　　　　　　　　　　表 12-1

序号	项目阶段	工作内容
1	前期策划阶段	①充分调研,识别相关方诉求、市场及政策环境 ②组建设计管理团队,建立工作流程及程序文件,建立职能分工表,理清工作界面 ③评估项目建设风险,制订对应措施 ④编制项目总体设计进度计划等
2	方案设计阶段	①协助肿瘤医院进行项目功能定位,确定设计标准 ②组织功能调研,编制方案设计任务书,评估医疗工艺咨询成果 ③协助肿瘤医院组织多方案比选论证 ④组织医疗专项系统及机电设备选型论证 ⑤协调管理方案设计进度、工艺咨询进度、成果确认进度、报批报建进度 ⑥组织专家对方案进行评审、优化 ⑦设计进度监控,编制方案设计阶段质量控制总结报告等
3	初步设计阶段	①组织科室调研,编制初步设计任务书 ②组织医疗专项系统方案征集,编制医疗专项系统方案征集书 ③组织装修设计研讨并编制装修设计任务书 ④组织景观设计调研,编制景观设计任务书 ⑤组织重要材料设备比选 ⑥管理推进其他专项设计工作 ⑦进行设计协调,督促设计单位完成设计工作 ⑧审查初步设计文件、评估医疗工艺咨询成果等,对重要专业问题组织专家论证,提出咨询报告 ⑨审核项目设计总概算,并控制在总投资计划范围内 ⑩设计进度监控,编制初步设计阶段质量控制总结报告
4	施工图设计阶段	①组织科室调研、编制施工图设计任务书 ②在施工图设计阶段进行设计协调,督促设计单位完成设计工作 ③审查施工图文件、专项设计文件等 ④设计进度监控,编制施工图设计阶段质量控制总结报告
5	竣工验收及质保阶段	①运营前设计配合 ②投入使用前的设计完善与优化 ③交付说明及培训 ④工程结算配合

【案例12.1】深圳市质子肿瘤治疗中心项目设计管理工作分解

深圳市质子肿瘤治疗中心项目全过程工程咨询单位将设计管理工作分解见表12-2。

深圳市质子肿瘤治疗中心设计管理工作分解　　　　　　表 12-2

序号	分解内容
1	功能策划书
2	方案设计任务书
3	初步设计科室调研
4	初步设计内审
5	功能房间点位调研
6	施工图设计任务书
7	施工图内审
8	装饰设计任务书
9	装饰施工图内审

续表

序号	分解内容
10	智能化设计任务书
11	智能化施工图内审
12	幕墙设计任务书
13	幕墙施工图设计
14	幕墙施工图内审
15	室外景观方案设计
16	室外景观设计任务书
17	室外景观施工图内审
18	医用气体工程深化设计内审
19	污水处理工程深化设计内审
20	放射防护深化设计内审
21	物流传输深化设计内审
22	医用纯水系统深化设计内审
23	设计变更管理
24	参与专题技术会议
25	图纸会审及交底
26	招标投标阶段界面划分及技术标编写
27	施工阶段技术服务及现场技术服务

12.2.2 设计工作内容

全过程工程咨询单位参与的主要设计工作内容见表12-3。

设计工作内容　　　　　　　　　　　表12-3

序号	设计内容
1	方案设计
2	初步设计
3	主体施工图设计
4	室内装饰方案设计
5	室内装饰施工图设计
6	智能化方案设计
7	智能化施工图设计
8	水电暖通施工图调整
9	幕墙方案设计
10	室外景观施工图设计
11	室外市政与管线配套图
12	污衣与垃圾回收系统设计
13	医用洁净工程深化设计
14	医用气体工程深化设计

续表

序号	设计内容
15	污水处理工程深化设计
16	放射防护深化设计
17	医用纯水系统深化设计
18	电梯条件图与土建图修改
19	高低压变配电设备条件图与土建配套图
20	空调主机条件图与土建配套图
21	太阳能设备条件图与土建配套图
22	医疗设备条件图与土建配套图
23	市政供电接入图纸设计
24	市政供水接入图纸设计
25	通信配套图纸设计

12.3 工程设计阶段咨询要点

设计管理工作主要在方案设计阶段、初步设计阶段、施工图设计阶段、招标投标阶段、施工阶段、竣工及后期运营阶段并贯穿工程项目建设全过程，各阶段的管理工作围绕设计进度管理、设计质量管理、设计投资管理和设计协调管理来开展。

12.3.1 设计进度管理要点

为达成进度管控目标，设计进度管理有以下要点：

（1）全过程工程咨询单位应根据项目总体进度控制目标制定设计进度分解目标；

（2）全过程工程咨询单位应尽量将专项设计安排前置；

（3）全过程工程咨询单位在设计任务书应中提出有关进度控制的要求；

（4）全过程工程咨询单位须审核设计单位的详细出图计划，并进行设计进度过程控制；

（5）全过程工程咨询单位应按需组织设计进度协调会；

（6）全过程工程咨询单位应组织分析设计单位提出的问题并及时回复；

（7）全过程工程咨询单位应按时编制设计各阶段进度控制报表和进度控制分析报告。

12.3.2 设计质量管理要点

为达成质量管控目标，设计质量管理有以下要点：

（1）全过程工程咨询单位应根据项目的总体质量控制目标制定设计质量分解目标；

（2）全过程工程咨询单位应组织充分的需求调研，尽最大能力满足各方的需求；

（3）全过程工程咨询单位应在设计任务书中提出有关质量控制的要求；

（4）全过程工程咨询单位应分析质量风险，提出优化建议；

（5）全过程工程咨询单位应审核各阶段成果是否满足规划及规范、规定和技术标准；

（6）全过程工程咨询单位应审核设计成果是否满足相关设计深度要求，并对施工图进行施工可行性分析；

（7）全过程工程咨询单位应组织专题分析论证，提出论证报告；

（8）全过程工程咨询单位应组织论证项目的新产品、新技术、新工艺、新材料的主要使用用途，提出论证报告；

（9）对于技术标准和设计规范规定缺失的，全过程工程咨询单位应组织技术标准的制定；

（10）有变更设计需求时，全过程工程咨询单位应实施设计变更管理。

12.3.3 设计投资管理要点

为达成投资管控目标，设计投资管理有以下要点：

（1）全过程工程咨询单位应根据总体造价控制目标组织制定造价分解控制目标；

（2）全过程工程咨询单位应在设计任务书中提出有关造价控制要求；

（3）全过程工程咨询单位应审核方案设计估算、初步设计概算、施工图预算；

（4）全过程工程咨询单位应组织价值工程论证；

（5）全过程工程咨询单位应组织分析设计变更的技术可行性及对造价的影响；

（6）全过程工程咨询单位应组织编制设计阶段造价控制报表和分析报告。

12.3.4 设计协调管理要点

为促进设计阶段各方面进展，设计协调管理工作有以下要点：

（1）全过程工程咨询单位应组织设计启动会；

（2）全过程工程咨询单位应建立合理的信息沟通机制和制定设计协调制度；

（3）全过程工程咨询单位应随时协调各方工作；

（4）全过程工程咨询单位应组织设计单位协助和参与材料设备采购及施工等相关工作；

（5）全过程工程咨询单位应建立文档信息管理制度；

（6）全过程工程咨询单位应组织设计阶段各类工程文档的管理工作。

12.3.5 设计管理保障措施

为提高设计管理工作效率，确保设计管理各项工作能有效开展，达到设计管理投资、进度、质量目标的实现，建议采取以下方式予以保障。

1. 组织设计启动会

在设计启动会上，各单位必须就一系列关键事宜达成共识。首先，需要明确设计进度计划，确保项目按时进行。其次，要界定设计工作的范围与深度，以确保各方明确各自的职责。此外，设计组织机构和沟通制度也需要得到明确，以保证团队之间的高效协作。为了确保会议有效并有序进行，还需建立统一的设计会议制度。在技术方面，设计软件的要求、设计制图规范以及BIM相关的标准规范都需要达成一致。此外，为了保障设计质量，设计审查制度也是不可或缺的环节。同时，规划要求和市政管网条件、设计任务书，以及设计成果清单都是此次会议上需要讨论并统一的内容。

2. 设计单位人员驻场制度

为了保证设计进度和质量，保证设计沟通的顺畅，要求负责各阶段工作的设计单位安排设计团队在项目所在地开展工作，其他配合单位安排设计联络人员在现场配合。

3. 使用 BIM 技术开展全过程管理与交流

BIM 技术的一大特点就是可视化呈现。为使最终用户更方便、更充分地掌握工程设计信息，可通过 BIM 模型的可视化和协同平台进行设计、深化设计、交底、汇报、协调、图纸管理、变更管理等一系列工作。通过可视化、动态的展示说明，BIM 模型可充分表现项目信息，提高非建筑专业人士的"识图能力"，提升沟通质量，保证准确实现使用方的真正需求，避免误解，使各项工作更为直观、高效。

4. 设备工艺（质子工艺及其他重要工艺）条件分阶段确认制度

根据前期投资界面和设计界面的分析与确认，使各单位明确各专业技术条件要求，形成技术对接文件。在设计各阶段，图纸均需按对接文件取得供货方或相关单位的技术认可。

5. 重视需求管理，制定需求管理沟通制度

工程设计管理必须坚持运营维护需求导向，充分发掘、精准统计并工程化表达使用方的使用需求，并在工程设计图纸予以响应和体现，实现项目全生命周期视角下的设计管理。项目需求管理应贯彻"最终用户理念"，需求管理的工作目标是"功能最优"。

全过程工程咨询单位需与使用方保持密切沟通，不仅限于决策者，还应邀请各医疗科室负责人及有关专家参与。同时需重视需求管理的动态性，在项目进行的过程中对使用方的需求保持关注。

全过程工程咨询单位须制定需求管理沟通例会制度和专题协调会议制度。

阶段性设计成果需得到使用方确认，全过程工程咨询单位需组织召开方案说明会、集成审核会议、成果汇报会议等。

6. 建立设计管理会议制度和报告制度

在设计阶段，通过安排一系列重要的会议来确保项目进度和沟通的有效性。首先，召开"设计启动会"，确立项目的初步框架和目标；随后，为了深入理解和明确客户及各方的需求，组织"设计需求沟通会"；此外，为了持续监控项目进展并解决过程中的问题，设定"周设计例会"；最后，在设计阶段接近尾声时，进行"设计成果内部审核会"，确保设计质量和满足客户需求。另外，针对技术层面的专项需求，还要单独召开"BIM 设计专项会议"，以深入讨论和解决 BIM 相关的技术问题。

设计单位应提交切实可行的设计工作计划，其中包括设计审查的计划，报全过程工程咨询单位和建设单位批准。设计单位需提交周工作报告和下周工作计划，以便全过程工程咨询单位和建设单位及时掌握设计进展及需要协调的重要问题。

全过程工程咨询单位须定期进行设计阶段管理小结，梳理汇报设计进展情况、设计中存在的问题及相应整改措施、上个周期的整改措施落实情况，参与重大、疑难技术问题的处理。

7. 台账管理

对重要的需求、设计调整及组织相关的专题会议、协调会议，全过程工程咨询单位应做好完备的台账管理，做到易查看、可追溯，对设计变更建立台账管理，分专业、分原因统计设计变更情况。

【案例12.2】深圳市质子肿瘤治疗中心设计管理重难点及应对策略

1. 设计管理重难点分析

深圳市质子肿瘤治疗中心的定位高、项目复杂、社会影响力大。为实现建设功能完善、使用便捷、可持续发展、信息化、管理专业化的行业绿色标杆医院，需要设计管理人员进行缜密的分析与细致的管理。通过对国内的质子重离子医院的考察与资料收集，结合现有大中型医院的工程经验，分析设计管理中重难点如下：

1）功能需求复杂，管理要求高

作为目前最先进的质子肿瘤治疗中心，功能需求必须要考虑日后发展弹性，反映出医院发展的前瞻性。既要满足现阶段的需求，又要预见未来的发展，避免功能反复造成返工。

2）设备繁多，设备选型工作量大，接口预留预埋、界面管理要求高

质子中心配置的工程设备繁多，可分为医疗设备和建筑设备，医疗设备如质子治疗设备、直线加速器、MRI、CT等，建筑设备如电梯、空调主机等。

3）专业系统多，设计统筹、协调能力要求高

项目专业系统除质子系统外，还有医用气体、放射用房防护、物流传输等十多项专业系统，各专业系统与建筑的衔接是否及时将影响工程的进度、投资和质量。各专业系统研究、设计需要前置。

4）绿色建筑标准要求高

作为高标准的公共建筑，应进行节能生态的绿色设计。选择适宜、成熟的节能、节水、节地、节材等新技术。

5）用户体验要求高

就诊流线、空间体验、建设品质等要求均很高，容易成为市民讨论的对象和焦点。需考虑与原有院区、改扩建二期的衔接和共享公用设施（配套管网、公共设施、医用气体等），做到医院整体设计的最优化。

6）质子医疗专项评审、验收沟通协调工作难度大

质子治疗是核技术应用于医学的最新技术，其核科学特性决定了办理相关手续的复杂性并对项目时间进度造成挑战。防辐射评估是影响设计的一个重要因素，其评估意见对最终设计有重大影响。

2. 设计管理应对策略

根据上述分析的难重点，制定的应对策略如下：

1）用户至上，重视需求管理

在设计管理中，坚持运营维护需求导向，建立需求管理协调机制，使最终用户医院使用方积极参与到设计管理过程中。做好需求的调查、梳理、统计、评估、协调、动态调整工作，精准统计并工程化表达使用方的使用需求，利用BIM技术开展全过程可视化交流。

2）医疗工艺设计先行，建筑辅助

医疗工艺流程先行，根据医疗工艺的复杂性、解决路径等进行分类实施。同时针对质子设

备对建筑接口条件的高要求，同步开展建筑辅助设计，包括：桩基及承台选型、辐射屏蔽设计等。

3）科学合理规划总体布局，弹性设计预留发展空间

设计中必须做到"合理利用土地、和谐院区空间、清晰交通流线、绿色康复环境"，增强设计的通用性、灵活性，以适应医院功能和医疗技术发展的需要，在满足基本功能要求的基础上留有发展空间。

4）重视"节能环保，安全卫生"

建筑设计要确保辐射屏蔽安全，绿色设计重点是节能生态，机电设计中要合理采用废水、废热利用技术，对残余辐射、医疗垃圾的安全处置到位等。

5）开放性设计交通导向

要合理确定医院内各功能区，科学地组织内外流线和人、物、车流线，避免或减少交叉感染；既要缩短就医时间，又要缩短工作流程，提高工作和使用效率。

6）注重标准化室内外设计

建筑室内外设计、家具选用等做到统一协调。

7）把握总体风格，注重细节特色

建筑风格应符合高科技医疗建筑的特点，设计管理工作中，应确保设计理念的落地，从总体风格到细部特色均达到项目预定的目标。

12.4 工程设计阶段咨询流程

12.4.1 方案设计阶段管理流程

在方案设计阶段，重点关注方案启动会的沟通管理，进一步明确项目定位、设计要求以及设计单位的提资要求，明确设计进度计划。为加强过程中的管理，设置方案中期沟通机制。方案设计阶段管理流程如图12-1所示。

12.4.2 初步设计阶段管理流程

在初步设计启动时，需组织初步设计启动会议，设计单位上报设计出图计划。初步设计完成后，组织外部专家及相关顾问咨询单位参与设计成果的审核。具体流程如图12-2所示。

12.4.3 施工图设计阶段管理流程

在施工图设计阶段，主要通过组织施工图内部审核和施工图审查来开展施工图质量管理工作，并通过嵌入式的管理，跟踪设计单位施工图进度实施情况。在施工图完成审查后，组织设计单位配合施工招标，编制主要设备材料技术规格书。主要流程如图12-3所示。

12.5 工程设计阶段咨询成果

工程设计阶段咨询成果见表12-4。

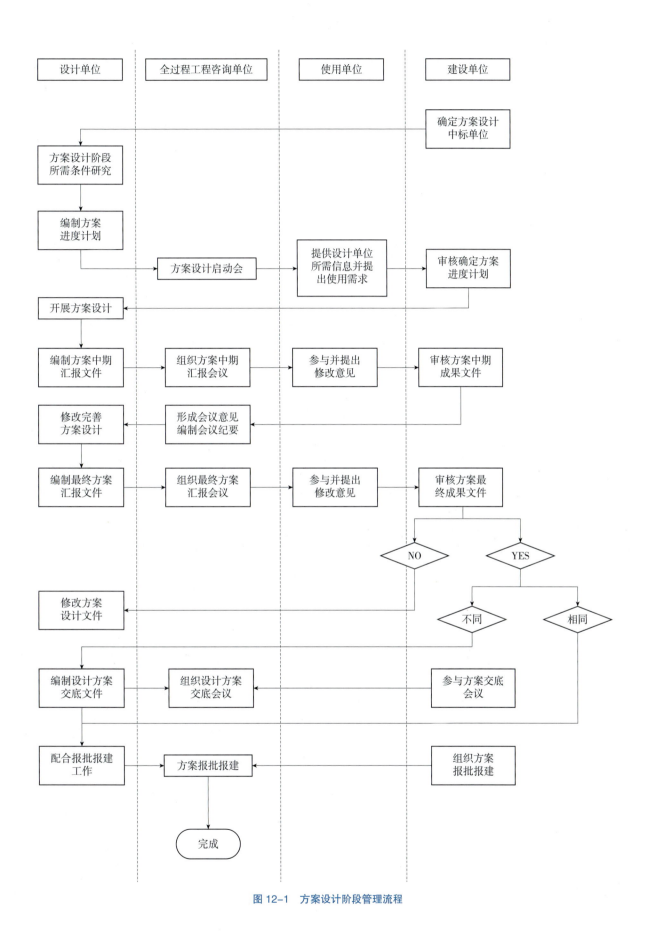

图 12-1 方案设计阶段管理流程

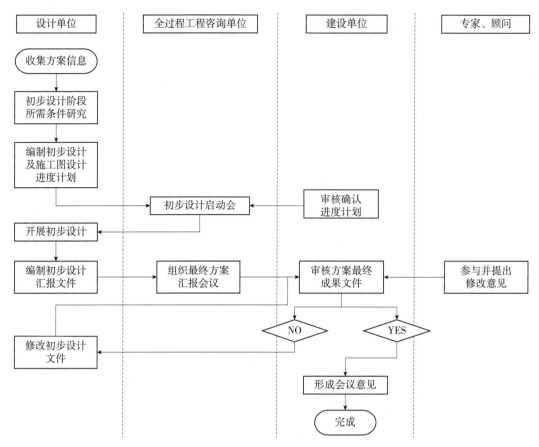

图 12-2 初步设计阶段管理流程

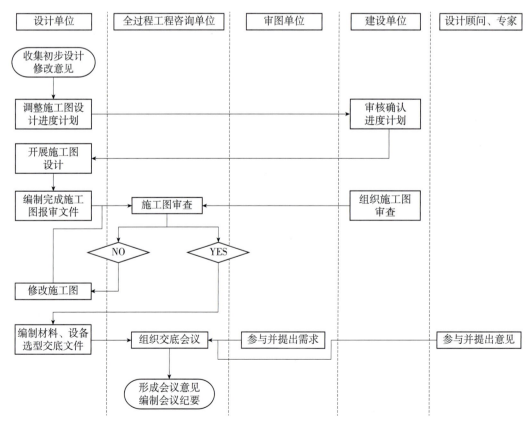

图 12-3 施工图设计阶段管理流程

工程设计阶段咨询成果 表 12-4

序号	项目阶段	咨询成果
1	前期策划阶段	总体设计进度计划
2	方案设计阶段	①方案设计任务书 ②方案审查报告 ③医疗工艺咨询评估报告 ④机电系统选型报告 ⑤医疗专项系统选型报告 ⑥方案设计阶段质量控制总结报告
3	初步设计阶段	①初步设计任务书 ②医疗专项系统方案征集书 ③室内装修设计任务书 ④外立面装修设计任务书 ⑤景观设计任务书 ⑥其他专项设计任务书 ⑦初步设计审查报告 ⑧医疗工艺咨询报告 ⑨初步设计阶段质量控制总结报告
4	施工图设计阶段	①施工图审查报告 ②专项设计审查报告 ③施工图阶段质量控制总结报告
5	施工阶段	①设计变更咨询报告 ②变更上会资料 ③施工阶段技术服务的会议纪要及往来函件
6	竣工验收及质保阶段	设计管理总结报告

第 13 章
招标采购咨询

13.1 招标采购阶段咨询概述

工程招标采购阶段是实现投资人建设目标的准备阶段，该阶段确定的中标人是将前期阶段的咨询服务成果转化为成功项目的实施者。根据现行的《中华人民共和国招标投标法》《中华人民共和国招标投标法实施条例》，招标采购活动包括招标策划、招标、投标、开标、评标、定标、中标、投诉与处理等一系列流程。招标采购活动应当遵守公平、公正、公开和诚实守信的原则。

工程招标采购阶段咨询也称作"项目资源的获取管理"，指的是在整个项目过程中有关项目组织从外部寻求和采购各种项目所需资源或服务的管理过程。包括对项目获得的各种有形的工程、物料和各种无形的劳务（咨询服务）的管理。工程招标采购阶段咨询的工作质量和水平将直接影响工程项目建设三大目标（提高投资效益，保证工程质量，缩短建设周期）的实现。

近年来，我国对于工程建设方面的法律法规日趋成熟完善，工程承发包模式日趋多样化，全过程工程咨询单位还需根据不同项目的特点、要求以及投资性质，灵活选择相应的招标采购管理模式，这样才能够满足不同项目的具体招标采购工作所具有的招标采购标的以及招标采购计划。当有关政策或者建设单位的要求发生变化时候，全过程工程咨询单位要相应地做出回应，在依法合规的基础上灵活地应对各种招标采购。

13.2 招标采购阶段咨询特征

13.2.1 程序性（规范性）

工程招标采购必须严格遵循规范的法律程序。《中华人民共和国招标投标法》及相关法律政策，对招标人从确定招标采购范围、招标方式、招标组织形式，直至选择中标人并签订合同的招标投标全过程每一环节的时间、顺序都有严格、规范的限定，不能随意改变。

13.2.2 一次性

公开招标时，投标邀约和中标承诺只有一次机会，且密封投标，开标后双方均不得在招标投标过程中就实质性内容进行协商谈判，讨价还价。

13.2.3 开放性

工程招标采购阶段须打破行业、部门、地区，甚至国别的界限，打破所有制的封锁、干扰和垄断，在多种公开媒介发布招标公告，确保在最大限度的范围内让所有既对该招标项目感兴趣又符合投标条件的法人，都可以在规定的时间内向招标单位提交意向书，由咨询单位协助建设单位进行资格审查，经筛选核准进入投标候选名单后购买招标文件，进行投标。

13.2.4 择优性

招标采购阶段的主要目的即为建设工程项目选择最优的供应商或承包商。招标人通过对产品和服务信息的了解、分析和研究，掌握包括品种、品牌、质量、价格、性能、供应渠道等信息，在众多的供应商或承包商中找到最合适、最优秀的产品和服务供应商或承包商，以达到其优良的采购目的。

1. 价格择优

在进行采购工作时需要根据设计图纸以最合适的价格购买到最合适的产品，招标人须通过比价来确定最合适的采购价格。

2. 质量择优

工程项目的实施成果不仅受到采购成本的影响，同时也受到所采购材料、设备、技术和服务等质量的影响。所采购材料、设备、技术和服务等质量不佳，往往会导致管理费用、措施费用的增加，降低生产效率与建筑产品质量，甚至影响建设单位乃至建设项目所在地政府的信誉与形象。

3. 供应渠道择优

供应渠道需确保买卖双方沟通与买卖效率，同时也需考虑尽可能节约采购的物流成本。

13.2.5 有序竞争性

招标人在投标者中间"择优选择"，有选择就有竞争，招标采购的核心就是竞争，按规定每一次招标必须要有三家以上的投标者，这就形成了投标人之间的竞争，他们以各自的实力、信誉、服务、报价等优势，战胜其他的投标人。

招标采购的竞争是一种通过优胜劣汰来优化建设项目资源配置，提高建设项目社会、经济效益的有序竞争，有序性体现在公平和良性两个方面。

1. 公平竞争

工程招标采购是为了公平地对待所有的投标者，不是为了在个别投标者与招标方之间建立某种特殊的关系，并以此来损害其他投标者的公平机会。

2. 良性竞争

工程招标采购是为了最经济有效地实现项目综合目标（优质优价），不是为了单纯追求低报价，把投标人逼到一条独木桥上，形成一胜多输的局面，甚至没有任何赢家的局面。

13.3 招标采购阶段咨询内容

全过程工程咨询单位应按照合同约定，自行实施或委托第三方完成所服务项目的招标或非招采购工作；同时做好组织、协调、审核和流程管理，并接受建设单位和当地招标投标管理部门的监督检查；按规定完成招标采购有关审核和备案手续。实施招标采购阶段咨询时，应按照相关法律、法规要求组织公开招标或邀请招标。招标采购阶段的咨询内容包括：招标采购策划、招标采购文件编制、招标采购过程管理以及合同条款策划。

13.3.1 招标采购策划

全过程工程咨询单位依据有关法律法规、项目可行性研究报告、全过程工程咨询合同及有关文件等组织招标采购策划。招标采购策划应遵循有利于充分竞争、控制造价、满足项目建设进度要求以及招标投标工作顺利有序的原则进行，且应考虑项目的类型、规模及复杂程度、进度要求、投资人的参与程度、市场竞争状况、相关风险等因素。

招标采购策划应深入调研分析社会资源供需情况，对潜在投标人进行初步筛选，根据建设单位的需要，对优先使用的功能、产权明晰的项目优先安排招标和实施，与项目审批配套实施，及时向建设单位提出项目审批节点时间要求和招标应具备的基本条件。招标采购策划应包括：招标采购模式及合同模式的选择，标段划分，完整的招标工作计划，总承包与专业分包之间、各专业分包之间、各标段之间的界面划分，拟采用的合同范本等。

13.3.2 招标采购文件编制

全过程工程咨询单位应依据相关法律法规和建设项目工程资料，进行招标采购文件的编制工作，招标采购文件应区分不同类别的招标内容，进行详细的资料收集，在充分研究的基础上有针对性地进行编写。招标文件应当包括招标项目的技术要求、对投标人资格审查的标准、投标报价的要求和评标标准等所有实质性要求和条件以及拟签订合同的主要条款。

招标文件作为投标文件的基础，对招标人和中标人双方有较高的约束力，需要双方严格遵守。招标采购文件的编制应包括：资格预审文件的编制，招标文件的编制，工程量清单的编制，标底与招标控制价的编制，答疑文件的编制，评标结果及中标通知书的编制。

13.3.3 招标采购过程管理

全过程工程咨询单位按照《中华人民共和国招标投标法》和《中华人民共和国招标投标法实施条例》等法律法规的规定程序，遵循公开、公平、公正和诚实守信的原则，完成项目的招标采购过程管理。全过程工程咨询单位应针对项目的需要，组织专业咨询工程师在开标后、评标前，对投标报价进行分析，对需要清标的项目编制清标报告成果文件。

招标采购过程管理需要确保招标投标过程的公开、公正、公平性，认真组织答疑和依法依规处理异议，且招标投标过程的时限应符合招标投标法律法规的规定，严格按照招标文件规定和法规标准，进行全部审查因素的审查。招标采购过程管理包括：组织招标采购信息的发布，组织资格预审文件、招标文件的审核，组织开标、评标、定标等相关工作，协助建设单位进行合同签订的相关工作。

13.3.4 合同条款策划

全过程工程咨询单位应依据相关的法律法规和项目的实际情况，科学合理地进行合同条款策划工作。合同条款策划应根据不同类型招标采购项目的特点，详尽地描述承包范围以及合同签约双方的责、权、利和义务，清晰地约定各类款项的支付条件，合理约定服务范围及价格调整的方法，清晰地界定违约及索赔的处理方法。

拟定的合同条款应符合合同的基本原则，保证项目实施过程的系统性、协调性和可实施性。同时，"通用合同条款"及"专用合同条款"应尽量以现行各行业标准合同条款为基础进行编制，约定的内容不得违反法律、行政法规的强制性规定。此外，除"通用合同条款"明确"专用合同条款"可作出另行约定外，"专用合同条款"不得存在与"通用合同条款"强制性规定相抵触的约定。

13.4 招标采购阶段咨询要点

13.4.1 确定招标采购策略

1. 建立健全招标采购管理系统

质子肿瘤治疗中心项目具有需要招标采购的资源和服务内容多，涉及面广的特点，应建立类别清晰、效果显著的管理系统。

（1）要充分根据项目的特点以及建设单位的相关要求，建立职责分工明确的工程招标采购阶段项目管理组织机构。

（2）要认真进行工作程序以及工作制度的制定，确保整个招标采购阶段管理过程和目标明确、分工合理。

（3）全过程工程咨询单位及其相关专业人员要苦练内功，加强相关专业招标采购知识的学习，同时还要熟识相关的建设法律法规，掌握相应的《合同法》以及《招标投标法》。

2. 编制招标采购策划文件

为了能够充分实现建设单位的相关招标采购目标以及建设意图，在进行招标之前，应充分结合项目管理的相关要求，进行招标采购策划文件的编制。

（1）在编制招标采购策划文件时，应首先介绍相关的招标采购事项、招标采购程序以及相关招标采购管理的工作内容，同时还要设计较为合理的承发包方式、计价模式、合同方式、供应方式，以及利弊分析等。

（2）务必紧密围绕如何赢得招标采购工作的主动性和如何实现项目招标采购的管理目标，确保招标采购策划内容的分析全面性、计划严密性和操作可行性；

（3）招标采购策划内容还须充分服从于整个建设项目的总体目标、协调经济、技术和管理等因素，进而充分保证工程建设的三大目标（提高投资效益，保证工程质量，缩短建设周期）的实现。

> **【案例13.1】深圳市质子肿瘤治疗中心项目招标采购策划实例**
>
> 为了科学地推进深圳市质子肿瘤治疗中心项目的招标工作，在招标前项目建设单位及全过程工程咨询单位对招标采购阶段的策划做了相应研究，并确定了招标采购策划内容，包括需保证的医用专项要求和主要策划内容，分别见表13-1、表13-2。

需保证的医用专项要求　　　　　　　　　　　　　　　　　　　表 13-1

序号	系统名称	施工周期	设计前置条件	施工进场时间
1	质子设备安装调试	30 个月	方案完成	主体结顶后，基本与装修同步
2	医用净化系统	6 个月	初设完成	主体结顶后，基本与装修同步
3	医用气体系统	4 个月	装修平面确定	主体结顶后，装修进场前
4	中央纯水系统	4 个月	装修平面确定	主体结顶后，装修进场前
5	辐射防护工程	3 个月	放射评价完成	装修进场后
6	污水处理系统	3 个月	施工图确定	室外总体施工前
7	物流传输系统	3 个月	初设完成	主体结顶后，装修进场前
8	智能污物收集系统	3 个月	初设完成	主体结顶后，装修进场前

招标采购主要策划内容　　　　　　　　　　　　　　　　　　　表 13-2

序号	主要内容	条件与要求	策划方案
1	项目总进度	2019 年 11 月底前现场开工。改扩建二期基坑施工标纳入质子中心项目总包招标，同期开工建设	实行项目总承包管理
2	已完成招标项目（共 13 项）	质子设备及设计总承包采购；全过程工程咨询管理；全过程造价咨询服务；环境影响评价咨询服务（核工业类/社会区域类）；可行性研究报告编制；规模及选址认证研究；城市总体规划占补平衡方案研究；规划调整研究；项目使用林地现状调查；工程勘察（含审查、备案、评审等）；职业病危害放射防护预评价报告、控制效果放射防护评价报告编制；地铁振动影响评估技术咨询服务；水土保持方案设计	
3	拟招标项目（共 46 项）	根据合同包分解招标项目： ①服务类项目 14 个； ②施工总承包项目 1 个； ③医疗专项分包施工类项目 8 个； ④材料设备采购类项目 15 个	方案 1：选取优质的建筑总承包单位和医疗专项承包单位，其他项目作为专业分包或指定分包采购，有利于满足项目进度、交叉作业界面较多的问题，减少相关的工期和费用索赔 方案 2：强调专业施工，专业工程单独招标，利用竞争优势，降低工程费用，增加了工程管理难度和预计可能发生的工期和费用索赔
4	招标采购类型	服务类、总承包施工类、专业承包施工类、采购类	
5	招标采购方式	公开招标、预选招标	充分利用深圳市建筑工务署战采招标库，降低招标采购成本，保证招标采购质量
6	合同计价方式	固定总价、固定单价	服务类项目优选用固定总价，工程类项目优选用固定单价（完整的专业系统工程选用固定总价）
7	风险管理	进度滞后、招标投诉、流标、弃标	根据项目总进度计划编制合理的招标采购计划，制定招标应急预案，控制招标风险

在确定招标内容后，需编制招标计划清单，这一过程需要动态跟踪设计、施工进度，及时调整招标计划；同时，与医院紧密沟通，了解医院医疗设备配置计划推进情况，以及各专项医疗系统研究、设计情况，优化、调整招标计划。深圳市质子肿瘤治疗中心项目的招标计划清单见表 13-3。

3. 合理策划标段的划分

确定标段划分方案是工程招标采购策略制定过程中一项非常重要的策划内容，合理的标段划分有利于工程顺利进行，较多的标段可以使项目多点平行开展施工，有效缩短工期，并增加有实力的企业投标率；然而，随着标段数量增加，标段之间的物理界面会增加，随之建设单位及全过程工程咨询单位的管理成本会增大。

招标计划清单　　　　　　　　　　　　　　　　　表 13-3

序号	拟招标项目	采购方式	招标启动时间	合同计价	备注
一、服务类					
1	可行性研究报告编制	公开招标	立项阶段	固定总价	院方已完成招标
2	使用林地现状调查表编制服务	公开招标	立项阶段	固定总价	院方已完成招标
3	规划调整研究	公开招标	立项阶段	固定总价	院方已完成招标
4	规模及选址认证研究	公开招标	立项阶段	固定总价	院方已完成招标
5	城市总体规划占补平衡方案研究	公开招标	立项阶段	固定总价	院方已完成招标
6	地质勘察	公开招标	可研阶段	固定总价	院方已完成招标
6	地质勘察补充协议	直接委托	可研阶段	固定总价	院方已完成招标
7	工程环境影响评价咨询	公开招标	可研阶段	固定总价	院方已完成招标
8	全过程工程咨询服务	公开招标	可研阶段	固定总价	已完成招标
9	全过程造价咨询服务	预选招标	可研阶段	固定总价	已完成招标
10	地铁振动影响评估技术咨询服务	直接委托	可研阶段	固定总价	院方已完成招标
11	职业病危害放射防护预评价报告、控制效果放射防护评价报告编制	公开招标	可研阶段	固定总价	院方已完成招标
12	水土保持方案设计	预选招标	可研阶段	固定总价	已完成招标
13	质子、重离子肿瘤治疗中心项目技术咨询服务合同	直接委托	可研阶段	固定总价	院方已完成招标
14	临时用地使用林地现状调查表编制	直接委托	可研阶段	固定总价	院方已完成招标
15	临时用地土地复垦方案编制	直接委托	可研阶段	固定总价	院方已完成招标
16	临时用地（边坡）工程勘察及边坡支护设计	公开招标	可研阶段	固定总价	院方已完成招标
17	临时施工道路设计	公开招标	可研阶段	固定总价	院方已完成招标
18	施工图设计文件审查	预选招标	桩基施工图设计阶段	固定总价	已完成招标
19	超前钻勘察	公开招标	桩基施工图设计阶段	固定总价	
20	桩基检测	公开招标	桩基施工阶段	固定总价	
21	基坑支护及主体结构监测	公开招标	桩基施工图设计阶段	固定总价	
22	室内空气质量检测	公开招标	主体施工阶段	固定总价	
23	防雷检测	预选招标	桩基施工阶段	固定总价	
24	环保验收	预选招标	主体施工阶段	固定总价	
25	现场影像摄制服务	预选招标	桩基施工图设计阶段	固定总价	
26	安全巡查	预选招标	桩基施工图设计阶段	固定总价	
27	工程保险	预选招标	桩基施工图设计阶段	固定费率	
二、施工类					
1	建安工程施工总承包	公开招标	主体施工图完成	固定单价	
2	精装修工程	公开招标	地下主体结构施工阶段	固定单价	专业分包
3	医疗专项工程	公开招标	地上主体结构施工阶段	固定单价	医疗气体、防辐射与核磁屏蔽、污衣被服真空管道收集系统、生活垃圾真空管道收集系统、医疗垃圾收集存储系统、智能化物流传输系统

续表

序号	拟招标项目	采购方式	招标启动时间	合同计价	备注
二、施工类					
4	景观绿化工程（含铺装）	公开招标	地下主体结构施工阶段	固定单价	专业分包
5	变配电工程	公开招标	地下主体结构施工阶段	固定单价	专业分包
6	智能化工程	公开招标	地下主体结构施工阶段	固定单价	专业分包
7	泛光照明工程	公开招标	地下主体结构施工阶段	固定单价	专业分包
8	幕墙工程（外窗系统）	公开招标	地下主体结构施工阶段	固定单价	专业分包
9	电梯工程	预选招标	地下主体结构施工阶段	固定单价	另行发包
10	防水工程	预选招标	地下主体结构施工阶段	固定单价	另行发包
三、采购类					
1	质子治疗设备购置项目（含设计、采购、安装）	公开招标	立项后	固定总价	已完成招标
2	电缆	预选招标	地上主体结构施工阶段	固定单价	另行发包
4	卫浴产品	预选招标	地上主体结构施工阶段	固定单价	另行发包
6	钢质门	预选招标	地上主体结构施工阶段	固定单价	另行发包
7	瓷砖	预选招标	地上主体结构施工阶段	固定单价	另行发包
8	变压器	预选招标	地下主体结构施工阶段	固定单价	另行发包
9	防火门	预选招标	地下主体结构施工阶段	固定单价	另行发包

全过程工程咨询单位应依据工程建设项目承发包模式、工程设计进度、工程施工组织规划和各种外部条件、工程进度计划和工期要求、各单项工程之间的技术管理关联性以及投标竞争状况等因素进行综合分析研究，并结合标段的技术管理特点和要求设置投标人的资格能力条件标准，以及投标人可以选择投标标段的空间。合理策划标段的划分须结合如下三个层面进行综合考虑：

（1）竞争格局层面：工程标段规模的大小和标段数量，与招标人期望引进的承包人的规模和资质等级有关，潜在承包人可以承揽的工程范围和规模取决于其资质类别、等级和注册资本金的数量。同时，工程标段规模过大必然减少潜在承包商的数量，从而会影响投标竞争的效果。

（2）技术层面：从技术层面考虑标段的划分有三个基本因素：①工程技术关联性；②工程计量的关联性；③工作界面的关联性。

（3）项目工期与规模层面：项目总工期及其进度松紧对标段划分会产生很大的影响。标段规模小，标段数量多，进场施工的承包人多，容易集中投入资源，多个工点齐头并进赶工期，但需要发包人有相应的管理措施和充足、及时的资金保障。划分多个标段虽然能引进多个承包人进场，但也可能标段规模偏小，发挥不了规模效益，不利于吸引大型施工企业前来投标，也不利于发挥特种大型施工设备的使用效率，从而提高工程造价，而且容易导致产生转包、分包现象。

13.4.2 设定资格条件

资格条件应当根据建设行业的市场成熟程度、有兴趣的潜在承包商的数量、项目本身的实际需求，精准地设定，有效筛选出与本项目要求相匹配的潜在承包商群体。如果确实与项目需求相匹配的同一个层次的潜在投资者数量过多，还可以组织专家评审等程序，控制参与下一步竞争的潜在承包商的数量。对于确实不适合的潜在承包商，事先勤恳劝退，比事后蛮横淘汰，所造成的实质性伤害要轻很多。

在设定潜在承包商资格条件的相应标准时，可以划分为以下五个方面：

（1）潜在承包商的基本条件，包括注册资金、资质等级等；

（2）潜在承包商的荣誉以及经营水平；

（3）潜在承包商是否承包过类似的工程，以及工程的业绩；

（4）潜在承包商具有的财务能力，进而对其承担相关风险的能力进行判断；

（5）潜在承包商具有的技术实力，项目人员素质水平，以及对机械设备状况进行评价。

此外，质子肿瘤治疗中心项目对潜在承包商提交的投标文件的要求很高，所需要耗费的人员、时间和财务成本都很高，数量太多容易造成潜在承包商的资源浪费和恶性竞争。对全过程工程咨询单位来说，一个项目要处理好几十份投标文件，处理成本过高，且无法保证有足够多的合格专家能对材料进行认真评审比选。一般说来，5~8家左右的有效投资竞争人比较合理。

13.4.3 编制招标文件

招标文件一方面是潜在承包商编制投标文件的依据，另一方面是相关合同的基础，具有较强的约束力，因此招标文件的编制应遵循公平、合法、互利的相关原则，做到文字规范、合理、周到、严谨，同时还要符合相应的规范和要求。

全过程工程咨询单位在进行招标文件的编制过程中，应使之能够与工程建设的质量控制、进度控制以及投资控制进行有效的结合，使之能得到充分落实。在招标文件编制过程中还应注意下面的几个方面：

1. 对招标文件先"分"后"合"，确保质量

全过程工程咨询单位在每次编制招标文件之前，先将招标文件进行"双分解"，即文件结构分解、工作任务分解。即将招标文件中各章节的文件结构分解开来，把各章节的编制任务分配给今后工程施工中所涉及的相关项目管理职能部门，由项目全过程工程咨询单位招标牵头部门或招标代理机构统一汇总分析各方资料，形成招标文件初稿，再分层次听取各方意见。一般先是全过程工程咨询单位进行内部整合评审，然后向建设单位汇报，再是请有关专家咨询，最后由招标领导小组审定。这一过程能使得完成的招标文件在内容上做到完整，在程序上做到位，减少因为招标文件自身带来的索赔或其他损失，同时也大大缩短了文件编制的时间。

2. 充分体现项目的特殊要求

全过程工程咨询单位要尽量把项目现场的特殊情况与建设单位的相关要求写进招标文件，对此部分内容做出明确约定，避免施工过程中出现争议。

3. 明确界定发包范围及界面划分

全过程工程咨询单位要在招标文件中明确界定相应的承包范围，并清晰地表述与一些另行发包工程范围的界面关系。对于另行发包的工程，如纳入本次招标工程总包管理的，中标人可以向其收取相应的总包管理费，同时招标文件中要规定相应的配合和管理的工作内容。这样就避免了投标人在施工过程中出现界线不清的局面。

【案例13.2】深圳市质子肿瘤治疗中心项目界面划分方案实例

由于深圳市质子肿瘤治疗中心项目的项目专业施工单位多,根据项目总进度安排存在大量交叉作业情况,为了保证工作界面清晰,责任明确,提高工程质量,加快工程进度,避免因界面划分不合理而引发的工期和费用索赔,减少由此产生的工程签证,对施工总承包与相关专业工程界面进行了划分,包括施工总承包单位与医疗专业、非医疗类施工单位界面,其界面划分分别见表13-4、表13-5。

施工总承包单位与医疗专业施工单位界面划分表 表13-4

界面类	界面项	完成面		接收面		备注
		完成单位	工作内容	接收单位	工作内容	
质子设备	建筑	土建总包/其他施工单位	设备基础、水泥墙及屋顶上喷刷环氧树脂或聚氨酯、建筑内防沉降措施完善、运输通道满足要求、预埋件、临时照明完成	质子设备供应商	其他	
	供电室	土建总包/其他施工单位	①内外通道门安装完成 ②完成铺设坡道 ③混凝土地板涂刷工业环氧树脂层 ④墙壁、天花板须密封涂漆 ⑤所有空调系统管道完成 ⑥风机盘管装置准备就绪,放置在结构支架上,与冷却水管连接好,测试运作正常 ⑦电源及电子机柜配备结构支架并固定就位 ⑧所有预埋的电缆管道两端进行标记,安装拉线 ⑨480V 与 400V 电源"连接"位置,完成电缆布线 ⑩不间断电源及电池到位 ⑪冷却水供应及回水管铺设到位,关闭墙上的阀门 ⑫地面排水系统测试运作正常 ⑬关闭压缩空气系统在墙上的阀门 ⑭单轨吊车梁放置到位,进行负载测试并做记录(如适用) ⑮在供电室安装电缆线槽(在质子治疗设备供应商(PTEV)安装电气柜之后立即安装) ⑯在供电室安装活动地板	质子设备供应商	其他	
	水冷却室	土建总包/其他施工单位	①内外通道门安装完毕 ②铺设坡道完成 ③混凝土地板加以密封,涂上工业环氧树脂 ④墙壁、天花板用环氧树脂漆密封 ⑤完成所有空调系统管道,调试平衡 ⑥从建筑冷却泵到质子治疗设备供应商(PTEV)水设备室,将所有冷却水供应与回水管铺设到位,包括所有阀门、过滤器、滤水管,并根据质子治疗设备供应商(PTEV)—界面建设文件(IBD)中的数据和文本要求进行压力测试 ⑦用于供给质子治疗设备供应商(PTEV)水处理设备的饮水供水管线建造完成,测试运作正常 ⑧地面排水系统测试可运作正常	质子设备供应商	其他	
医用气体	建筑	土建总包	气体工程所涉及的设备(土建)基础、排水沟、机房地面及墙面面层	专业施工单位	设备预埋件、预埋工作	

续表

界面类	界面项	完成面 完成单位	完成面 工作内容	接收面 接收单位	接收面 工作内容	备注
医用气体	暖通	土建总包	气体机房内送排风系统（包括防爆型）	专业施工单位	其他	
医用气体	电气	土建总包	从低配到气体站房内主电源柜（双电源）上端头管线施工、气体机房内设备接地点预留，气体机房内照明（包括防爆型）插座	专业施工单位	其余气体站房内的电源柜、电缆桥架、线路	
医用气体	给排水	土建总包	排水沟总排水管、如采用水环式真空泵，给水点的预留	专业施工单位	其他	
医用纯水	建筑	土建总包	设备（土建）基础，排水沟、机房地面及墙面面层	专业施工单位	设备预埋件、预理工作	
医用纯水	电气	土建总包	从低配到纯水系统站房内主电源柜上端头管线施工、气体机房内设备接地点预留	专业施工单位	纯水系统站房内的电源柜、控制柜、电缆桥架、线路、水泵等	
医用纯水	给排水	土建总包	自来水进水管路施工至医用纯水系统站房内的第一个阀门处，纯水站房内的整体基础排水设施，纯水饮水点位处排水地漏等	专业施工单位	阀门后的管路连接	
放射防护	建筑	土建总包	机房墙体砌筑、抹面、机房基础、电缆沟施工、机房回填等	专业施工单位	放射防护区域范围内的防护墙体、防护顶棚以及防护门、铅玻璃观察窗、墙顶的装饰完成面等	
物流传输	建筑	土建总包	气动物流机房所涉及的设备（土建）基础，机房地面及墙面面层	专业施工单位	轨道小车及设备预埋件预埋	
物流传输	电气	土建总包	从低配到气动物流机房主电源柜上端头管线施工、气体机房内设备接地点预留、部分气动物流传输站点的分散配电工作；轨道小车井道配电、防火窗及防火门的消防联动施工；AGV机器人防火门的消防联动施工、充电电源施工等	专业施工单位	其余气动物流机房内的电源柜、控制柜、电缆桥架、线路等	
污水处理	建筑	土建总包	土方开挖、污水处理池、设备用房、设备基础、各项预留预埋工作	专业施工单位	其他	
污水处理	电气	土建总包	从低压配电出线柜到污水处理站内主电源柜上端管线施工、配套用房内的照明系统	专业施工单位	其余污水处理站内的电源柜、控制柜、电缆桥架、线路等	
智能污物收集	建筑	土建总包	污物传输专用井道建筑结构施工、预留、预埋	专业施工单位	其他	
智能污物收集	电气	土建总包	污物井道配电	专业施工单位	电源柜、控制柜、电缆桥架、线路等	

施工总承包单位与非医疗类施工单位界面表　　　　　　表13-5

界面类	界面项	完成面 完成单位	完成面 工作内容	接收面 接收单位	接收面 工作内容	备注
外立面	屋面	土建总包	按照设计要求，屋面全部完成	无	无	
外立面	外墙面	土建总包	按照设计要求，外墙面涂刷或铺贴全部完成；外墙预留孔洞完成；外墙灯具、插座安装	各专业分包、幕墙单位及装修单位	预埋、预留孔洞穿管，如给排水、空调等	墙面为非剪力墙及特殊位置的墙体，如阳台墙面

续表

界面		完成面		接收面		备注
类	项	完成单位	工作内容	接收单位	工作内容	
外立面	铝合金/塑钢门窗	土建总包	门窗安装完毕，窗框与墙面打胶完成，经淋水试验，确定无渗漏，报监理协同组织检查验收合格后，按甲方要求对门窗及玻璃进行成品保护，配件安装齐全、功能调试正常后移交	装修单位	接收后的成品保护，在内墙装修完毕后的墙面窗框收口及清理、门窗塑料膜清理	
	外墙排水	土建总包	按设计要求完成安装及疏通	无	无	
	外墙洞口	各专业分包	空调、热水器、浴霸、排气扇等设备安装完毕；给排水、燃气管道安装完毕；二次开孔穿管道完毕	土建总包/装修单位	完成所有外墙面开洞的封堵及墙面修补、清理	封堵由最后一道工序单位完成
	阳台	土建总包	结构完成，裸面蓄水完成，栏杆安装完成	装修单位	地坪防水处理、蓄水试验、地坪找平、面层铺贴完成	
	露台	土建总包	结构完成，防水卷材完成，蓄水试验、栏杆安装完成	装修单位	地坪找平、面层铺贴完成	
	进户门	土建总包	土建总包完成洞口预留，粉刷	装修单位/各分包	进户门厂家完成门框安装及门框内的砂浆填充（砂浆由总包提供），总包完成所有门框与墙体间的水泥砂浆塞缝；装饰湿作业完成后装修单位配合分包商完成门扇安装；装修单位完成门框、门扇及门锁的成品保护	土建总包完成洞口尺寸根据进户门厂家安装工艺要求确定
内装饰	墙面	土建总包	混合砂浆粉刷完成（如有吊顶，不做吊顶内粉刷）	装修单位	局部调整，满批腻子，墙体饰面粉刷	
		土建总包	防水砂浆粉刷，表面拉毛，管路井吊孔预留	装修单位	局部调整，墙面面层装饰	
		土建总包	混合砂浆粉刷完成	内保温分包及装修单位	分包商完成内保温施工，装修单位完成内保温面层缝隙批嵌门窗边角修整粉刷	
	顶棚	土建总包	结构完成，混凝土面修补	装修单位	完成吊顶及非吊顶部分的找平、腻子批嵌及粉刷	土建总包完成平整度根据验收标准核定
	楼梯踏步	土建总包	结构完成，混凝土面修补	装修单位	根据装修施工图完成踏步土建修补，专业单位完成踏步板安装	土建总包完成平整度根据验收标准核定
	楼/地面	土建总包	结构完成并楼面找平	装修单位	完成地砖或PVC地板铺设	
		土建总包	结构混凝土完成，排水管道安装及穿楼板或墙体洞口封堵完成并作裸面蓄水试验后移交	装修单位	管道测试及蓄水试验，完成防水层及面层铺贴	
设备安装	给水排水	土建总包	给水主管入户至表前，完成卫生间地漏、马桶、浴缸等排水PVC管，管道完成通水通球试验，管道周边防水砂浆完成	装修单位	同层排水、给水支管；地漏、马桶、台盆、浴室安装	
	中央空调	空调分包	土建顶棚完成面交接后，完成室内机布置和冷媒管、排水管的布置，出风口、回风口安装，有机房电梯屋顶机房内挂壁式空调安装	装修单位	室内机出风口、回风口与吊顶的收口；冷媒管、排水管内墙洞封堵及修补	

续表

界面		完成面		接收面		备注
类	项	完成单位	工作内容	接收单位	工作内容	
设备安装	配电	土建总包	由总包完成从配电箱到各房间的空调回路、照明回路、插座回路（到各房间一个点即可）的管路预埋及终端盒安装；配电箱底盒安装；电表箱至用户箱的进户总线由总包施工	装修单位	按照装修图纸预埋其他管线以及配电箱后其余管路穿线；终端盒面板安装；部分照明灯具安装；配电箱安装	
	安防智能化	土建总包	从安防主机到各终端探测器的管路预埋	安防分包	管路穿线；安防主机及各终端探测器安装	
			进户总管和多媒体箱底盒由总包预埋			
	电视、电信	土建总包	从多媒体箱到各终端的管路预埋；多媒体箱底盒安装	装修单位	多媒体箱安装；多媒体箱后管路穿线及终端盒面板安装	
公用部位	楼梯间	土建总包	完成楼梯间楼梯踏步及墙地顶土建结构及修补、消防门安装，栏杆安装	装修单位	踏步、墙顶的装修面完成	
	电梯	土建总包	完成土建井道、预留门洞、预留孔洞及预埋件；在设备安装结束后完成填补及精加工工作；提供给电梯安装单位安装所需之脚手架；完成井道地下部分防水	电梯分包	搭设并拆除适用于电梯安装的脚手架，安装永久性安全照明，安装电梯设备并配合安防系统施工	
		土建总包	完成结构以及墙面砂浆粉刷（若装饰需做石材的，总包做到结构面清理；如有吊顶则不做顶面及吊顶以上墙面粉刷）	装修单位	地面找平，完成墙顶地的装修；公用部位表箱框架及门扇安装	
		电梯分包	完成电梯轿厢顶、厢壁安装	装修单位	完成轿厢地面装修及成品保护	
	大厅	土建总包	完成结构以及墙面砂浆粉刷（若装饰需做石材的，总包做到结构面清理；如有吊顶则不做顶面及吊顶以上墙面粉刷）	装修单位	完成大厅墙顶的装修面	
室外	绿化工程	土建总包	完成图纸指定完成面标高30cm以下土方平整	绿化分包	苗木栽培、回填至指定标高及场地平整	沉降影响因素由绿化单位承担；排水通畅由总包单位负责
	安防智能化	安防分包	完成小区管路沟开挖、管路预埋、穿线及设备安装	无	无	
市政配套	强电	配套公司	供电线路及变电站设备材料供应及施工；从变电站出线到进户点的所有供配电设施；计量柜的供应与安装；电表箱的供应。预分支电缆或母线槽的采购与安装；室外供电排管	土建总包	电表箱、总等电位箱、电表后部分双电源切换箱及其之间的电缆及安装；楼道内管道预埋，所有照明材料供应及安装，预分支电缆处至电表箱的电缆供应及施工，所有防雷接地材料供应及施工，部分电缆桥架	
	给排水	配套公司	生活、消防水泵房设备供应及施工（消防及喷淋单独泵房除外）、双电源切换柜后的强电穿线、设备、弱电控制信号布管及穿线、室外给水、室外消防、室外喷淋管网施工；水箱及基础施工；减压阀、水表箱、水表短管、排气阀供应	土建总包	泵房内强电管道预埋、止水套管封堵、双电源切换柜安装；单独消防、喷淋泵房安装；楼内生活及消防给水、排水管道的施工；水表箱、减压阀组、水表短管、排气阀安装等	

续表

界面类	界面项	完成面 完成单位	完成面 工作内容	接收面 接收单位	接收面 工作内容	备注
市政配套	电信	配套公司	室外管道敷设及总包预埋出户管对接，各类井砌筑，从室外总管至楼道交换箱穿线	土建总包	楼道内管道预埋，交换箱至多媒体箱穿管线	
					从电信排管最后一个进户井到室内箱之间的进户总管及进户井由土建总包完成	
	电视	配套公司	室外管道敷设及总包预埋出户管对接，各类井砌筑，从室外总管至楼道交换箱穿线，再至户内一正一副终端信息点的穿线	土建总包	楼道内管道预埋，交换箱至多媒体箱穿管线	
					从有线电视排管最后一个进户井到室内箱之间的进户总管及进户井由土建总包完成	

13.4.4　设置暂估价

随着建设市场中专业分工水平的深化及材料、设备的不断创新，暂估价在招标清单中所占的比例不断上升。为加快招标进度，确保专业化分工，全过程工程咨询单位在招标采购阶段编制相关标段工程量清单时就要将部分专业性较强的工程，直接给定的一个固定金额，设置为暂估价，待后续方案、设计等细化后再对该部分工程进行招标。暂估价招标管理是项目管理重要风险管理内容之一，具有招标工作量大、招标时间长等特点，招标工作直接影响现场施工进度，同时也是投资控制重点管控内容，作为全过程工程咨询单位要提前策划，积极应对。

1. 明确暂估价的招标主体

对于依法必须招标的暂估价项目，可以是承包人单独招标，即承包人招标前向发包人备案，招标中与发包人共同确定中标人，但确定后由承包人和中标人单独签订暂估价合同；也可以是承包人与发包人共同招标，即招标中承包人与发包人共同确定中标人，确定后由承包人与发包人共同和中标人签订暂估价合同。

2. 明确暂估价的合同签订主体

（1）项目建设单位直接进行暂估价招标的，由项目建设单位与暂估价中标单位签订合同，根据合同条款直接付款给暂估价中标单位。

（2）施工单位进行招标的，由施工单位直接与暂估价中标单位签订专业合同，项目建设单位及全过程工程咨询单位作为合同见证方。付款流程为项目建设单位支付给施工单位，施工单位再根据合同条款支付给暂估价中标单位。

3. 暂估价招标管理要求

（1）尽可能减少需暂估价的项目，越少越好；

（2）尽可能提前进行相关专业工程的设计，满足招标竞价要求；

（3）提前做好调查，确定各种材料、设备的规格、型号、质量要求等；

（4）确实要设置暂估价时，在招标文件中应对"暂估价"部分的详细要求进行说明，明确"暂估价"的结算方法和处理原则等条款。

13.4.5 选择评标（比选）办法

评标作为工程建设项目招标实施过程中的重要环节和难点工作，评标办法科学与否，直接关系到招标效果的优劣，对于遏制串通投标有着重要的作用。在工程招标采购阶段，全过程工程咨询单位应根据采购项目工程的类型、采购标段的规模和采购内容的区别，确定最为恰当的评标办法。

1. 经评审的最低投标价法

经评审的最低投标价法是指在符合招标文件规定的技术标准、满足招标文件实质性要求的条件下，评标委员会对投标报价以外的价值因素进行量化并折算成相应的价格，再与投标报价合并计算得到折算投标价，并从中确定折算投标价最低的投标人作为中标人候选人的评审方法，但投标价格低于成本的除外。

经评审的最低投标价法的折算因素包含：付款条件，运费及保险金，交货期或验收期提前，零配件及售后服务质量，机械设备、仪器的运行状况及维修，以及其他价格调整因素（如总包优惠）等。通常情况下，经评审的最低投标价法适用于技术规格通用且质量性能有标准的或者招标人对其技术、质量性能没有特殊要求的招标项目。该方法可在货物类和工程类招标项目中使用，一般不用于服务类招标。

2. 综合评估法

综合评估法是指最大限度地满足招标文件中规定的各项综合评价标准的投标，应当推荐为中标候选人。衡量投标文件是否最大限度地满足招标文件中规定的各项评价标准，可以采取折算为货币、打分或者其他方法。需量化的因素及其权重应当在招标文件中明确规定。评标委员会的每一位成员根据招标文件制定的评审因素和对应的分值标准，确定出某一投标不同方面的相对权重分值，再将所有权重分值进行累加，得出该投标人的得分。最后，汇总计算每一位评标委员会成员的打分，总分最高或平均分最高的投标即为最优投标，该投标人应当被推荐为中标候选人。

综合考虑价格、技术等多方面因素，能够准确反映出企业是否符合招标文件的要求，全面评估企业的总体实力。招标人可根据项目实际情况调节评审项目及分值权重，有利于招标项目的顺利实施。采用量化的方式，将复杂的要素量化，以便更加公平地进行评标工作，从而提高工作效率和质量。

13.4.6 合同策划要点

合同是工程管理过程中发包方和承包方的最高行为准则，具有独特的法律地位，它确定了工程项目的投资、工期和质量等目标，规定着双方的责权利关系。

合同策划是工程招标采购阶段起草项目合同文件的依据，全过程工程咨询单位须在工程招标采购阶段协助建设单位做好合同策划，合同策划的目的是通过合同分解和委托项目任务来实施对项目的控制，合同策划的核心要点是合同类型的选择。

选择恰当的合同类型是摆正合同双方重大关系，最大限度减少合同矛盾和争议，确保合同圆满地履行的基石，须综合考虑应用范围、风险分担及项目进展情况（如项目设计进度）等因素（表13-6）。

合同类型选择影响因素表　　表13-6

	总价合同	单价合同	成本加酬金合同
应用范围	广泛	工程量暂不确定的项目	咨询服务合同
建设单位合同风险	较小	较大	大
承包商合同风险	大	较小	无
项目进展情况	施工图设计阶段	初设或施工图设计阶段	前期或设计阶段

【案例13.3】深圳市质子肿瘤治疗中心项目合同管理实例

在深圳市质子肿瘤治疗中心项目建设过程中，为了更好地协调各方关系，使总承包合同的实施工作程序化、规范化，按质量保证体系进行工作，其合同管理的控制要点如下：

设计：明确设计单位的职责，明确设计范围、深度、出图计划，明确各设计单位的设计界面、对甲购甲控设备材料的技术支持等，监督和协调合同的履行，确保设计目标和任务的实现。

采购：明确采购和服务的范围、质量标准、供货周期、备品备件、技术服务以及保修服务等，监督和协调合同的履行，完成项目采购的目标和任务。

施工：明确施工和服务的职责、工作界面、总分包关系、违约责任、总承包管理及配合内容、计价方式等，监督和协调合同的履行，完成施工的目标和任务。

其他咨询服务：明确咨询服务的职责、服务内容、质量标准等，监督和协调分包合同或协议的履行，完成规定的目标和任务。

合同管理流程如图13-1所示。

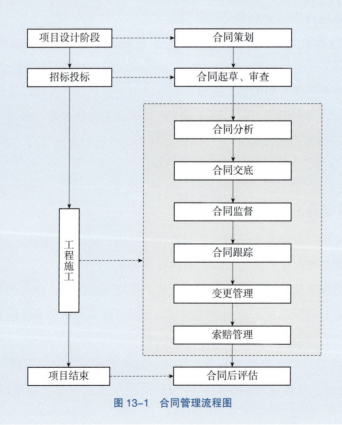

图13-1　合同管理流程图

13.5 招标采购阶段咨询流程

工程招标采购阶段咨询流程如图 13-2 所示。

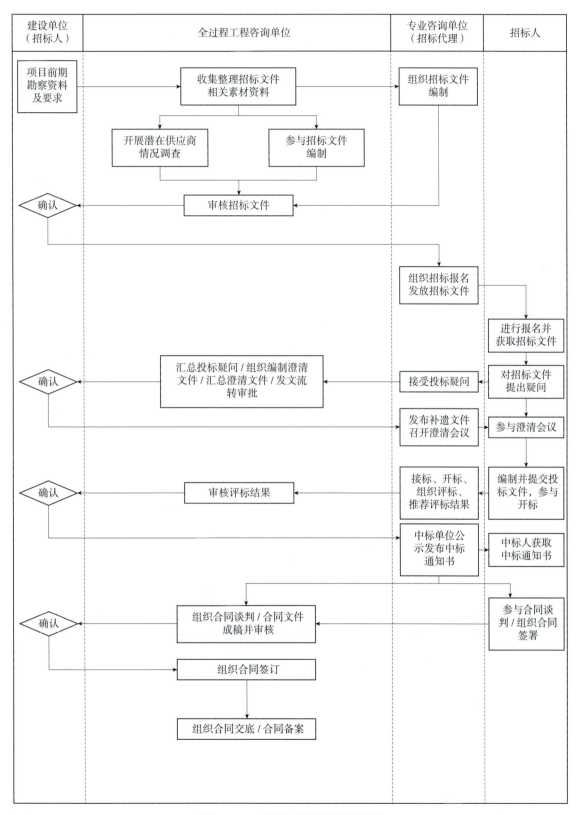

图 13-2 工程招标采购阶段咨询流程图

13.6　招标采购阶段咨询成果

工程招标采购阶段的划分主要分为准备阶段、招标投标阶段、签订合同阶段，各阶段主要咨询内容及咨询成果见表 13-7。

工程招标采购阶段咨询成果　　　　　　　　表 13-7

招标采购阶段划分	各阶段主要咨询内容	咨询成果
准备阶段	确定招标采购策略	招标采购策划文件 主要合同包的招标方案
准备阶段	潜在投标人情况摸底	潜在供应商考察报告 合格供应商名录
招标投标阶段	组织招标投标 完成开标与评标	招标文件 招标文件及其补疑 投标文件及其澄清 投标保证金缴纳及退还 评标使用的相应表格 评标报告 招标投标情况的书面报告 中标通知书
签订合同阶段	进行合同条款谈判 正式签订合同	合同条款洽商记录 合同文本

第 14 章
工程施工咨询

14.1 工程施工阶段咨询概述

工程施工阶段是将工程勘察设计阶段所形成的"纸上作品"转变成为具有实际使用价值的项目实体的重要阶段,工程施工阶段因其具有持续周期漫长、需处置的信息量繁多、资源投入(人力、物力、财力)巨大、动态性极强等特征,往往成为项目全生命周期中暴露问题最多、管理难度最大的阶段。

在工程施工阶段,全过程工程咨询单位要扮演项目推进的核心角色。按合同规定,协调、集成各参建单位的关系,对工程造价、质量、进度、合同、信息进行有效的控制和管理,实现建设三大目标。

工程施工阶段是一个整体性的、持续的、动态的过程,全过程工程咨询单位须遵循策划、实施、检查、处置的动态化管理原理,运用各项管理举措进行计划、组织、指挥、协调和控制,为建设单位提供无缝隙且非分离的整体性、专业化咨询服务。

为践行国家高质量发展战略,工程施工阶段咨询所运用的各项管理举措(方法)务必体现精益求精的建造导向,突出项目相关方的责任落实和诚信塑造,在确保施工进度、施工质量(实体质量、功能质量与外观质量)和施工安全的基础上,还需在生态环境保护、资源节约和节能减排方面取得明显成效。

14.2 工程施工阶段咨询内容

质子肿瘤治疗中心项目施工阶段投资量大、周期长、参建单位多、协调关系复杂,是实现项目建设目标和参建各方利益的关键阶段。

施工阶段的项目管理工作共分为 9 个子项,包括:施工进度控制、施工质量控制、施工造价控制、施工招采管理、施工阶段的设计与技术管理、施工 HSE 管理、施工合同管理、施工信息与文档管理及施工组织与协调管理(表 14-1)。

施工过程阶段主要工作内容清单　　　　表 14-1

工作子项	主要工作内容
施工进度控制	①组织编制项目管理大纲、项目管理手册中工程进度管理相关内容，明确进度控制的关键点和关键措施，并严格贯彻落实 ②完善或建立进度控制体系，明确进度编制标准和要求 ③完善、细化、调整项目总控进度计划，明确各级控制节点，组织严格实施 ④审核监理单位、施工单位编制的进度控制方案、进度计划并跟踪其执行 ⑤编制进度分析报告，评估分析对项目进度可能产生重大影响的事宜，发现进度偏差时及时采取纠偏措施，存在重大偏差的应及时向建设单位汇报 ⑥协调各参建单位的进度矛盾，组织或参加工程进度协调会议 ⑦审批、处理停工、复工及工期变更事宜
施工质量控制	①组织编制项目管理大纲、项目管理手册中工程质量管理相关内容，明确质量控制的关键点和关键措施，并严格贯彻落实 ②组织建立项目质量保证体系，督促各单位建立质保体系，并跟踪执行 ③编制首件工程认可制管理办法，组织施工单位、监理单位严格按照办法组织实施，对首件工程组织验收和讲评、总结 ④管控甲供（如需要）、设备的质量，督促监理单位、施工单位做好材料、设备的质量管理 ⑤督促和检查监理单位、施工单位的工程质量控制工作 ⑥组织处理工程质量问题及事故
施工造价控制	①组织编制项目管理大纲、项目管理手册中工程投资管理相关内容，明确投资控制的关键点和关键措施，并严格贯彻落实 ②组织编制资金使用计划，并动态调整 ③动态监控工程造价，组织编制分析报告，评估分析对工程造价可能产生重大影响的事宜 ④审核、处理工程变更、签证中的相关造价问题 ⑤组织建立各类台账 ⑥审核工程款支付申请，跟踪支付情况 ⑦审核及处理施工过程各项费用索赔 ⑧组织主材调差的审核工作 ⑨组织施工过程工程结算 ⑩配合施工过程的外部审计
施工招采管理	①组织编制项目管理大纲、项目管理手册中工程招标投标采购管理相关内容，明确采购管理措施，并严格贯彻落实 ②配合建设单位、督促施工单位及时开展暂估价工程招标，做好过程配合和管控 ③配合开展甲供（需要时）、甲控乙供材料设备的采购工作
施工阶段的设计与技术管理	①组织编制项目管理大纲、项目管理手册中工程技术管理相关内容，明确技术管理的措施，并严格贯彻落实 ②组织施工图设计会审、交底会议 ③组织施工组织设计、施工方案的审核 ④组织设计变更、工程变更的技术管理工作 ⑤必要时组织召开、参加专家评审、论证会 ⑥组织科技创新与研究管理，开展创新成果和知识产权申报
施工 HSE 管理	①组织编制项目管理大纲、项目管理手册中工程 HSE 管理相关内容，明确控制的关键点和关键措施，并严格贯彻落实 ②组织编制安全生产、文明施工管理规划 ③督促各单位建立健全安全生产文明施工控制体系，并跟踪执行 ④督促监理履行安全生产法定及合同约定的监理职责 ⑤定期组织进行项目安全文明施工情况的检查、评比 ⑥审核、监管安全文明措施费专款专用 ⑦组织或参与处理安全事故 ⑧督促有关安全文明、绿色环保的评比、认证、创优工作
施工合同管理	①组织编制项目管理大纲、项目管理手册中工程合同管理相关内容，明确合同管理的关键点和关键措施，并严格贯彻落实 ②处理合同变更，参与变更过程中涉及的现场记录，组织合同或补充协议的谈判签订 ③建立、维护合同管理台账 ④督促各方履约，跟踪、监管合同履约情况

续表

工作子项	主要工作内容
施工合同管理	⑤处理施工过程合同争议与索赔 ⑥协助建设单位开展履约保函、担保、保证金管理
施工信息与档案管理	①组织编制项目管理大纲、项目管理手册中工程信息档案管理相关内容，明确管理的关键点和关键措施，并严格贯彻落实 ②建立、完善信息编码体系、传递标准和信息管理制度 ③督促、检查各单位做好信息和档案管理工作 ④编制、撰写各类工程项目管理报表、报告及相关文件 ⑤进行项目各类文件、信息与档案的收集、整理、流转、归档、汇编和台账管理 ⑥组织、督促各参建单位做好工程竣（交）工资料与档案的管理
施工组织与协调管理	①组织编制项目管理大纲、项目管理手册中工程组织协调相关内容，明确组织协调的关键点和关键措施，并严格贯彻落实 ②协调与政府有关部门的关系。协助建设单位做好征地拆迁、手续办理工作 ③协调施工现场周边社区关系 ④组织建立项目沟通机制和会议制度 ⑤协调处理现场矛盾与争议

14.3 工程施工阶段工作要点

14.3.1 现场质量管理实施要点

质子治疗装置是大型精密治疗设备，尤其是多室治疗系统，路线较长，从质子的发生、加速、传输到治疗头，并精确打击病灶，要求确保每个环节的精确和安全，对建筑环境提出了较高的工艺要求。主要包括：辐射屏蔽与监测、主体结构沉降控制和监测、周边环境振动控制和监测、受力构件的变形控制、设备环境温湿度控制、设备的地面荷载、建筑和装饰材料、设备吊装方式等，以及对电、水、冷热源的工艺要求。

针对上述要求，本项目的质量管理实施要点为：

（1）"零"沉降：高精度的基础微变形控制。10年内沉降小于0.2mm。竣工2年内，整个束流线区域地面不均匀沉降的最大值不超过±3mm。

①超前钻勘察不良地质条件、溶洞；

②桩基选型，加强承台刚度；

③严控桩基成桩质量；

④结构沉降监测。

（2）"微"振动：质子治疗装置对容许振动值要求高。

①质子治疗装置供应商给出容许振动值；

②现场测试与数据模拟结合，分析评估；

③从震源、传播途径和受影响建筑物三方面采取措施，不同措施模拟比选。

微震动监测。

（3）"防"辐射：大体积混凝土的裂缝控制。墙板厚约2~4m。

①优化配合比设计（混凝土容重必须满足2350kg/m³）；

② BIM模型优化钢筋和管线组合节点（质子区的混凝土含量约为普通建筑的11倍，钢筋含量约为普通建筑的15倍）；

③足尺模拟实验（图 14-1）；

④严格执行浇筑工艺；

⑤保温保湿养护；

⑥温度实时监测。

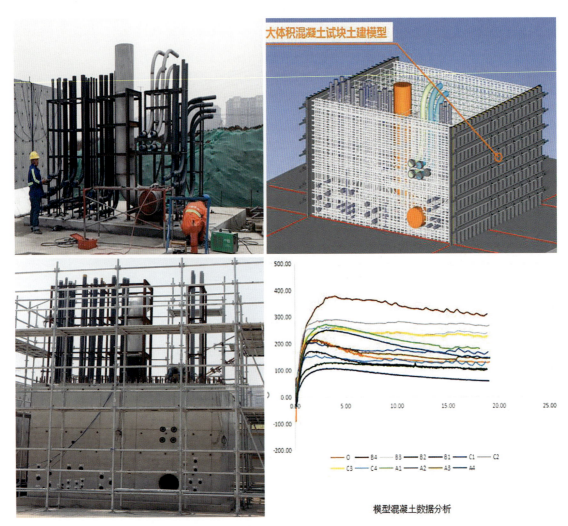

图 14-1　大体积混凝土足尺模拟实验图

（4）"精"预埋：预埋管道接口精度、预埋件精度要求高（图 14-2）

①BIM 模型优化预埋管线、预埋件布置；

②预埋件选型和整体变形分析，埋件刚度要满足制作、运输和安装要求；

③设置管线固定支架，大型管道工厂预制；

④测量精度控制和三维扫描复核（预埋件必须嵌入混凝土，横向精度 ±10mm，纵向精度 ±5mm，各板最大倾斜为 2mm；预埋管道需满足最大管径 3D 以上间距，精度 ±50mm）；

⑤严控结构实体平整度（总体平整度不超过 10mm，束流线通道不超过 5mm/2m，设备安装区不超过 3mm/2m）；

⑥埋件灌浆密实度和强度控制。

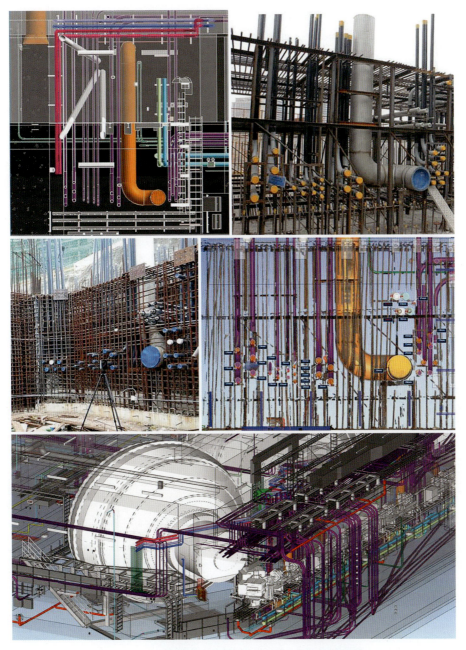

图 14-2 预埋管线、预埋件 BIM 模拟和三维扫描复核图

（5）"严"接口：质子区工艺设备和非质子区系统接口对接要求严。

①质子装置工艺供电系统与建安供电系统接口；

②工艺空调系统与舒适性空调系统接口；

③冷却水及纯水系统与普通给水系统接口；

④给排水系统与衰减池接口；

⑤质子区工艺压缩空气系统与建安压缩空气系统接口；

⑥质子区工艺装置集中控制系统与大楼整体系统接口。

（6）"恒"环境：质子治疗装置安装和调试对建筑环境和能源供应系统稳定性要求高。

①环境温湿度恒定，且波动符合要求（温度 22℃，温控精度 ±2.5℃）；

②周围环境振动控制在容许范围内；
③电力系统必须稳定且不间断电源和备用发电设备在线提供保障；
④空调系统、通风系统、照明、环境监测和周边施工振动等方面全面配合到位；
⑤应急预案制定完成。

14.3.2 进度计划管控要点

依据本项目的特点，分析各阶段可能存在的影响因素，在项目推进时予以关注、规避和处理，形成进度管控要点，详见表14-2。

1. 设计管理进度

（1）编制详细的设计出图计划表，按照计划落实到各专业的出图时间节点；
（2）组织设计周例会，动态管控设计进展；
（3）专业、专项设计前置；
（4）强化对IBA设计总包的履约管理。

2. 招标合约保障

（1）分解施工总包和专业、专项分包的合同工期，通过明确招标条款，掌握合约主动权；
（2）按照提前半年的内控目标分解各施工单位招标的合同工期；
（3）招标文件明确工期里程碑节点的处罚条款；
（4）强化对各施工单位的合同履约管理。

3. 技术措施保障

加大关键线路的资源投入，合理压缩关键线路工期。

进度计划管控　　　　　　　　　　　　　　表14-2

序号	项目	进度管控要点
1	前期策划	①质子设备选型、招标。质子治疗装置是世界先进大型精密治疗设备，本项目选用国外进口产品，选型、招标周期长，不确定因素较多 ②各类报批报建手续繁多，特别是与质子设备相关的环评、辐射环评、职评、卫生学预评价等专项报告书的编制、评审
2	设计阶段	①方案设计中功能需求的不确定性高，易造成平面布置图调整 ②初步设计负荷高，时间短，专业数量多，各专业相互交叉，协调难度大 ③BIM正向设计对设计单位能力、经验要求高，设计进度完成风险高 ④肿瘤医院对设计审核意见回复的及时性 ⑤深基坑支护设计专家论证时效
3	建安施工	①总承包单位的确定是建安施工开始的关键，能否按照计划节点完成总包招标工作非常重要 ②质子区主体结构施工后，砌体结构、机电安装及精装修工作先行展开，同时为质子配套的设备房同步跟进，保证质子区域先行完工，具备质子设备吊装条件。大量交叉施工、工作界面协调、部分验收工作前置需精心组织 ③质子区进行设备安装和调试的同时，其他区域建安施工同时进行，施工界面的划分、交叉施工的管控及成品保护尤为重要
4	质子设备	①质子设备的制造进度管控。质子设备为国外进口，且制造周期长，需加强对制造进度的管控 ②质子设备的运输和现场存储。质子设备需海运和陆地运输，设备分拆件数量大，需精心组织货运及现场存储，按现场需要分批进场，既不过多占用场地，又要保证安装进度 ③质子设备安装、调试和验收进度管控。设备供应商相关专业人员须按时组织进场，同时肿瘤医院医护人员和运维人员要同期配置到位，保证调试、验收、交付使用无缝对接

4. 管理措施保障

（1）四先行：土石方和基坑先行，市政先行，绿化先行；

（2）并联和穿插：专业设计、医疗专项设计和主体设计并联穿插，质子设备区域和其他区域施工并联穿插。

14.3.3 造价控制要点

全过程工程咨询单位在工程施工阶段的造价控制主要体现在资金使用计划的管理、工程计量与工程价款支付的管理、工程变更及现场签证的管理、索赔费用的管理。

全过程工程咨询单位应在保证工程项目功能目标、质量目标和工期控制目标的前提下，合理编制投资控制计划和采取切实有效的措施实行动态控制，及时发现计划执行中出现的偏差，分析偏差产生的原因，并针对出现的偏差采取有效措施，纠正和消除产生偏差的原因，确保造价控制目标的实现，期间绝不能为了降低造价而采用降低功能目标、降低质量标准和拖延工期的办法。

1. 工程计量与工程价款支付的管理要点

工程计量是向施工单位支付工程价款的前提和凭证，是约束施工单位履行施工合同义务、强化施工单位合同意识的手段。在工程施工阶段，全过程工程咨询单位应充分发挥监理单位及造价部门在工程计量与工程价款支付管理中的作用，从是否达到合同约定的付款节点、已完工程项目达到合同约定的质量、造价部门是否已完成造价审核这三个方面来进行严格审查及支付。

1）工程计量报告的审核要点

（1）审核计量项目的范围，以免重复计量。如投标报价按招标工程量清单漏项的项目或其特征描述已包含在其他报价中的项目，均不属于该计量项目的范围；

（2）审核是否按计量规则计算工程量；

（3）通过对照设计图纸或实地测量对计量数据进行审核，确保准确无误。

2）工程进度款支付申请的审核要点

（1）审核分部分项工程综合单价；

（2）审核形象进度或分阶段工程量；

（3）审核进度款支付比例；

（4）审核计日工金额；

（5）审核应抵扣的预付款；

（6）审核工程变更金额；

（7）审核工程签证金额；

（8）审核工程索赔金额。

3）其他注意事项

（1）为防止施工招标的工程量清单准确性不够，出现多算、漏算等现象，提高投资控制精度，待施工合同签订后，全过程工程咨询单位应及时组织施工单位对招标的工程量清单予以复核；

（2）施工过程中产生的索赔，索赔成立后根据合同约定可在进度款中同期支付；

（3）暂估价格与实际价格的差额较大时，易引起施工单位因资金压力造成消极怠工，如合同中有约定可在施工过程中支付差额的条款，则可考虑与进度款同期支付。

2. 工程变更及现场签证的管理要点

现场工程变更及签证是施工过程阶段费用增加的主要途径，全过程工程咨询单位必须重视现场工程变更及签证的管理，严格设计现场工程变更及签证的审批程序，建立现场变更及签证台账制度，每月进行统计分析，并加强现场签证的预防工作，将现场工程变更及签证控制在合理的范围内。

1）不予办理工程变更或现场签证的工作内容

（1）招标文件规定应由施工单位自行承担的；

（2）施工合同约定或已包括在合同价款内，应由施工单位自行承担的；

（3）施工单位在投标文件中承诺自行承担的或投标时应预见的风险；

（4）由施工单位责任造成的工程量增加；

（5）法律、法规、规章规定不能办理的。

2）工程变更管理要点

（1）对设计变更开展分类管理；

（2）严格设计变更的审批。设计变更申请可分两个阶段进行，即设计变更建议和设计变更申请。设计变更建议批复后，进行设计变更的勘察设计工作，完善相关材料后上报设计变更申请；

（3）充分重视重大和较大设计变更的影响。重大和较大设计变更经建设单位审批后应报原初步设计审批部门备案。

3）现场签证管理要点

（1）现场签证手续办理要及时。在施工过程中，签证发生时应及时办理签证手续，如零星工作、零星用工等。对因施工时间紧迫，不能及时办理签证手续的，事后应及时督促监理等相关单位补办签证手续，避免工程结算时发生纠纷；

（2）加强现场工程签证的审核。在现场签证中，施工单位有可能提供与实际情况不符的内容及费用，如多报工程量、提供虚假的签证等。因此，全过程工程咨询单位应首先要求监理单位严格审查，同时把好最后的审核关，避免出现施工单位的签证不实或虚假签证情况的发生；

（3）规范现场工程签证。全过程工程咨询单位应建立现场工程签证会签制度，明确规定现场工程签证必须由全过程工程咨询单位或专业咨询工程师（监理）、造价部门和施工单位共同签认才能生效，且必须经由建设单位签认，缺少任何一方的签证均无效，不能作为竣工结算和索赔的依据。在施工过程中，建设单位有可能提出增加建设内容或提高建设标准，须经建设单位签认。因此，在全过程工程咨询合同中应明确其增加的投资由投资人负责。

3. 索赔费用的管理要点

1）索赔的预防

全过程工程咨询单位应通过工程造价的分析，找出项目最易突破造价的子项和最易发生费用索赔的因素，考虑风险的转移，制定具体防范对策。此外，全过程工程咨询单位应严格审查施工单位编制的施工组织设计，对于主要施工技术方案进行全面的技术经济分析，防止在技术方案中出现增加造价的漏洞。

2）索赔费用的处理

全过程工程咨询单位应严格执行索赔审批程序，组织监理单位进行有效的日常工程管理，切实认真做好工程施工记录，同时注意保存各种文件图纸，为可能发生的索赔处理提供依据。当索赔发生后，要迅速妥当处置。根据收集的工程索赔的相关资料，迅速对索赔事项开展调查，分析索赔原因，审核索赔金额，并征得建设单位意见后负责与施工单位据实妥善协商解决。

14.3.4 合同管理要点

工程施工阶段合同管理的目标是要保证工程项目建设目标的实现，即工程质量符合国家验收标准；确保项目在合同规定的工期内按期完工；确保项目实际总造价控制在批准概算内；确保工程无重大安全事故；确保现场安全文明施工符合行业标准；确保合同履约率为100%。

合同管理是规范投资决策综合性咨询服务的关键，尤其是对于全过程工程咨询以联合体模式实施或需要进行合法转包、分包时。有研究者将全过程工程咨询项目合同分为四类，即：监管型合同、科层型合同、信任型合同、长期柔性合同。不同类型的合同管理内容及侧重点都存在差异。但总体上，都应在明确全过程工程咨询管理内容及确定管理方法的基础上，根据合同内容及项目实施程序和现状等，明确合同双方责任和共担的风险，把握合同管理要点。其中，全过程工程咨询合同管理要点有以下几个方面：

（1）根据项目性质、合同类型及单项招标采购金额等信息确定招标组织方式，系统梳理项目合约规划。初步合约规划建议至少确定合同类型，列全项目涉及的所有合同名称及涉及的主要资质、资信情况。进行招标采购合约规划时，要考虑合约界面有利于各项设计、施工工作的统筹协调，有利于项目管理工作的开展；

（2）由项目负责人牵头建立标准合同管理程序；

（3）明确合同相关各方的工作职责、权限和工作流程；

（4）明确合同工期、造价、质量、安全等事项的管理流程与时限等；

（5）协助投资人进行建设项目合同签订前、后的管理；

（6）此外，还应明确合同执行过程中争议的解决机制，并将其纳入项目负责人考核绩效。

14.3.5 安全文明施工管理要点

安全管理是通过对事故致因因素的控制，防止安全生产事故发生，从而保护在施工过程中人的安全与健康，保护国家和集体的财产不受损失，保证施工的顺利进行。根据事故致因因素的"4M"理论，管理的核心是对人（Man）、设备（Machine）、作业（Media）和管理（Management）这四大因素的控制。

全过程工程咨询单位在施工阶段须代表建设单位对安全生产承担管理责任，应当按照法律、法规和工程建设强制性标准的要求，按照"安全第一、预防为主、综合治理"的方针，始终保持对施工现场安全管理的强压态势，积极采取"四大措施"（技术措施、经济措施、教育措施、评价措施），实施"四全"（全员、全过程、全方位、全天候）动态化监督管理，力争通过不断地总结和改进把项目的安全管理水平提升到新的水平和高度。

1. 安全文明施工技术管理

1) 危险有害因素辨识

定期更新危险因素和环境因素辨识清单以及重要危险因素和重要环境因素辨识清单及控制措施表；督促施工单位根据当前现场作业类型、重要危险因素和环境因素辨识清单及控制措施表更新现场告知牌。督促施工单位根据重要危险因素和环境因素辨识清单及控制措施编制方案或应急预案。

2）安全生产措施方案

安全生产措施方案包括以下内容：

（1）项目概况；

（2）编制依据；

（3）安全生产管理机构及相关负责人；

（4）安全生产的有关规章制度制定情况；

（5）安全生产管理人员及特种作业人员持证上岗情况等；

（6）安全生产事故的应急救援预案；

（7）工程度汛方案、措施；

（8）其他有关事项。

2. 推行安全生产双重预防体系建设

（1）全过程工程咨询单位应动态开展危险源辨识和风险评估，建立风险分级管控制度，确保落实有力、效果明显；

（2）全过程工程咨询单位应建立健全隐患排查治理制度，加强对重大安全风险的管控，对重大事故隐患治理实施清单化、信息化、闭环化动态可追溯管理；

（3）全过程工程咨询单位应组织开展应急演练和人员避险自救培训，预案、应急处理措施得当，切实提升项目施工现场的应急处置能力；

（4）危险性较大的分部分项工程管理的要点。

①全过程工程咨询单位须组织勘察、设计等单位在施工招标文件中列出危大工程清单，要求施工单位在投标时补充完善危大工程清单并明确相应的安全管理措施；

②全过程工程咨询单位须协助建设单位按照施工合同约定及时支付危大工程施工技术措施费以及相应的安全防护文明施工措施费，保障危大工程施工安全；

③全过程工程咨询单位在申请办理安全监督手续时，须提交危大工程清单及其安全管理措施等资料；

④监理单位须结合危大工程专项施工方案编制监理实施细则，并对危大工程施工实施专项巡视检查；

⑤监理单位发现施工单位未按照专项施工方案施工的，须要求其进行整改；情节严重的，须要求其暂停施工，并及时报告全过程工程咨询单位和建设单位。施工单位拒不整改或者不停止施工的，监理单位须及时报告全过程工程咨询单位和建设单位及工程所在地住房城乡建设主管部门；

⑥对于按照规定需要验收的危大工程，监理单位须组织相关人员进行验收。验收合格的，经总监理工程师签字确认后，方可进入下一道工序；

⑦危大工程发生险情或者事故时，全过程工程咨询单位、监理等单位须配合施工单位开展应急抢险工作；

⑧危大工程应急抢险结束后，全过程工程咨询单位须组织勘察、设计、施工、监理等单位制定工程恢复方案，并对应急抢险工作进行后评估；

⑨监理单位须建立危大工程安全管理档案，将监理实施细则、专项施工方案审查、专项巡视检查、验收及整改等相关资料纳入档案管理。

3. 安全文明施工"6S"管理

"6S"管理是指对现场的各种生产要素不断地进行整理（Seri）、整顿（Seiton）、清扫（Seiso）、清洁（Seiketsu）、安全（Safety）、素养（Shitsuke）的活动。由于这6个词的日语罗马拼音或英文都是以"S"开头，所以简称"6S"管理。

1）构建宽敞明亮的施工现场

"6S"管理要求把与现场施工无关的、不必要物品清理出现场，为施工作业构建宽敞明亮的空间。

2）加强项目物资设备的管控

设置项目物资设备管理部门，适时根据项目进度，分阶段进行物资设备场地规划和管理，将现场材料存放在距离现场施工点较近的位置，从而提高效率。

3）营造干净整洁的施工环境

执行项目工、完、场、清的管理制度，每班定期清理垃圾、杂物，分班组划定保洁责任区，加强巡查和专项排查整治等工作，使现场达到干净、整洁的环境。

4）建立健全安全文明施工制度和标准化流程管理

在安全文明施工制度及标准化流程建设过程中，"6S"管理要求在维护整理、整顿、清扫三项工作的基础上，促进这些工作的标准化、规范化和制度化，使施工人员严格遵守相关的规定，并认真贯彻执行，为工作创造良好的环境。通过对施工现场的人员、设备、物资等进行全面的管理，制定切合实际的项目安全文明施工标准化。

5）安全教育要点

安全教育的目的是提高广大职工的安全技术知识水平，增强安全生产和自我保护意识，达到安全生产。

（1）施工单位必须对所有工人及管理技术人员进行安全教育，并将安全教育记录报送全过程工程咨询项目部，安全工程师应抽查施工单位安全教育工作；

（2）安全教育的基本内容包括思想教育、劳动保护方针政策教育、安全技术知识教育、事故教训和事故案例教育等。

6）提升员工的安全素养

（1）加强宣传教育，通过多种形式的宣传教育活动，如安全知识讲座、安全培训课程、安全案例分享等，提高员工的安全意识和知识水平；

（2）定期组织安全培训和演练，提高员工应对风险的能力和技能水平；

（3）在生产现场进行实际操作指导，规范员工的操作行为，提高其技能水平；

（4）塑造积极的安全文化，通过制定安全管理制度、明确安全责任、设立安全奖励机制等方式，营造积极的安全文化氛围；

（5）发挥领导层的引导作用，领导层要以身作则，重视安全生产工作，引导员工积极参与安全生产活动。

14.4 工程施工阶段管理流程

14.4.1 施工阶段的质量管理流程

施工阶段的质量管理流程如图 14-3 所示。

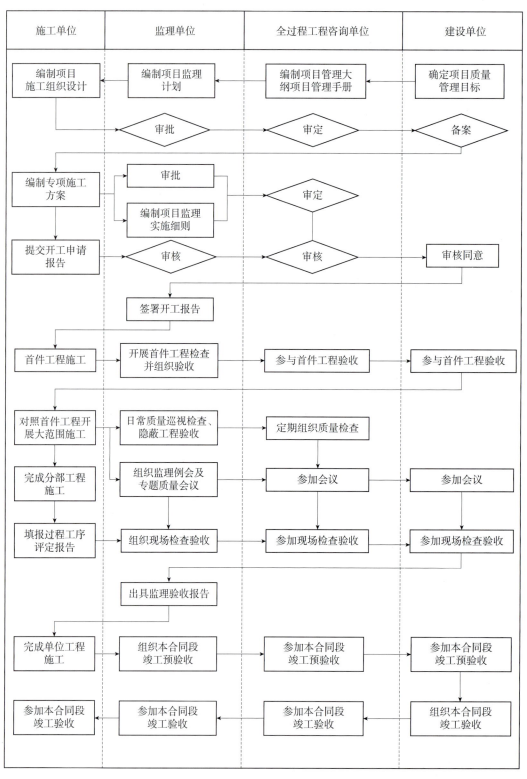

图 14-3 施工阶段的质量管理流程图

14.4.2 施工阶段的进度管理流程

工程施工阶段进度管理流程如图 14-4 所示。

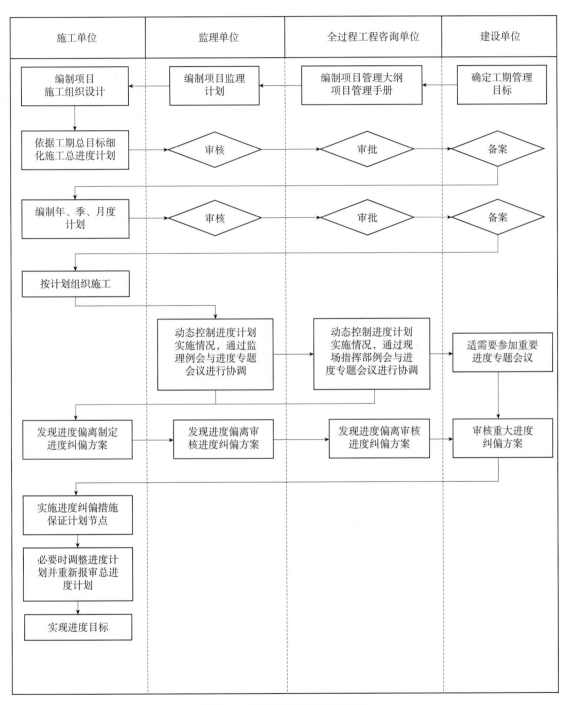

图 14-4　施工阶段的进度管理流程图

14.4.3 施工阶段的造价管理流程

工程施工阶段造价管理流程如图 14-5 所示。

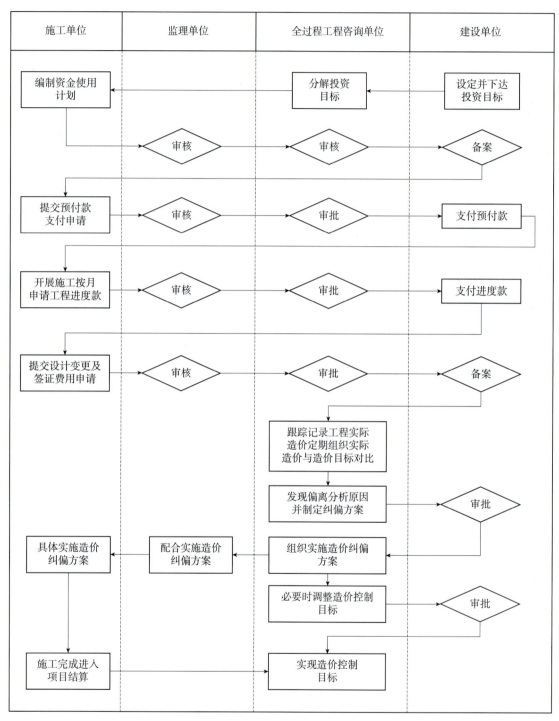

图 14-5 施工阶段的造价管理流程图

14.4.4 施工阶段的安全管理流程

工程施工阶段安全管理流程如图 14-6 所示。

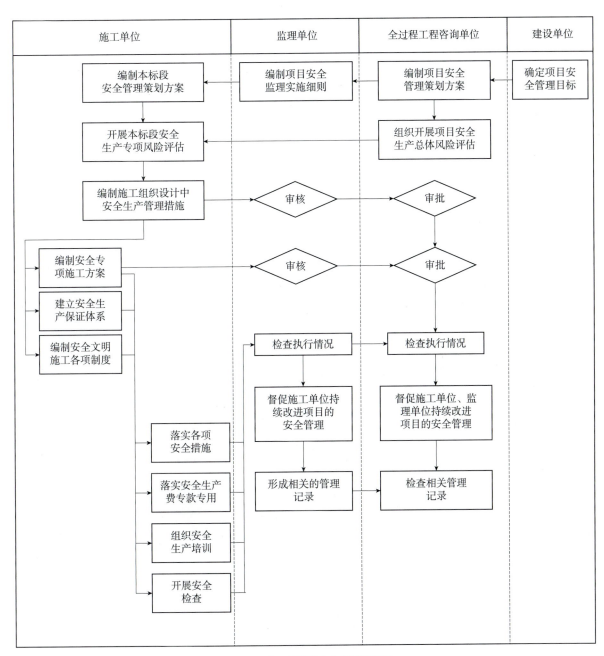

图 14-6 施工阶段的安全管理流程图

14.4.5　设计变更管理流程

工程施工阶段设计变更管理流程如图 14-7 所示。

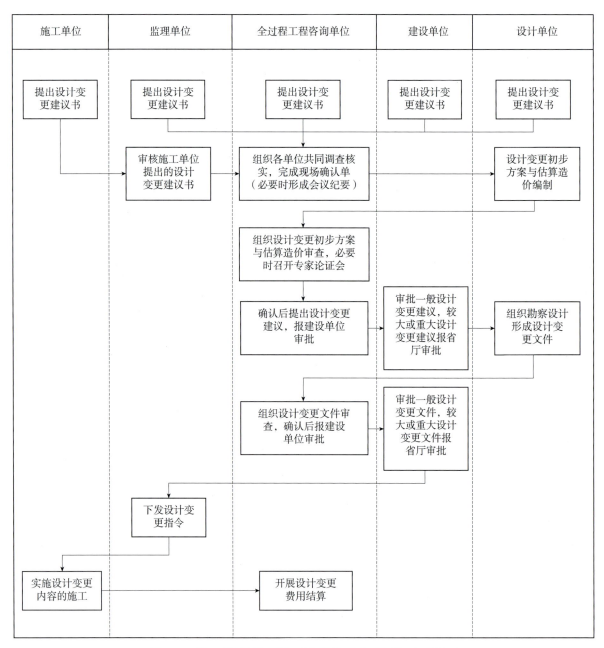

图 14-7　施工阶段设计变更管理流程图（工程变更审批可参照执行）

14.4.6 首件工程认可制管理流程

工程施工阶段首件工程认可制度管理流程如图 14-8 所示。

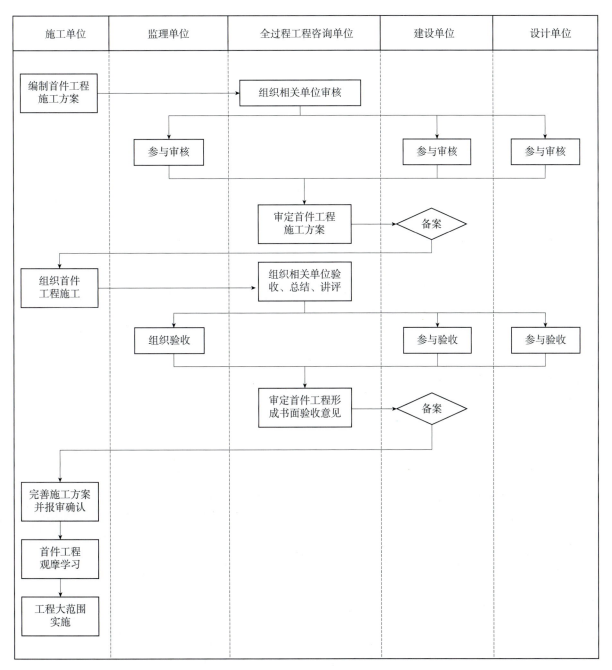

图 14-8　施工阶段首件工程认可制管理流程图

14.4.7 工程款支付流程

工程施工阶段工程款支付流程如图 14-9 所示。

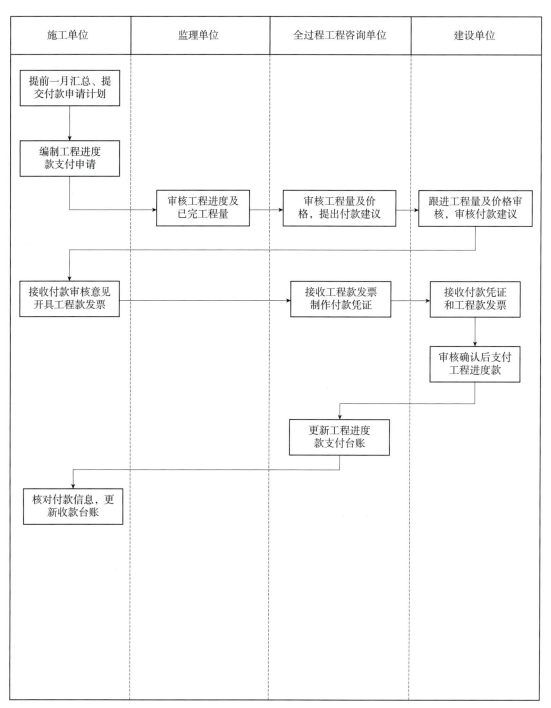

图 14-9　施工阶段工程款支付流程图

14.5 工程施工阶段咨询成果

质子肿瘤治疗中心项目工程施工阶段咨询成果见表 14-3。

工程施工阶段咨询成果 表 14-3

序号	咨询内容	咨询成果
1	管理策划	项目管理大纲 项目管理手册
2	质量控制	工程质量管理办法 重大工艺审批管理办法 工程监理管理办法 试验检测管理办法 原材料质量管理办法 隐蔽工程验收监督管理办法 劳动竞赛管理办法 质量计划（如工程检验批划分及验收计划） 质量记录表（如中间检查交接记录表）
3	进度控制	工程进度管理办法 进度计划跟踪表 进度情况对比表 项目进度检查表 进度计划调整文件（施工进度偏差对比表） 工程临时/最终延期报审表
4	设计与技术管理	科研管理办法 档案资料管理办法 施工组织设计及专项施工方案 监理计划及监理实施细则 设计变更文件 工程创优方案 工程奖项申报材料 工程奖项获奖纪录 工程论文、专利、专著 工程课题报告
5	造价控制	计量支付管理办法 资金监督管理办法 设计变更管理办法 进城务工人员工资支付管理办法 工程计量与支付表 工程预付款支付申请（核准）表 工程进度款支付申请（核准）表 工程款支付报审表 工程款支付证书 建设项目建设其他费用审批表 工程变更台账表 建设项目工程变更项目汇总表 建设项目工程变更审批表及工程签证台账表 建设项目工程签证汇总表 建设项目工程签证报审核定表 现场签证表 建设项目工程费用索赔汇总表 建设项目工程费用索赔报审表 索赔意向通知书

续表

序号	咨询内容	咨询成果
6	HSE 管理	驻地建设管理办法 工程项目职业健康安全管理表 施工现场环境管理体系运行表格 安全生产责任体系
7	招标采购	暂估价管理办法 分包管理办法 招标文件 投标文件 合同文件
8	合同管理	合同管理手册 合同管理制度 合同管理台账
9	组织协调	各类会议纪要 各类往来函件

第 15 章
BIM 咨询

15.1 BIM 技术概述

BIM 技术是基于三维建筑模型，集成建设项目设计、施工和运营过程中各种相关信息，数字化表达建设项目的物理和功能特性，支持建设项目全生命周期中动态的工程信息创建、管理和共享的技术。BIM 技术是土木工程管理领域的一种新工具。建设工程管理者可以使用 BIM 建模软件构建三维建筑模型，模型可以包含建筑所有构件、设备等几何和非几何信息及其之间关系信息，模型信息随建设阶段不断深化和增加。建设、设计、施工、运营和咨询等单位使用一系列应用软件，利用统一建筑信息模型进行设计和施工，可以实现项目协同管理，减少错误、节约成本、提高质量和效益。工程竣工后，利用三维建筑模型实施建筑运营管理，能较大程度地提高运营维护效率。

BIM 技术的主要相关概念包括：BIM、可视化、BIM+项目管理、4D 施工模拟、5D 施工模拟、施工方案模拟、碰撞检测、基于 BIM 的协同管理平台等，以下进行简要介绍。

1. BIM

在《建筑信息模型应用统一标准》GB/T 51212—2016 中，将 BIM 定义为：建筑信息模型 building information modeling 或 building information model（BIM），是指在建设工程及设施在全生命周期内，对其物理和功能特性进行数字化描述与表达，并以完成设计、施工、运营的过程和结果的总称。

2. 可视化

可视化即"所见所得"的形式，对于建筑行业来说，可视化的真正运用在建筑行业发展中的作用是非常大的。BIM 提供可视化的思路，将以往的线条式构件形成一种三维的立体实物图形展示在人们面前，项目设计、建造、运营过程中的沟通、讨论、决策都可在可视化的状态下进行。

3. BIM+项目管理

现代的工程项目随着复杂程度的增加，传统的施工技术已无法适应现在的施工管理，尤其是功能复杂的医院工程，对项目管理提出了越来越高的要求。无论是建设单位、总承包、各专业施工单位都要围绕项目的进度、造价、质量与安全来开展工作。而 BIM 技术作为一项新的信息技术，集成整合了大量的工程相关信息，可以促进管理者控制施工进度、节省投资费用、提高工程质量、保证施工安全、减少决策失误的风险，为项目各参与方提供实时数据的巨大支撑，打破设计、建造、施工和运营之间的传统隔阂，实现项目各参与方之间的信息交流和共享，通过信息的集成和应用，辅助全生命周期项目管理。

4. 4D 施工模拟

在三维建筑信息模型的基础上，增加时间维，通过安排合理的施工顺序，在劳动力、机械设备、物资材料及资金消耗量最少的情况下，按规定的时间完成满足质量要求的工程任务，实现施工进度控制。

5. 5D 施工模拟

通过将建筑物的实体数据在信息技术的基础上建立三维模型，再将工程施工技术及造价技术与三维信息融合，形成5D模型。利用建立的5D模型可以将建造过程中不同环节的所有建筑物信息、建筑施工的安排及工程造价等信息全面表达出来。该技术结合了多种专业软件，将土建、机电、装修等信息进行分析整合，减少了数据的重复输入并建立完整的信息模型，避免了工程建设当中出现的资源和时间的浪费，实现对施工过程中各个环节进行资源的监督管理，实现了各施工方进行良好沟通和交流的目的。

6. 施工方案模拟

在工程开始施工前，对建筑项目的施工方案进行模拟、分析与优化，从而发现施工中可能出现的问题。在施工前提前采取预防措施，减少施工进度拖延、安全问题频发、返工率高及建造成本超支等问题，实行多方案对比优化，直到获得最佳的施工方案。

7. 碰撞检测

利用BIM技术软件，自动检测管线与管线之间、管线与建筑结构等之间的冲突，发现实体模型对象占用同一空间（"硬碰撞"）或者是间距过小无法实现足够通路、安装、保温、检修或安全性等问题（"软碰撞"）的过程。

8. 基于BIM的协同管理平台

BIM技术的出现被视为建筑业变革的开始，其不仅改变了建筑设计的方式，也带来了沟通和协作的变革，使参与单位之间的沟通更加可视化，信息更加集中，数据的处理也更加智能。将BIM和传统的PMIS、PIP融合，形成基于BIM的协同管理平台，可进一步提升协同工作效率。

15.2 BIM 咨询要点

15.2.1 前期策划规划BIM管控要点

（1）通过前期地勘数据将施工模型导入，分析土方平衡情况，在项目进行过程中根据时间进度比对计划中的实际土方工作完成情况。

（2）在现状模型的基础上根据容积率、绿地率、建筑密度等建筑控制条件，创建工程的建筑体块各种方案，创建体量模型。做好总体规划、道路交通规划、绿地景观规划、竖向规划以及管线综合规划。

（3）根据项目地理信息，借助相关的软件采集此地的太阳及气候数据，并基于BIM模型数据，利用相关的分析软件进行气候分析，对方案进行环境影响评估，包括日照环境影响、风环境影响、热环境影响、声环境影响等评估。

15.2.2 设计阶段BIM管控要点

（1）制定BIM实施总体方案、工作管理制度、模型创建标准等。审核项目BIM实施方案和各专项实施方案，规范BIM实施的软硬件环境。审核项目的BIM实施管理细则、各项BIM实施标准和规范。

（2）审查BIM相关模型文件（含模型信息）包括建筑、结构、机电专业模型、各专业的综合模型。模型深度应符合各阶段设计深度要求，BIM问题报告及销项情况，及相关文档、数据。

（3）审查BIM模型应用分析报告、BIM模型模拟、BIM工程量清单、BIM可视化汇报等资料。

（4）组织协调对管线综合、建筑结构、建筑性能、使用功能优化指标及重难点设计问题BIM设计优化工作，并提出解决建议及方案。

（5）审查相关BIM成果是否符合《深圳市建筑工务署BIM实施管理标准（SZGWS 2015-BIM-01）》及其附录《深圳市建筑工务署BIM实施导则》的要求，提交审查报告并负责成果验收。

15.2.3 施工阶段BIM管控要点

（1）编制BIM招标投标，审查各参建单位编制施工BIM方案和各专项实施方案，规范BIM实施的软硬件环境。

（2）组织、审查施工深化BIM相关模型文件、基于BIM的施工方案优化。

（3）审核BIM定位预留预埋件、施工总平面图布置、模拟分析、工程量统计及施工交底。

（4）协调项目各方基于BIM的工程项目重点内容管控（质量、安装、进度、投资、变更）。

（5）审核实际完成情况与模型、督促各参建方完善及运维数据录入。BIM资料整理归档，为运维阶段准备。

15.2.4 BIM协同管理平台应用BIM管控要点

（1）搭建BIM协同管理平台进行全过程、全方位的图纸、模型等资料管理，确保数据的有据性、准确性、完整性、及时性、保密性。提高信息共享和协同工作效率，促进BIM应用的及时性和有效性。

（2）组织协调项目各参与方应用BIM协同管理平台，建立健全沟通协调机制。为项目进度、合同、成本、质量、安全、图纸、物料等信息提供数据支撑，实现有效决策和精细管理，从而达到减少施工变更，缩短工期、控制成本，提升安全、质量的目的。

15.3 BIM技术在全过程工程咨询中的应用

15.3.1 设计阶段应用点

1. 可视化设计

对于设计师而言，除了用于前期构思和阶段成果展现外，大量的设计工作还是要基于传统CAD平台，使用平、立、剖等三视图的方式表达和展现自己的设计成果。这种由于工具原因造成的信息割裂，在遇到项目复杂、工期紧张的情况下，非常容易出错。BIM的出现使得设计师不仅拥有了三维可视化的设计工具，"所见即所得"，更重要的是通过工具的提升，使设计师能使用三维的思考方式来完成建筑设计，同时也使建设单位及最终用户真正摆脱技术壁垒的限制，随时知道自己的投资能获得什么。在实体模型上，可直观形象地反映工程实际情况，最直接地发现设计中的错误和不合理；在项目建设过程中结合时间维度（状态信息），可以虚拟大部分的施工过程。

2. 协同设计

现有的协同设计主要是基于 CAD 平台，并不能充分实现专业间的信息交流。这是因为 CAD 的通用文件格式仅仅是对图形的描述，无法加载附加信息，导致专业间的数据不具有关联性。BIM 的出现使协同不再是简单的文件参照，BIM 技术为协同设计提供底层支撑，大幅提升协同设计的技术含量。借助 BIM 的技术优势，协同的范畴也从单纯的设计阶段扩展到建筑全生命周期，需要规划、设计、施工、运营等各方的集体参与，因此具备了更广泛的意义，从而带来综合效益的大幅提升。

3. 性能化分析

利用 BIM 技术，在设计过程中创建的虚拟建筑模型已经包含了大量的设计信息（几何信息、材料性能、构件属性等），只要将模型导入相关的性能化分析软件中，就可以得到相应的分析结果。原本需要专业人士花费大量时间、输入大量专业数据的过程，如今可以自动完成，大大降低了性能化分析的周期，提高了设计质量，同时也使设计公司能够为建设单位提供更专业的技能和服务。

4. 校核施工图纸错误、专业冲突及不合理问题

对全专业全过程或指定区域（和系统）进行三维建筑信息模型建模，校核施工图纸错误、专业冲突及不合理问题，协助解决设计问题，并进行各专业之间的碰撞检查，对其中不合理的地方进行反馈与优化。强化设计协调、减少因"错、缺、漏、碰"导致的设计变更，提高设计效率和设计质量。建模过程中，将发现的图纸问题，用二维和三维的展现形式反馈给设计部门，做好预控，提前解决问题，减少了过程中的变更。通过建模识图、三维可视及局部碰撞，能够清晰地发现部分设计问题，并直观表述给设计部门。项目在 BIM 应用前期建立了精细化模型，通过把设计图纸的思想整合到 BIM 三维模型中，对主要构件连接部位的钢筋模型进行碰撞检测，提前预见哪些地方存在碰撞，在问题发生之前就发现并解决问题，为后期施工提前排除困难、保驾护航。

5. 工程量统计

BIM 是一个富含工程信息的数据库，可以真实地提供造价管理所需要的工程量信息，同时借助这些信息，计算机可以快速高效地对各种构件进行统计分析，显著减少了繁琐的人工操作和避免潜在错误，非常容易实现工程量信息与设计方案的完全一致。通过 BIM 获得的精准工程量统计结果可用于前期设计过程中的成本估算，在建设单位预算范围内不同设计方案的探索或者不同设计方案建造成本的比较，以及施工开始前的工程量预算和施工完成后的工程量决算。

6. 场地分析

该项功能可根据施工场地的现实条件和特点，完成更为理想的场地规划、交通流线组织关系及内部设施布局等设计。

15.3.2 施工阶段应用点

1. 施工进度模拟

将 BIM 模型与施工进度计划相关联，将空间信息与时间信息整合在一个可视的 4D（3D+Tme）模型中，可以直观、精确地反映整个建筑的施工过程，把握工程实际进度。

2. 管线综合优化

利用 BIM 技术，通过搭建各专业的 BIM 模型，设计师能够在虚拟的三维环境下方便地发现设计中的碰撞冲突，从而大大提高了管线综合的设计能力和工作效率。依据设计文件，利用搭建好的模型，按设计和施工规范要求将各专业管线和设备进行综合排布，既满足功能要求，又满足净空、美观要求。这不仅能及时排除项目施工环节中可能遇到的碰撞冲突，显著减少由此产生的变更申请单，更大大提高了施工现场的生产效率，降低了由于施工协调造成的成本增长和工期延误。

3. 施工组织模拟

基于 BIM 技术对施工进度可实现精确计划、跟踪和控制，动态地分配各种施工资源和场地，实时跟踪工程项目的实际进度，并通过计划进度与实际进度进行比较，及时分析偏差对工期的影响程度以及产生的原因，采取有效措施，实现对项目进度的控制。在重大基础设施工程施工组织中建造 BIM 的 4D 虚拟模型，清晰直观地展现动态模拟过程，形象直观地动态模拟施工阶段过程和重要环节的施工工艺。将多种施工及工艺方案的可实施性进行比较，为最终方案优选决策提供支持，将多种施工方案进行可实施性比选，选择出最优施工方案。采用动态跟踪可视化施工组织设计（4D 虚拟建造）的实施，对于设备、材料到货情况进行有效预警，同时通过进度管理，将现场实际进度完成情况反馈回"BIM 信息模型管理系统"中，与计划进行对比、分析及纠正偏差，实现施工进度的有效控制管理。

4. 施工总平面三维布置

通过相应的 BIM 软件，将二维的施工平面布置图建立成为直观的三维模型，模拟场地的整体布置情况。通过 3D 漫游，展现现场设施布置情况，提前发现和规避问题，根据内嵌规范对布置情况进行合理性检查。自动生成工程量，为场地总平面布置提供依据，避免浪费。也可更直观辅助投标、施工组设计及方案交底。

5. 进度控制

当前建筑工程项目管理中经常用甘特图表示工程的进度计划，其可视化程度比较低，无法清晰描述施工进度以及各种复杂关系，难以准确表达工程施工的动态变化过程。重大基础设施工程施工的进度管理是指对工程项目各施工阶段的工作内容、工作程序、持续时间和逻辑关系制定计划，并将该计划付诸实施。最新的 BIM 技术为解决重大基础设施工程施工进度的动态化管理提供了一个良好的技术支持和应用平台。在项目工程实施过程中需要考虑项目进度。一旦出现偏差需及时分析原因，并组织相关项目负责部门沟通讨论有效的应对措施，协调整个工程进度计划，保证项目能够按时竣工，完成交付工作，确保各阶段进度目标的实现。施工监理所进行的进度管理是指对施工项目的进度进行科学合理的安排和监控，确定项目能够按照预定的计划完成。

6. 质量管理

通过现场施工情况与模型的对比分析，从材料、构件和结构三个层面控制质量，有效避免质量通病的发生。若有省级、国家级优质工程奖的创优需求，尚需基于 BIM 技术进行创优策划、优质施工样板引领效果、优质施工工艺模拟与跟踪等创优质量管理。需要提前对工人进行基于 BIM 技术的质量管理技术交底，进行开工前的培训，或为工人实际操作提供参考，从而减少实际操作失误。现场施工管理人员需要实时将现场问题进行拍照，对问题进行描述并上传至项目协同平台，通过与模型进行关联，有效地跟踪质量控制问题，精确控制质量管理信息。

7. 安全管理

应用BIM技术施工模拟，提前识别施工过程中的安全风险，进行危险识别和安全风险规避；并基于安全信息集成和共享，实现施工全过程动态安全管理。需要提前对工人进行基于BIM技术的安全管理技术交底，进行开工前的培训，或为工人实际操作提供参考，从而减少实际操作失误。现场施工管理人员需要实时将现场问题进行拍照，对问题进行描述并上传至项目协同管理平台，通过与模型进行关联，有效地跟踪安全控制问题，进行任务信息共享与管理。

15.3.3 竣工交付阶段应用点

1. 开办准备辅助

基于模型，进一步增加设备、设施信息，用于开办前的使用规划方案制定、采购统计分析等。利用模型，进行开办前的各项检查、测试和模拟，包括空间、设备、设施、流线和家具等，若有必要，可做进一步整改与优化。

2. 设备及系统调试辅助

利用模型，辅助制定设备或系统调试方案和应急预案，开展重要设备及系统调试。利用模型，进行设备及系统调试的方案审核与风险分析，例如可通过BIM技术分析各系统之间的拓扑结构及影响关系。一旦发生问题，可辅助开展问题分析或应急方案制定。根据调试结果，完善BIM技术中的相应数据。

3. 人员培训

利用BIM技术，对开办人员进行培训，包括熟悉空间、设施、设备和流线等，以保证开办工作的顺利开展。

4. BIM技术成果验收及移交

对照相关合同及其他约定，组织BIM技术成果验收。验收可采用会议验收或委托方自行验收方式，具体验收工作建议由委托方组织，可邀请相应专家参与。若引入BIM技术咨询单位，则其他参与方的BIM技术成果验收可由BIM技术咨询单位组织。将验收或根据验收意见修改后的BIM技术成果移交给委托方，成果包括并不限于模型、报告、图片及视频等各类电子或纸质文档。

5. 竣工验收及保修管理辅助

可利用BIM技术的可视化模型以及相应参数，辅助竣工验收。若在竣工验收过程中发现模型信息错误或者不准确，或者需要进一步补充或深化模型，或者需要针对整改后的部分进行模型构建或修改，可根据约定或者协商进行模型完善。利用BIM技术，辅助工程缺陷的修复及跟踪，并根据修复结果，进一步完善模型。可根据重要设备设施维修、保养的内容清单及技术文件，完善模型中的相应信息，为运维阶段BIM技术应用提供基础信息。

6. 竣工结算、决算、审计及后评估辅助

可利用BIM技术进行工程量的校核，以及工程变更的校核，辅助竣工结算。针对结算过程中的疑难分歧，可利用BIM技术进行辅助分析。可利用BIM技术进行决算分析，形成投资分析报告和知识模型，为后续同类项目提供参考建议。如有必要，可利用BIM技术配合审计单位完成工程审计工作；利用BIM技术配合项目后评估工作。

7. 竣工档案管理

与BIM技术相关的竣工档案需要满足现有规范和规定的要求；与BIM技术相关的竣工档案包括模型、视频、音频、文档及图片等各类形式的档案；与BIM技术相关的竣工档案建议按照国家及地方要求进行组卷、编码、签名（或电子签名）等，并保证信息的准确性和完整性。

15.3.4 运营维护阶段应用点

1. 空间分析及管理

基于BIM技术，制定空间使用规划、分配使用方案。制定空间分类、编码与色彩标准方案（可与设计阶段协同一致），进行基于BIM技术的可视化空间分析和空间管理，例如不同功能空间的定位等。基于BIM技术开展空间统计分析，例如空间的自动测算及组合统计分析、各种功能的统计分析、空间的使用效率分析以及基于空间的能耗测算、投资测算、成本分析等。结合智能传感等方式，获取空间环境中温度、湿度、CO_2浓度、光照度等信息，进一步可获取碳（氮）氧化物排放监测数据信息。

2. 设备运行监控

通过基于BIM技术的设备可视化搜索、展示、定位和监控，大幅度提高了设备查询的效率、定位准确程度以及应急响应速度，以应对越来越复杂的医院设备设施系统，并考虑与现有后勤智能化平台进行对接。支持基于BIM技术的拓扑结构查询，以查找、定位、显示甚至控制上下游设备，辅助分析故障源以及设备停机的影响范围。设备模型信息与实时监控数据的对接方案及实现，能按设备、按点位和按使用空间进行分类、分组显示。根据不同设备特点和需求，设置报警阈值（或动态阈值）及异常事件触发后的可视化展示方式。监控和监测日志应包括时间、设备空间信息、监测事件、监测视频和归档档案等。大修改造项目需要做好原有监测设备和新增设备的模型记录，在大修过程中应记录好因施工而影响的监测部位和监测设备的原有方案、临时方案和最终方案，以便后期恢复和查证。

3. 能耗分析及管理

利用BIM技术，集合设施能耗计量系统，生成能耗数据，对能耗进行分析，以此制定优化方案，降低能耗及运维成本，打造智慧绿色医院。①BIM技术与能耗数据的集成方案及实现。包括通过相应接口或传感器等多源数据的集成与融合。②能耗监控、分析和预警方案及实现。包括远程实时监控以及预警的可视化展示、定位和警示提醒等。③设备的智能调节方案及实现。基于能源使用历史情况的统计分析，自动调节能源使用方案，也可根据预先设置的能源参数进行定时调节，或者根据建筑环境和外部气候条件自动调整运行方案。④能耗的预测及方案优化。根据能耗历史数据，预测未来一定时间内的能耗使用趋势，合理安排设备能源使用计划。生成能耗分析报告或将能耗数据传递到其他系统，进行标杆分析，为各管理部门提供决策服务。

4. 设备设施维护管理

将相应信息集成，生成前瞻性维护计划，例如对需要更新或保养的设备或配件，自动提醒维护人员，驱动维护流程，实现主动式智慧维护管理，保障设备运行的高可靠性，降低运维成本，为高效能运行提供基本保障。基于BIM技术及RFID、二维码等技术，实现设备设施的监控运行、故障报警、应急维修辅助、突发事件快速响应，保障医院的运行安全。

5. BAS 或其他系统的智能化集成

（1）不管是新建项目，还是既有建筑，都可能存在建筑 BAS、安防、停车等成熟的、独立的智能化系统，BIM 技术和这些系统的集成有助于更大程度上提升可视化和智能化水平；

（2）BIM 技术与现有 BAS、安防、停车等智能系统的集成方案分析；

（3）其他系统建议提供标准化数据接口及检测点位图，以方便可视化展现监控点位模型，实现 BIM 技术中定位及数据查看；

（4）基于 BIM 技术的 BAS、安防、停车等智能集成平台的开发或引进。随着 BIM 技术的逐渐应用，会出现越来越多的基于 BIM 技术的智能化平台或潜在开发需求，需要结合医院自身特点、需求和应用环境，开发或引进相应平台；

（5）BIM 技术与现有 BAS、安防、停车等智能集成平台的维护与升级。随着技术的不断发展，需要考虑这些系统的同步升级和集成功能的实现；

（6）基于集成的系统和数据，与 HIS（覆盖医院所有业务和业务全过程的信息管理系统）进一步融合，并利用人工智能、大数据等最新技术，为智慧运维、智慧诊疗和管理决策提供支撑服务。

6. 运维人员培训

借助 BIM 技术可视化模型、基于 BIM 技术的运维平台（或现有其他运维平台）、VR 及 AR 设备等，通过浏览、查看、模拟与沉浸操作，增强保障人员的沉浸感、体验感和直观感受，使他们能快速掌握设施特点、位置信息、操作方法和运维要求等，提高培训效率和效果。设施管理培训方案和培训计划的制定。根据 BIM 技术特点，提出基于 BIM 技术的培训计划、培训目的和培训方案，尤其是重点部位、重要区域和关键设备，制定详细的培训计划。培训准备，包括模型、数据和软硬件等方面。基于 BIM 技术的培训实施。例如日常运行监控、设备查看、场景展示和模拟演练等。基于 BIM 技术的运维培训既可利用模型，也可开发专门的基于 BIM 技术的运维培训平台，或者利用现有运维平台进行培训辅助。但需确保培训过程不能出现针对实际运行系统的误操作，做好培训方案，以避免影响正常系统的运维。

7. 模型及文档管理

将项目全生命周期的模型信息、数据信息、文档资料统一管理，实现项目运维数据、模型及资料数据库建设，为项目成员提供资料的检索、预览、批注和版本管理。

8. 资产管理

利用运维模型数据，评估改造和更新资产的费用，建立维护和模型关联的资产数据库。通过对设备和设施的数字化、虚拟化，从而形成数字化资产，这些数据对资产管理及运维具有长期价值。基于 BIM 技术及二维码、RFID 等技术进行资产信息管理，包括资产的分类、编码、价值评估和维护记录等。利用 BIM 技术的可视化特点，进行关键资产的空间订立，以方便资产的管理。通过手持终端、台账同步等方式，进行资产信息的更新和维护，并实现集中式存储、管理和共享。资产管理的数据分析及决策咨询。通过数据的利用和挖掘，数据的集成与融合，以及数据驱动的应用，最大化地实现设备全生命周期运行的保值和增值。随着建筑不断进行改造和大修，需要保证历史数据的记录以及数据的更新，要对数据创建、产生、使用等全过程进行职责划分，要提出数据要求和数据标准。

9. 应急管理

利用 BIM 技术及相应灾害分析模拟软件，模拟灾害发生过程，制定应急预案、应急疏散和救援方案等。针对意外事件、突发事件和突发故障，通过实时数据的获取、监控调用，利用智能化系统、BIM 技术数据和可视化展示方式，预警事故发生，显示疏散路径，制定或评估应急方案，提高医院应急管理和弹性管理水平。

15.4　BIM 技术应用成果

质子肿瘤治疗中心项目全过程 BIM 技术应用成果见表 15-1。

项目全过程 BIM 技术应用成果一览表　　　　表 15-1

应用项	咨询内容	实施成果
\multicolumn{3}{前期策划阶段}
一、模型创建	创建包含道路、建筑物、绿化、高程信息的现状模型	现状模型
二、决策规划	创建工程的建筑体块各种方案，创建体量模型	总体规划
三、辅助环评	基于 BIM 模型数据，利用相关的分析软件进行气候分析	环境影响评估报告
\multicolumn{3}{设计阶段}
一、设计 BIM 准备	搭建设计 BIM 管理平台	BIM 管理平台
	项目组编制 BIM 实施总体方案	《BIM 实施总体方案》
	项目组组织《BIM 实施总体方案》评审	评审通过《BIM 实施总体方案》
	设计单位组织《方案设计阶段 BIM 实施方案》	《方案设计阶段 BIM 实施方案》
	项目组组织《方案设计阶段 BIM 实施方案》评审	评审通过《方案设计阶段 BIM 实施方案》
	设计单位编制《BIM 正向出图标准》	《BIM 正向出图标准》
	项目组组织《BIM 正向出图标准》评审	评审通过《BIM 正向出图标准》
	编制《BIM 工作管理制度》	《BIM 工作管理制度》
	项目组组织《BIM 工作管理制度》评审	评审通过《BIM 工作管理制度》
	设计单位组建 BIM 实施团队、搭建 BIM 实施软硬件环境	BIM 实施团队、BIM 实施软硬件
	组织 BIM 总协调方综合检查 BIM 实施准备工作	BIM 协同管理平台、BIM 实施团队、BIM 实施软硬件检查报告单
二、BIM 模型创建	项目组提出 BIM 设计模型的创建要求	《BIM 设计模型创建要求》
	设计单位创建 BIM 设计模型	BIM 设计模型
	BIM 总协调方审核设计模型	《BIM 设计模型审核报告》
	设计单位修改 BIM 设计模型	修改后的 BIM 设计模型
三、BIM 模型应用	建筑指标计算工作	《建筑指标计算统计报告》
	专业综合与碰撞检查	《BIM 模型专业检查综合报告》
	日照环境分析	《基于 BIM 的日照模拟分析报告》分析视频、效果图
	风、光、热、声环境分析	《基于 BIM 的风、光分析报告》分析视频、效果图
	交通流线分析	交通流线分析报告
	岩土分析	地质模型、地质分析报告
	场地土方平衡分析	场地土方平衡应用分析报告
	净空净高分析	《基于 BIM 的建筑净空净高分析报告》
	火灾、疏散模拟分析	火灾、疏散模拟分析报告

203

续表

应用项	咨询内容	实施成果
设计阶段		
三、BIM 模型应用	室内外漫游模拟	漫游模拟视频
	设计建造过程模拟	建造过程模拟视频
	统计建筑结构专业工程数量	《基于 BIM 的建筑结构工程数量统计报告》
	统计机电专业设备材料工程数量	《基于 BIM 的机电专业设备材料工程数量统计报告》
	统计幕墙钢结构工程数量	《基于 BIM 的幕墙钢结构工程数量统计报告》
四、BIM 设计优化工作	管线综合优化指标实现	《基于 BIM 的管线综合设计优化方案》、优化后的 BIM 模型
	建筑结构优化指标实现	《基于 BIM 的建筑性能优化方案》、优化后的模型
	建筑性能优化指标实现	《基于 BIM 的建筑性能优化方案》、优化后的模型
	使用功能优化指标实现	《基于 BIM 的建筑使用功能优化方案》、优化后的模型
五、BIM 协同管理平台应用	BIM 协同管理平台使用	BIM 协同管理平台使用
六、基于 BIM 的管控工作	落实项目组的 BIM 管控要求	设计 BIM 管理精细化
七、BIM 成果汇总及归档	设计 BIM 成果汇总（模型、视频、报告等）与归档	设计 BIM 成果清单及相应成果
	设计 BIM 成果移交	设计 BIM 移交清单及相应 BIM 模型、报告、视频等
八、设计 BIM 实施评价	设计 BIM 实施履约评价（方案、成果等）	设计 BIM 履约评价报告
九、其他应用点	VR 引擎漫游展示	VR 引擎漫游展示
	室内方案比选	确定的室内方案
施工阶段		
一、BIM 招投标	项目组编制各参建单位的《BIM 招标文件》	《施工 BIM 招标文件》
	项目组组织 BIM 投标文件评审	《投标单位评审得分表》
二、施工 BIM 准备	部署 BIM 参建平台	BIM 协同管理平台
	各参建单位编制《施工 BIM 实施方案》	《施工 BIM 实施方案》
	项目组组织《施工 BIM 实施方案》评审	评审通过的各参建单位《BIM 实施方案》
	各参建单位组建 BIM 实施团队、搭建 BIM 软硬件环境	BIM 实施团队、BIM 实施软硬件
	设计 BIM 成果接收	设计 BIM 移交清单及相应 BIM 模型、报告、视频等
	组织 BIM 总协调方综合检查 BIM 实施准备文件	BIM 协同管理平台、BIM 实施团队、BIM 实施软硬件检查报告单
三、施工 BIM 模型创建	组织审核施工深化、自建 BIM 模型	《BIM 模型审核报告》
	模型创建单位修改设计移交、施工自建 BIM 模型	修改后的设计 BIM 模型
	施工 BIM 基础模型管理	施工 BIM 基础模型
	基于模型的设计正确性审核及设计变更、修改模型	设计正确性审核报告、修改后模型
	BIM 模型施工深化	施工深化模型
	基于 BIM 的施工方案优化	《施工方案优化报告》
	施工 BIM 标准模型管理	施工标准模型
四、BIM 模型应用	施工管线洞口预留预埋	管线洞口预留预埋模型
	施工总平面图布置	施工平面布置模型
	施工过程模拟（节点模拟）	施工过程模拟视频

续表

应用项	咨询内容	实施成果
施工阶段		
四、BIM模型应用	设备安装模拟	设备吊装、转运、安装模拟视频
	基于BIM的施工交底（重点工艺）	基于BIM的施工交底会议纪要
	基于BIM的现场施工指导（部分）	现场施工
	建筑结构工程数量统计（重要数量统计）	《基于BIM的建筑结构工程数量统计报告》
	机电设备材料工程量统计（重要内容）	《基于BIM的机电专业设备材料工程数量统计报告》
	幕墙钢结构工程数量统计（重要数量统计）	《基于BIM的幕墙钢结构工程数量统计报告》
	VR/AR技术应用	VR/AR应用设备
五、BIM管理平台应用	平台功能模块应用（文档、会议、变更、质量、安全、手机APP等），实现信息化管理	BIM协同管理平台使用
六、基于BIM的管控工作	BIM模型信息检查和维护管理	施工过程信息
	基于BIM的工程质量管理（重点内容）	工程建造质量提升
	基于BIM的工程安全管理（重点内容）	降低安全事故风险
	基于BIM的工程进度管理（重点内容）	工程进度管理精细化
	基于BIM的工程投资管理工作	工程项目投资管理精细化
	基于BIM的工程变更管理工作	工程项目变更管理精细化
七、竣工移交	竣工模型创建	完（竣）工模型
	竣工模型的整合与审核	竣工模型
	工程竣工移交BIM应用	BIM移交清单及相应BIM模型、报告、视频等
八、BIM成果汇总	竣工BIM成果汇总（模型、视频、报告等）与归档	施工BIM成果清单及相应成果
九、施工BIM实施评价	施工BIM实施履约评价（方案、成果等）	施工BIM履约评价报告
十、其他应用点	项目建设土方平衡应用	土方平衡应用分析报告
	市政工程永临结合BIM应用	市政工程永临结合BIM应用分析报告
	精装修中的BIM应用	精装修BIM模型
	预制工程BIM应用	预制BIM模型
	无人机技术应用	全景球、现场视频直播
	智慧工地BIM应用	现场数字化监管
运维阶段		
运维管理平台	设备信息录入	提供设备状态汇总信息
	以手持APP为输入端，数据录入	交接班、巡逻点检维修维护、数据录入等
	对医院的培训资料和后勤管理手册等资料进行收集、分类、存储	各种后勤信息资料统一化管理
	平台对数据分析、报告、预判、诊断等职能学习分析	基于不同维度的数据分析、报告、预判、诊断等
	平台对设备自动实时监控	运维隐患全方位评测、流程监管执行
	平台对各系统、部门的能源用量监控	平行对比项目用能分析健康诊断

第 16 章
调试验收与移交咨询

16.1 调试验收与移交阶段咨询概述

工程调试验收与移交阶段是由整个工程项目建设期到工程投入使用期管理之间的重要且基本的节点，也是对工程建设及投资的重要检验。参加验收的单位除各参建单位外，还包括运营管理单位、供货商或设备供应商等单位。当工程基本满足项目调试验收与移交规定条件时，被申请验收的单位人员要及时提出申请竣工验收，验收过程由验收主持管理单位负责组织项目相关主管部门和验收专家，对项目工程质量指标进行评定，对项目工程验收移交全过程成果进行综合评价，最终做出确定有关验收过程结论并移交的一个过程。

工程调试验收与移交需根据不同的项目性质分不同的验收阶段进行，而不同验收阶段的验收主体、验收性质及验收工作侧重点亦存在一定的区别。工程调试验收与移交从业人员在工作中必须严格遵循科学、尊重事实，并积极组织各个部门间进行协同沟通配合，确保工程质量符合相应要求。

工程调试验收与移交作为项目投入（试）运营的根本前提，是对工程质量把关的最后一道"门槛"，全过程工程咨询单位不仅要在工程施工阶段做好技术与质量管理等，更要做好工程调试验收与移交工作。在全面考核项目的建设成果，以确保项目按设计要求的各项技术经济指标正常使用的同时，还要为提高建设项目的经济效益和管理水平提供重要依据。工程调试验收与移交阶段咨询，一方面，应始终坚持"百年大计，质量第一"的原则，依据建设工程检验评定标准及验收规范对项目的建设质量和成果进行一丝不苟、客观公正、实事求是的最终评定；另一方面，还需确保工程调试验收与移交工作的编审效率最优，对符合验收标准的要及时办理验收交付手续，以确保项目尽快转入运行使用，尽早发挥投资效益。

16.2 调试验收与移交阶段咨询内容

工程调试验收与移交管理可分为专项验收、阶段验收、竣工验收、法人验收与政府验收阶段，工作内容见表 16-1。

作为全过程工程咨询服务工作的一个重要组成部分，为了保证工程所有验收活动能够顺利进行，全过程工程咨询服务机构应按照适用的国家（行业）标准或规程规范，按照建设单位确定的工

	工程调试验收与移交管理内容	表 16-1

序号	内容
1	按照建设单位要求，协助组织项目相关各参建方办理项目专项验收、阶段验收和竣工验收申报手续，并协助进行项目专项验收、阶段验收和竣工验收
2	组织协调设计、施工、监测、设备制造安装、运行等单位提交验收所需的资料，配合建设单位协助验收委员会开展验收工作
3	督促责任单位提出的对工程遗留问题的处理意见和要求，监督施工单位做好质量保修工作
4	组织施工单位按项目建设内容与合同约定向建设单位办理交接手续（含工程档案移交、工程实体移交）
5	竣工验收完成后，配合建设单位按国家有关规定办理档案、固定资产移交、备案等相关手续

程质量评价体系，评价并确认所完成工程的质量状况并提交真实完整的评价报告。全过程工程咨询服务机构的工程验收职责见表 16-2。

	全过程工程咨询服务机构的工程验收职责	表 16-2

序号	职责
1	如果建设全过程工程咨询服务范围涉及枢纽工程的一部分或全部，根据相关的行业标准或规程规范，结合施工辅助工程的组成，工程开工前提出单位工程划分及其编码系统、分部工程和单元工程划分及其编码原则的建议
2	在单位工程划分及其编码、分部工程和单元工程的划分及其编码原则得到确认后，提出全过程工程咨询服务范围内所涉及单位工程的分部工程划分及其编码以及单元工程的划分原则、分组及其编码的建议，以推进建设单位建立统一完善的工程质量评价体系
3	监督并见证施工单位实施单元工程的工序质量检验，在获得所有规定的检验或试验成果后，督促施工单位尽快进行单元工程质量评定并提交评定资料，复核评定资料的完整性和真实性，确认单元工程的质量等级
4	审核施工单位提交的分部工程质量保证资料，编制分部工程质量评定复核报告，组织分部工程验收，确认分部工程的质量等级
5	编制重要隐蔽工程工作报告，按照建设单位的要求组织或协助进行重要隐蔽工程验收（预验收），或根据建设单位的授权主持重要隐蔽工程验收（预验收）
6	审核并确认施工单位提交的合同工程竣工图纸和质量保证资料，编制并提交合同工程工作报告，按照要求制作汇报材料，协助建设单位组织合同工程验收
7	编制单位工程工作报告，按照要求制作汇报材料，参加单位工程验收
8	编制单项工程投入使用验收工作报告，按照要求制作汇报材料，参加单项工程投入使用验收
9	编制工程验收工作报告，按照要求制作汇报材料，参加工程验收
10	在工程建设的不同阶段，根据工程质量和安全监督、工程安全鉴定的要求，编制建设自查或自检工作报告

按照验收所涉及的工程范围和建设阶段的不同，工程验收应由建设单位主持或政府（建设行政主管部门）主持，也可委托具备资质或权限的机构组织部分或全部的验收工作，并向验收主持机构提交验收鉴定报告，验收结论应得到验收主持机构的最终认可。

建设单位可主持分部工程验收、重要隐蔽工程验收、单元工程验收、附属工程或施工辅助设施单项工程投入使用验收以及合同工程的完工验收等，阶段验收、竣工验收及单项工程验收等应由政府主持。

16.3 调试验收与移交阶段咨询要点

16.3.1 明确工作程序及各方职责

项目进入调试验收与移交阶段,全过程工程咨询单位应会同设计单位、监理单位和施工单位的有关负责人一道组成工程调试验收与移交小组,策划具体的工作程序,制定验收计划,明确该阶段各参建方的管理职责,做到责权利明确,充分调动各方积极性。为保证验收与移交阶段竣工资料整理、工程验收、变更索赔商务处理、完工结算、材料设备处置、财务核算等工作顺利进行,应核定项目管理岗位和数量,在完成所承担的工作之前,保持相对的连续性。对主要部门人员的调离要进行详细交接,要有资料移交清单和遗留问题的移交清单,确保验收与移交工作能按期顺利实施。

16.3.2 审核验收条件

按照《建设工程质量管理条例》规定,建设工程竣工验收依据以及应当具备的条件分别见表16-3、16-4。

建设工程竣工验收的依据 表16-3

序号	依据	资料
1	上级主管部门对该项目批准的各种文件	包括可行性研究报告、环境影响评价报告、节能评估报告、防辐射评价报告等各类审批报告,设计施工图以及项目建设的有关文件
2	工程设计文件	包括施工图纸及说明、设备技术说明书及施工过程中的设计修改变更通知书等
3	国家颁布的各种标准和规范	包括工程施工及验收规范、工程质量检验评定标准等
4	合同文件	包括施工承包单位、设备采购单位等工作内容和应达到的标准等

建设工程竣工验收应当具备的条件 表16-4

序号	条件
1	完成建设工程设计和合同约定的各项内容
2	完整的技术档案和施工管理资料
3	工程使用的主要建筑材料、设备进场试验报告齐全
4	设备验收合格报告齐全
5	勘察、设计、施工、全过程工程咨询单位分别签署的质量合格文件
6	施工单位签署的工程保修书,质子设备单位签署的运营维护保修书

【案例16.1】深圳市质子肿瘤治疗中心项目专项验收条件实例

深圳市质子肿瘤治疗中心项目经竣工验收合格后,可以投入试运行,但还须申请公安消防、卫生防疫、市政公用、园林绿化、环境保护及城市规划等部门进行专项验收,各专业验收合格后方可办理竣工验收备案手续。专项验收具体要求见表16-5。

专项验收具体要求　　　　　　　　　　　　　表 16-5

验收项目	提供资料	合格证明
规划验收	①建筑工程规划许可及附图 ②房屋竣工验收测绘图及建筑工程规划测绘成果报告书 ③城建档案竣工资料审核意见 ④消防、卫生、绿化、交警、民防、交港等验收批复	规划验收合格证
环境保护	建设项目竣工环保验收监测报告（需委托具有资质的检测单位完成）	环保验收批复
公安消防	①消防工程施工单位资质证书（复印件） ②自动消防设施的维护保养合同 ③经建设单位签字认可的施工安装单位对隐蔽工程、固定消防灭火系统、自动报警系统、防排烟系统的安装、调试、开通记录及水系统的耐压试验报告 ④建筑内部装修材料见证取样、抽样检验报告及燃烧性能证明材料、阻燃制品的燃烧性能证明 ⑤检测单位对固定消防灭火系统、自动报警系统、防排烟系统的检测报告 ⑥钢结构防火处理详细施工记录报告等	消防验收批复
防雷装置	防雷装置检测报告	防雷验收批复
人防工程	①人防管理部门审核通过的人防工程施工图 ②人防工程施工图技术交底纪要、设计变更通知、隐蔽工程记录、质量保证和自检材料、分部分项工程质量评定表等质量备案资料 ③人防工程质量评估报告	人防验收批复
涉水项目	①涉水事项竣工图 ②取水工程验收报告	市政排污验收合格证
卫生防疫	①生活饮用水二次供水涉水产品的卫生行政部门许可批文 ②建筑、通风空调、二次供水竣工图 ③中央空调检测合格报告	卫生防疫验收合格证
林业园林	①规划部门审批的总平面图 ②绿化工程竣工总平面图	绿化验收合格证
有线电视系统	①工程竣工文件 ②有线电视系统工程质量检测报告	有线电视系统验收合格证

16.3.3　全面验收工程质量

工程满足验收条件后，全过程工程咨询单位应组织验收，鉴于在工程施工阶段已通过中间验收，对分项、分部工程质量是否达到合格标准做出确认，验收时只需按合同段进行单项工程质量验收即可。全过程工程咨询单位应严格按照验收规程进行单项工程质量验收，通过对工程的检查和试验，考核施工成果是否达到设计要求，及时发现和解决影响使用方面存在的问题，应责令施工单位限期整改，并由监理单位督促施工单位按期完成，以保证建设工程项目按照设计要求的各项技术经济指标正常投入运行。

必须注意的是，由于单项工程所含的各分部工程性质不同，因此它并不是在所含分部验收基础上的简单相加，即所含分部验收合格且质量控制资料完整，只是单项工程质量验收的基本条件，还必须在此基础上委托具有相应检测资质的检测单位对涉及安全、节能、环境保护和主要使用功能分部工程进行重点抽查检测，为工程顺利通过验收奠定基础；另外单项工程质量验收还需要对其观感质量进行验收，并综合给出质量评价。

16.3.4 管理日常工程档案资料

工程档案资料的管理是工程验收阶段中一个非常重要的环节，这项工作做得好坏、时间长短，对整个建设工程项目的竣工验收和移交使用影响很大。全过程工程咨询单位应建立工程档案资料管理制度，并配备专职的档案资料管理的人员，以"功在平时"的理念，从办理项目立项和规划定点手续开始，全程负责整个项目从设计、施工、监理等过程中工程档案资料的日常收集和管理，期间尤其要组织、协调和指导设计、施工、监理等单位的工程档案资料管理工作。

工程档案资料的收集和整理实行纸质工程档案、电子档案和声像档案"三位一体"管理模式，为了节省档案整理和归档时间，缩短工程竣工验收周期，全过程工程咨询单位档案资料管理人员还要经常与项目法人档案管理机构、省档案局进行沟通和联系，经常参与业务培训班学习，及时了解和掌握国家及地方的新规定和要求，确保工程档案资料的验收与工程竣工验收同步完成。

【案例16.2】深圳市质子肿瘤治疗中心项目档案资料管理实例

深圳市质子肿瘤治疗中心项目不同于一般建设项目，它的核心设备复杂，需引入国外先进设备，总体投资大，建设周期长，涉及环节多，专业要求高，所以，整个项目全生命周期中形成的文档种类多、数量大、特点突出，可以说该项目的档案管理工作是一项挑战极高的系统工程。该建设项目的竣工档案资料管理程序如下：

1. 档案的归档要求

（1）工程项目开工后，根据项目各阶段实际情况，做好工程项目基本情况和工程项目档案情况汇总；

（2）归档的文件材料，应做到书写材料优良、字迹工整、数据准确、图样清晰、签署完备、有利于长期保存；

（3）归档的文件材料，组卷时要撰写案卷题名，写明编制单位，反映制作日期，填写保管期限，注明密级及标明档案号；

（4）归档时要办理必要的交接手续，编写工程项目简介，填写移交目录并一式两份，双方交接签字，各留一份备查。

2. 档案的收集

（1）指导、监督、检查各单位和相关部门进行项目竣工档案的收集、整理、归档及验收工作；

（2）项目竣工档案管理应做到"三同时"。即项目开工时，各参建单位要同时落实档案人员；平时检查工程质量时，各参建单位的档案人员要同时参与查看档案资料编制情况；项目竣工验收时，各参建单位要同时对档案全面验收；

（3）项目核心医疗设备需要从国外引进，因此，凡有引进技术或引进设备的项目，要做好引进技术和引进设备的图纸、文件的收集、整理工作，设备开箱时档案人员要一起参加，并做好说明书等材料的登记工作，如是外文的资料，应随译文一起归档；

（4）施工单位：整理施工技术文件材料（至少要编制3套竣工档案）；

（5）设计单位：应提交设计计算书。如设计单位需暂留，可出具代保管证明并指明代保管年限；

（6）全过程工程咨询单位工作：做好文件材料收集、整理、归档，并对施工单位的竣工图、施工文件材料进行必要的检查和签证；

（7）工程声像档案和电子档案报送规定：根据《深圳市城市建设档案管理规定》，建设单位向城建档案管理机构移交纸质建设工程档案的同时，还应当按照规定移交电子档案和声像档案。

3. 档案的整理

（1）建设工程档案根据报送对象的不同进行整理组卷：报送市城建档案馆的档案参照《深圳市城市建设档案管理规定》整理组卷；报送医院的按医院的档案管理要求整理组卷。

（2）归档的文件材料要字迹清楚，数据详实准确，图面清晰整洁，签证手续完备，符合规范化要求。

（3）每个案卷必须按标准化、规范化的要求填写建设项目（工程）信息数据基本要素表、卷内目录、案卷封面、备考表及档案盒封面，档案类别为基建档案，案卷标题应简明、准确揭示卷内内容，编制单位为建设单位全称，编制日期以最后编制日期为准，保管期限为永久，密级为秘密。

（4）建设工程档案组成固定保管单位后应编制页号、档案号、案卷目录、卷内目录、备考表、封面和档案索引目录，便于检索和统计。

4. 档案的验收和移交

（1）医院建设项目竣工档案的验收，在项目备案前完成。全过程工程咨询单位组织完成施工技术文件及竣工图的预验收工作。

（2）全过程工程咨询单位部负责组织将立项、规划设计、施工、竣工验收等文件材料收集整理、组卷装订后，分别报送市城建档案馆、医院档案管理部门，进行验收。

（3）对未通过验收的项目，全过程工程咨询单位都必须督促有关责任单位尽快完成整改后再次验收，以免影响后续各类验收。档案验收不合格的项目，应暂缓财务结算和付款。

（4）随着工程初验、整改、验收和竣工，以及实体工程量的减少，相应参建单位人员会陆续撤场，因此该移交和接收阶段的信息资料系统容易出现断档。全过程工程咨询单位应当提醒肿瘤医院派驻档案管理的专职人员，与原承担工程资料管理的相应人员进行工作交接。

进行移交时除纸质资料需整理归档外，还要重视基建档案信息化建设，充分利用现代化的计算机技术和网络技术实现档案的科学管理，为医院后续房屋建筑及设备设施管理提供快捷、准确的信息服务。

16.3.5 提升项目结算、决算的编审效率

工程验收阶段，项目结算、决算的编审效率应该被工程项目各参与方视为最重要的管理目标，应强调将工程施工阶段产生的结算文件直接作为工程验收阶段的依据，采取历次计量支付结果直接进入结算的结算规则。

在此基础上，决算环节全过程工程咨询单位的业务内容主要包括竣工决算的编制和竣工决算的审核两部分。其中竣工决算编制方式是进行大量的统计分析，而不是重新确定工程造价。

16.3.6 质量缺陷期管理

在项目验收与移交进入试运行和质量缺陷期以后，在使用过程中会陆续发现工程质量、功能性、安全性等缺陷问题，全过程工程咨询单位应及时组织原施工单位进行整改和完善，以达到和满足使用要求。

（1）安排项目管理人员对运营单位提出的试运行中发现的项目质量缺陷进行检查和记录；对施工单位修复的工程部位（或系统）的质量进行验收、签认。

（2）根据问题的情况确定施工内容、编制施工进度计划，踏勘施工现场（施工材料的堆放、施工作业的场地、施工设备及人员的进出和可能产生的安全性隐患等）、检查施工条件是否满足施工需要，并协调各相关单位予以解决。

（3）施工过程中跟踪施工内容的完成情况（质量、安全、进度），组织各相关单位进行施工验收，并将验收情况以书面形式上报使用单位。

16.3.7 回访管理

在建设工程项目保修期内，施工承包单位应向使用单位进行回访。通过回访，可以听取和了解使用单位对建设项目施工质量的评价和改进意见，维护自己的信誉，不断提高自己的管理水平。

1. 回访方式

（1）季节性回访。大多数是雨季回访屋面、墙面的防水防渗情况，发现问题采取有效措施，及时加以解决。

（2）技术性回访。主要了解在工程施工中所采用的新材料、新技术、新工艺、新设备等的技术性能和使用后的效果，发现问题及时加以补救和解决。同时，也便于总结经验，获取科学依据，不断改进与完善，并为进一步推广创造条件。

（3）保修期满前的回访。这个回访一般是在保修期即将届满之前进行，既可以解决出现的问题，又标志着保修期即将结束，提请使用单位自身注意建筑物的维修和使用。

2. 回访方法

应由施工承包单位的领导组织生产、技术、质量等有关方面的人员进行回访，必要时还可以邀请科研方面的人员参加。回访时，由使用单位组织座谈会或意见听取会，并察看建筑物和设备的运转情况等。回访必须认真，必须解决问题，并应做好回访记录，必要时应当写出回访纪要。

16.4 调试验收与移交阶段咨询流程

16.4.1 工程移交工作流程

工程移交工作流程如图16-1所示。

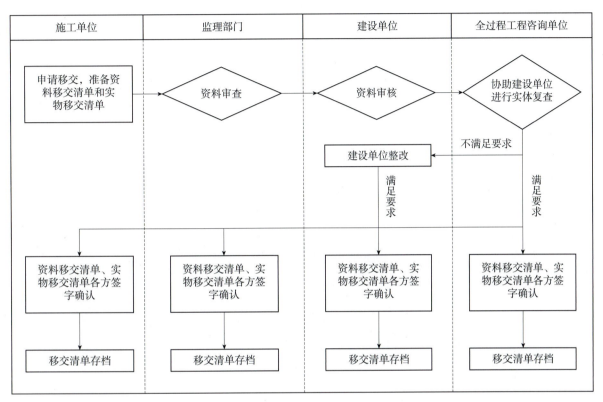

图16-1 工程移交工作流程图

16.4.2 工程验收工作流程

工程验收工作流程如图 16-2 所示。

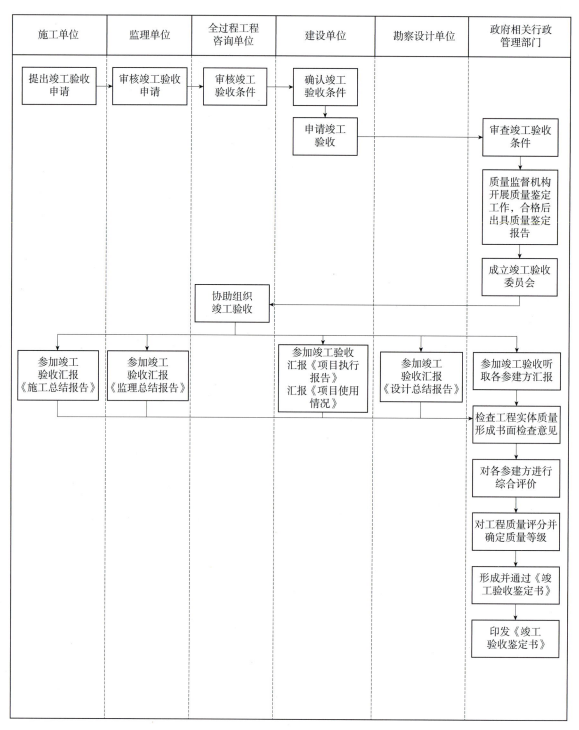

图 16-2 工程验收工作流程图

16.4.3　工程结算流程

工程结算流程如图 16-3 所示。

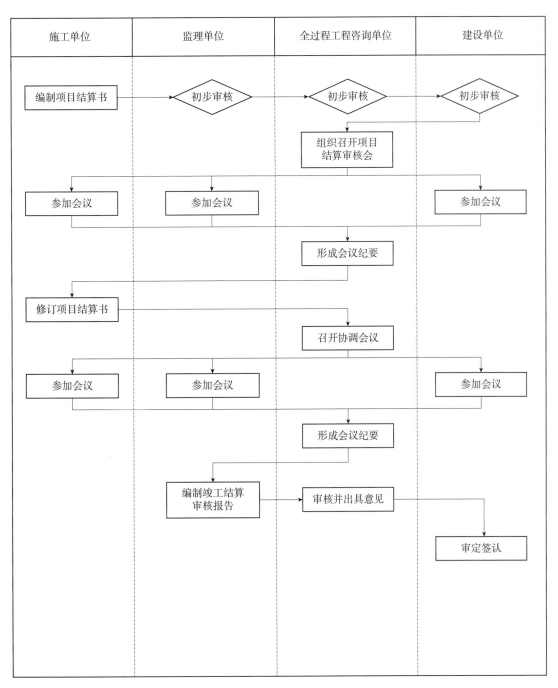

图 16-3　工程结算流程图

16.4.4 工程档案移交流程

工程档案移交流程如图 16-4 所示。

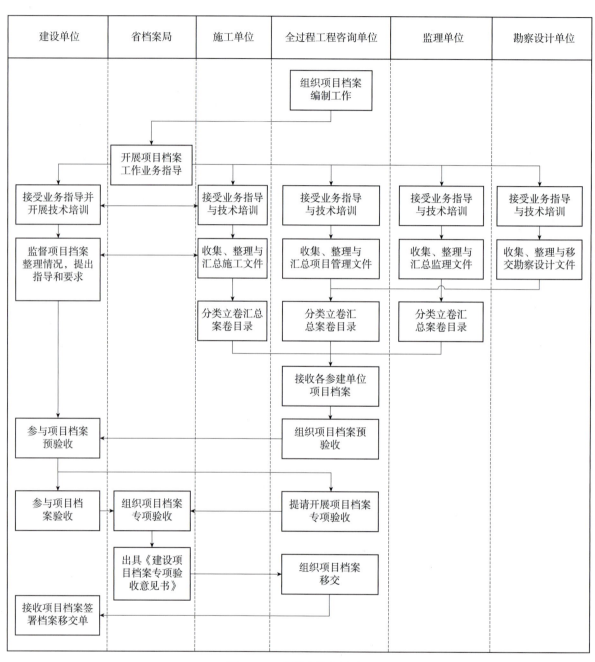

图 16-4 工程档案移交流程图

16.5　调试验收与移交阶段咨询成果

该阶段包含建成项目从项目团队到建设单位的正式移交，移交过程可能是一次性完成或是在一段时间内按阶段分步完成。在移交过程中，需要确保建设单位有专业知识和能力去管理建成项目的运营。工程调试验收与移交阶段咨询成果见表16-6。

工程调试验收与移交阶段咨询成果　　　　表16-6

序号	咨询内容	咨询成果
1	竣工验收管理	施工合同段竣工证书 合同段施工总结报告 工程设计工作报告 工程指挥部项目执行报告 工程监理竣工总结报告 项目竣工验收报告
2	竣工结算管理	竣工结算报告 施工单位提交的竣工决算书 竣工结算审核报告
3	竣工决算管理	竣工决算审核报告 竣工财务决算说明书 竣工财务决算报表 工程造价比较分析资料
4	保修期管理	工程质量保修期到期验收记录表 工程质量保修书 工程质量保证金制度 工程质量保修

本篇小节

本篇以深圳市质子肿瘤治疗中心项目全过程工程咨询工作的具体工程实践为基准，介绍了质子肿瘤治疗中心项目全过程工程咨询全生命周期各个阶段的工作，旨在为我国今后的质子肿瘤治疗中心项目建设提供参考。

第 10 章介绍了全过程工程咨询单位在质子肿瘤治疗中心项目策划阶段的管理工作。本章从项目策划咨询概述、项目策划咨询内容、项目策划咨询要点、项目策划咨询流程以及项目策划咨询成果五个方面阐述了项目策划的咨询内容，介绍了项目策划管理的主要工作。

第 11 章介绍了全过程工程咨询单位在质子肿瘤治疗中心项目医疗工艺的管理工作。本章从医疗工艺咨询概述、医疗工艺咨询内容、医疗工艺咨询要点、医疗工艺咨询流程、医疗工艺咨询成果五个方面阐述了医疗工艺管理的内容，介绍了医疗工艺管理的主要工作。

第 12 章介绍了全过程工程咨询单位在质子肿瘤治疗中心项目工程设计阶段的管理工作。设计阶段是工程中最重要的阶段。本章从工程设计阶段咨询概述、工程设计阶段咨询内容、工程设计阶段咨询要点、工程设计阶段咨询流程和工程设计阶段咨询成果五个方面介绍了工程设计管理的主要工作。

第 13 章介绍了全过程工程咨询单位在质子肿瘤治疗中心项目招标采购阶段的管理工作。本章从招标采购阶段咨询概述、招标采购阶段咨询特征、招标采购阶段咨询内容、招标采购阶段咨询要点、招标采购阶段咨询流程和招标采购阶段咨询成果六个方面介绍了工程招标采购阶段的主要工作。

第 14 章介绍了全过程工程咨询单位在质子肿瘤治疗中心项目工程施工阶段的管理工作。本章从工程施工阶段咨询概述、工程施工阶段咨询内容、工程施工阶段工作要点、工程施工阶段管理流程和工程施工阶段咨询成果五个方面介绍了工程施工阶段的主要工作。

第 15 章介绍了全过程工程咨询单位在质子肿瘤治疗中心项目 BIM 咨询的管理工作。本章从 BIM 技术概述、BIM 咨询要点、BIM 技术在全过程工程咨询中的应用和 BIM 技术应用成果四个方面介绍了 BIM 咨询管理的主要内容。

第 16 章介绍了全过程工程咨询单位在质子肿瘤治疗中心项目在调试验收与移交阶段的管理工作。本章从调试验收与移交阶段咨询概述、调试验收与移交阶段咨询内容、调试验收与移交阶段咨询要点、调试验收与移交阶段咨询流程和调试验收与移交阶段咨询成果五个方面介绍了调试验收与移交阶段的主要工作。

参考文献

[1] 曹竞. 全过程工程咨询服务模式的推行障碍及完善建议 [J]. 建设科技，2022，（22）：75–77.

[2] 曾晖，成虎. 重大工程项目全流程管理体系的构建 [J/OL]. 管理世界，2014，（3）：184–185.

[3] 曾江洪，黄向荣，李佳威. 价值共创对众筹项目融资绩效的影响 [J]. 科技进步与对策，2018，35（11）：10–17.

[4] 陈龙. PPP 项目绩效评价研究综述 [J/OL]. 财政科学，2017，（4）：90–96.

[5] 陈思颖. 全过程工程咨询介入视角下工程项目管理绩效改善研究 [D/OL]. 天津：天津理工大学，2020[2022–12–15]. https://kns.cnki.net/kcms/detail/detail.aspx?dbcode=CMFD&dbname=CMFD202102&filename=1021545458.nh&uniplatform=NZKPT&v=lcIFJa9-LVlk8F2ccVchIYZd6TI733a7gTNRe4UNXCbG2WH3T7bgy-QIu7QM1qaS.

[6] 陈通，任登魁，朱玲玲，我国政府投资项目管理新机制的实践与创新研究 [J]. 管理世界，2015，（4）：178–179.

[7] 陈音. 瑞金肿瘤（质子）中心项目前期管理的实践和思考 [J]. 中国医院建筑与装备，2016，（6）：76–79.

[8] 程书萍. 重大基础设施工程管理中的适应性选择原理与策略 [J]. 运筹与管理，2017，26（2）：153–157.

[9] 崔相利，张建光，卢晓明，等. 质子治疗技术的发展及其挑战 [J]. 中国医学物理学杂志，2022，39（4）：404–408.

[10] 丁继勇，王卓甫，Chimay Anumba，等. 建设工程项目交付方式与项目绩效研究综述 [J/OL]. 土木工程学报，2014，47（4）：131–144.

[11] 丁士昭. 全过程工程咨询的概念和核心理念 [J]. 中国勘察设计，2018，（9）：31–33.

[12] 豆晓汪，尹兆明. 大型项目管理标准化绩效评价研究 [J]. 工程质量，2020，38（7）：13–18.

[13] 丰静，王孟钧，李建光. 重大建设工程技术创新协同治理框架：以港珠澳大桥岛隧工程为例 [J/OL]. 中国科技论坛，2020，（1）：41–49.

[14] 桂林，谷亚军，张溯渊，等. 我国城市轨道交通建设项目的安全管理绩效评价 [J]. 项目管理技术，2020，18（11）：81–87.

[15] 纪添成. 质子放射治疗医院项目中关键技术及工程管理的探索 [J]. 绿色建筑，2018，10（4）：78–80.

[16] 季超. 基于医疗工艺的业主方医院建筑设计管理研究 [D/OL]. 北京：北京建筑大学, 2018. https://kns.cnki.net/KCMS/detail/detail.aspx?dbcode=CMFD&dbname=CMFD201901&filename=1018158169.nh&v=.

[17] 海伦·杰芙瑞. 新型医院的医疗工艺设计 [J]. 中国医院建筑与装备, 2012, 13（6）: 46–48.

[18] 晋艳, 王小峰. EPC 项目全过程工程咨询联合体组织模式及工作机制研究 [J]. 建筑经济, 2023, 44（3）: 31–37.

[19] 李俊. 首台国产质子治疗装置项目代建制管理实践 [J]. 中国医院建筑与装备, 2019, 20（5）: 91–94.

[20] 李林, 刘红, 石焕焕. 不同风险对协同创新项目绩效的影响研究：基于知识管理调节效应检验 [J/OL]. 管理评论, 2022, 34（5）: 69–80.

[21] 李迁, 武雨欣, 胡毅, 等. 多重制度逻辑视角下重大工程组织模式多样性分析 [J]. 科学决策, 2019,（11）: 49–65.

[22] 刘闯, 谷志文, 吴敬武, 等. 重大基础设施全过程工程咨询理论与实践：海南铺前跨海大桥建设管理创新探索 [M]. 北京：人民交通出版社, 2021.

[23] 刘林明, 王慧敏, 王嵩. 全过程工程咨询发展现状及趋势展望 [J]. 招标采购管理, 2023,（2）: 62–63.

[24] 刘世耀. 建造质子治疗中心的关键要点 [J]. 医疗装备, 2003,（4）: 1–6.

[25] 楼源, 王洪涛, 冉连月, 等. 基于 SEM 的 PPP 项目绩效影响因素 FCM 模型 [J/OL]. 土木工程与管理学报, 2018, 35（3）: 145–150.

[26] 陆帅, 吴洪樾, 宁延. 全过程工程咨询政策分析及推行建议 [J]. 建筑经济, 2017, 38（11）: 19–22.

[27] 吕欣豪, 游天亮, 孙长武, 等. 大型医疗建筑基于需求与品质的建设管控技术 [J]. 施工技术, 2020, 49（6）: 38–40.

[28] 马升军. 全过程工程咨询的实施策略分析 [J]. 中国工程咨询, 2017,（9）: 17–19.

[29] 马孝民. 新建医院医疗工艺设计要点 [J]. 中国医院建筑与装备, 2012, 13（6）: 26–29.

[30] 孟展, 刘斌, 夏敏, 等. 农村土地整治项目监管绩效形成机理与评价 [J/OL]. 中国土地科学, 2014, 28（9）: 53–59.

[31] 皮德江. 全过程工程咨询解读 [J]. 中国工程咨询, 2017,（10）: 17–19.

[32] 齐文韬, 孔令祯. 基于 SEM 模型的 PPP 项目绩效影响路径分析 [J]. 武汉理工大学学报（信息与管理工程版）, 2017, 39（2）: 202–207.

[33] 齐霞, 徐瀚婷, 张晓曼, 等. 全过程工程咨询服务数字化转型研究 [J]. 工程管理学报, 2022, 36（6）: 7–12.

[34] 强茂山, 温祺, 江汉臣, 等. 建设管理模式匹配关系及其对项目绩效的影响 [J]. 同济大学学报（自然科学版）, 2015, 43（1）: 160–166.

[35] 邵宇卓, 王纯久. 合肥离子医学中心 [J]. 当代建筑, 2021,（5）: 71–79.

[36] 申太华. 我国质子重离子治疗中心建造模式分析探讨 [J]. 中国医院建筑与装备, 2021, 22（1）: 44–46.

[37] 盛昭瀚，薛小龙，安实. 构建中国特色重大工程管理理论体系与话语体系 [J/OL]. 管理世界，2019，35（4）：2-16.

[38] 盛昭瀚，于景元. 复杂系统管理：一个具有中国特色的管理学新领域 [J/OL]. 管理世界，2021，37（6）：36-50+2.

[39] 施骞，黄遥，陈进道，等. 大数据技术下重大工程组织系统集成模式 [J]. 系统管理学报，2018，27（1）：137-146.

[40] 孙洪昕，尤日淳，唐文哲. 国际工程 HSE 管理和项目绩效影响因素分析 [J/OL]. 清华大学学报（自然科学版），2022，62（2）：230-241.

[41] 孙宁，张娜，曹泽芳，等. 业务组合对全过程工程咨询组织模式及取费模式影响分析 [J]. 工程管理学报，2020，34（6）：1-6.

[42] 谭涛，熊志坚. 工程项目绩效评价指标体系比较研究 [J]. 科技管理研究，2014，34（23）：81-90.

[43] 王德东，房韶泽，王新成. 组织因素对重大工程项目绩效影响研究 [J/OL]. 管理评论，2021，33（1）：242-253.

[44] 王岚. 质子重离子医院建设项目管理的关注点 [J]. 中国医院建筑与装备，2022，23（8）：6.

[45] 王岚，诸葛立荣，郭小毛，等. 上海市质子重离子医院建设管理难点与思考 [J]. 中国医院建筑与装备，2021，22（1）：21-24.

[46] 王启桃，何世国，李月波. 质子肿瘤治疗中心项目中的防辐射混凝土质量控制 [J/OL]. 科技与创新，2018，（18）：20-21.

[47] 王森浩，方建. 上海世博会群体项目管理三维结构体系 [J]. 华东经济管理，2011，25（6）：1-6.

[48] 王甦雅，钟晖. 基于"1+N"项目管理思维的全过程工程咨询分析 [J]. 建筑经济，2019，40（3）：5-8.

[49] 王秀秀，王颖林，吴能森. 全过程咨询模式下 EPC 项目主体合作博弈研究 [J/OL]. 工程管理学报，2022，36（5）：19-24.

[50] 徐旻洋. 基于平法施工图自动生成钢筋三维模型技术的研究及工程实践应用 [J/OL]. 土木建筑工程信息技术，2016，8（2）：77-83.

[51] 严玲，陈义超. 全过程工程咨询项目治理机制选择研究：专业服务交易特征的调节作用 [J]. 工程管理学报，2022，36（6）：1-6.

[52] 严玲，郭亮，韩亦凡. 工程总承包情境下承包人尽善履约行为形成机理的实证研究：基于计划行为理论 [J/OL]. 软科学，2019，33（6）：126-134.

[53] 杨杰，程倩. 基于关系治理的 EPC 项目管理绩效影响因素研究 [J/OL]. 工程管理学报，2019，33（5）：109-114.

[54] 杨卫东. 全过程工程咨询实践指南 [M]. 北京：中国建筑工业出版社，2018.

[55] 姚蓁. 上海瑞金医院质子治疗中心项目策划与工程实施 [J/OL]. 建筑施工，2018，40（8）：1485-1488.

[56] 战胜，何世国，崔璨. 智慧工地在质子肿瘤治疗中心项目中的应用 [J]. 科学技术创新，2018，（36）：101-102.

[57] 张国兴, 徐涛, 张文佳. 全过程工程咨询服务的组织模式创新研究[J]. 价值工程, 2022, 41 (31): 15-18.

[58] 张蔚虹, 刘冲, 段利民. 项目管理三要素与项目绩效的关系: 以利益相关方满意度为中介变量[J]. 技术经济, 2014, 33 (6): 84-89.

[59] 张余钰, 郝生跃. PPP项目关键成功因素对绩效的影响: 基于五大关键成功因素分析[J/OL]. 土木工程与管理学报, 2019, 36 (5): 157-164.

[60] 赵金先, 蒋克洁, 陈涛, 等. 基于FAHP与D-S证据理论的地铁PPP项目绩效评价[J/OL]. 土木工程与管理学报, 2020, 37 (1): 21-30.

[61] 赵木. 国产化装备质子治疗中心建设若干问题研究[J]. 中国工程咨询, 2017, (11): 31-33.

[62] 郑传斌. 基础设施领域PPP项目绩效的关键影响因素分析: 基于扎根理论的探索性研究[J/OL]. 建筑经济, 2023, 44 (3): 96-104.

[63] ALVANCHI A, BANIASSADI F, SHAHSAVARI M et al. Improving materials logistics plan in road construction projects using discrete event simulation[J/OL]. Engineering Construction & Architectural Management, 2021, 28 (10): 3144-3163.

[64] CHEN L K, YUAN R P, JI X J, et al. Modular composite building in urgent emergency engineering projects: A case study of accelerated design and construction of Wuhan Thunder God Mountain/Leishenshan hospital to COVID-19 pandemic[J/OL]. Automation in Construction, 2021, 124: 103555.

[65] CHEN Z, JIANG L, XIAO M, et al. Rapid construction of modular buildings for emergencies: a case study from Hong Kong, China[C]//Proceedings of the Institution of Civil Engineers-Civil Engineering. Thomas Telford Ltd, 2022: 1-8.

[66] COVIELLO N E, MARTIN K A M. Internationalization of Service SMEs: An Integrated Perspective from the Engineering Consulting Sector[J/OL]. Journal of International Marketing, 1999, 7 (4): 42-66.

[67] DAVIES A, MACKENZIE I. Project complexity and systems integration: Constructing the London 2012 Olympics and Paralympics Games[J/OL]. International Journal of Project Management, 2014, 32 (5): 773-790.

[68] DAVIES R, HARTY C. Implementing 'Site BIM': A case study of ICT innovation on a large hospital project[J]. Automation in construction, 2013, 30: 15-24.

[69] FORCAEL E, NOPE A, GARCÍA-ALVARADO R, et al. Architectural and management strategies for the design, construction and operation of energy efficient and intelligent primary care centers in Chile[J/OL]. Sustainability, 2019, 11 (2): 464.

[70] HE Q, LUO L, HU Y, et al. Measuring the complexity of mega construction projects in China—A fuzzy analytic network process analysis[J/OL]. International Journal of Project Management, 2015, 33 (3): 549-563.

[71] KHANH H D, KIM S Y. Exploring Productivity of Concrete Truck for Multistory Building Projects Using Discrete Event Simulation[J/OL]. KSCE Journal of Civil Engineering, 2020, 24: 3531-3545.

[72] KOKKONEN A, VAAGAASAR A L. Managing collaborative space in multi-partner projects[J/OL].

Construction Management and Economics, 2018, 36（2）: 83–95.

[73] LARSEN A S A, KARLSEN A T, ANDERSEN B, et al. Exploring collaboration in hospital projects' front-end phase[J]. International Journal of Project Management, 2021, 39（5）: 557–569.

[74] LI S. Whole Process Engineering Consulting[C/OL]//Proceedings of the 2018 International Symposium on Humanities and Social Sciences, Management and Education Engineering（HSSMEE 2018）. Dalian City, China: Atlantis Press2018[2023-05-17]. https://www.atlantis-press.com/article/25905290.

[75] LU W, YE K, FLANAGAN R, et al. Developing Construction Professional Services in the International Market: SWOT Analysis of China[J/OL]. Journal of Management in Engineering, 2013, 29（3）: 302–313.

[76] ROODHOOFT F, VAN DEN ABBEELE A. Public procurement of consulting services[J/OL]. International Journal of Public Sector Management, 2006, 19（5）: 490–512.

[77] ROSENBAUM S, TOLEDO M, GONZÁLEZ V. Improving Environmental and Production Performance in Construction Projects Using Value-Stream Mapping: Case Study[J/OL]. Journal of Construction Engineering and Management, 2014, 140（2）: 04013045.

[78] SCOTT W R, LEVITT R E, ORR R J. Global projects: institutional and political challenges[M]. Cambridge: Cambridge University Press, 2011.

[79] SHENG Z. Fundamental theories of mega infrastructure construction management: theoretical considerations from Chinese practices[M]. Cham: Springer, 2018.

[80] SÖNMEZ M, ÜMIT DİKMEN S, AKBIYIKLI R. Time-cost relationships for superstructure projects in Turkey[J/OL]. Teknik Dergi, 2020, 31（02）: 9869–9896.

[81] WANG K, KE Y, LIU T, et al. Social sustainability in Public-Private Partnership projects: case study of the Northern Beaches Hospital in Sydney[J]. Engineering, Construction & Architectural Management, 2022, 29（6）: 243–246.

[82] YAMAURA J, MUENCH S T. Assessing the impacts of mobile technology on public transportation project inspection[J/OL]. Automation in Construction, 2018, 96: 55–64.

[83] YANG J B, YU W D, TSENG J C R, et al. Benefit Analysis of Knowledge Management System for Engineering Consulting Firms[J/OL]. Journal of Management in Engineering, 2014, 30（4）: 05014005.

附件

附件1　质子肿瘤治疗中心项目绩效影响因素专家调研问卷

尊敬的专家：

您好！

非常感谢您填写本次问卷。问卷仅作咨询研究使用，个人和项目信息全部采取匿名规则，问题的回答无好坏之分，不具有任何其他影响。本问卷以深圳市质子肿瘤治疗中心项目为调查对象，旨在对项目绩效影响因素及其相关关系进行分析。请您结合参与过的深圳质子治疗中心项目或对复杂工程项目的理解，对此类项目绩效影响因素之间的逻辑关系给出判断。填写过程预计会占用您10~15分钟的时间，您的真实想法对我们的研究具有巨大帮助。

最后，祝您和您的家人身体健康、万事如意！

第一部分：影响关系评价标度介绍

本研究拟识别深圳质子肿瘤治疗中心项目的15个绩效影响因素。您在第二部分打分的标准请参照表A.1给出的影响关系评价标度表，根据绩效影响因素之间相互影响关系的强弱给出具体分值。

影响关系评价标度表　　表 A.1

影响关系	没有影响	较小影响	一般影响	较大影响	非常大影响
数值	0	1	2	3	4

第二部分：绩效影响因素打分

对深圳质子肿瘤治疗中心项目各绩效影响因素的描述如表A.2所示，请您根据相关描述判断绩效影响因素之间的相互影响关系并进行评价，完成表A.3打分。在表A.3中，请根据需要填写的格子对应的行因素对列因素的影响强弱赋分（对角线格子为相同因素之间的影响，没有实际意义，已填入0，无须填写）。

深圳质子肿瘤治疗中心项目绩效影响因素及具体描述　　　　表 A.2

编号	绩效影响因素
S_1	质子设备安装调试复杂
S_2	项目施工技术难度大
S_3	建筑环境工艺要求严苛
S_4	与现有医院设施衔接有难度
S_5	总控计划设置难度大
S_6	质子设备与非质子区存在大量交叉并行工作
S_7	现场材料设备布置难度大
S_8	参建方众多导致管理流程复杂
S_9	设计沟通协调难度大
S_{10}	项目定位较高且受到广泛关注
S_{11}	项目各方面目标要求较高
S_{12}	院方功能需求复杂
S_{13}	项目报批报建流程复杂
S_{14}	对业主管理能力要求高
S_{15}	对承包商能力要求高

绩效影响因素打分表　　　　表 A.3

NO	S_1	S_2	S_3	S_4	S_5	S_6	S_7	S_8	S_9	S_{10}	S_{11}	S_{12}	S_{13}	S_{14}	S_{15}
S_1	0														
S_2		0													
S_3			0												
S_4				0											
S_5						0									
S_6						0									
S_7								0							
S_8								0							
S_9										0					
S_{10}										0					
S_{11}												0			
S_{12}												0			
S_{13}													0		
S_{14}														0	
S_{15}															0

附件 2　质子肿瘤治疗中心项目全咨总结提升专家调研问卷

尊敬的专家：

您好！

非常感谢您填写本次问卷。问卷仅作咨询研究使用，个人和项目信息全部采取匿名规则，问题的回答无好坏之分，不具有任何其他影响，请根据深圳市质子肿瘤治疗中心项目实践及您所在部门的实际情况进行填写，我们将对结果进行严格保密。填写过程预计会占用您 5 分钟的时间，您的真实看法对我们的研究及项目经验的总结提升具有巨大帮助。

最后，祝您和您的家人身体健康、万事如意！

第一部分：基本信息

请根据您的自身情况进行填写，并在符合您情况的选项□处打"√"。

条款内容	选项
您的性别	□男　□女
您的年龄	□<25 岁　□25~30 岁　□31~40 岁　□41~50 岁　□> 50 岁
您的工作经验	□<5 年　□5~10 年　□11~15 年　□16~20 年　□> 20 年
您在本公司的入职年限	□<1 年　□1~2 年　□2~3 年　□3~4 年　□> 4 年
您在该项目中的角色	□业主及使用方单位　□全咨单位　□施工总包、分包及供货单位 □设计及其他咨询单位　□其他（请注明）_____
项目所在的城市	_____
项目的规模（投资额） （币种：人民币）	□5000 万元以下　□5000 万~1 亿元　□1 亿元~5 亿元 □5 亿元~10 亿元　□10 亿元以上
项目的施工工期	□12 个月以内　□12~24 个月　□24~36 个月　□36 个月以上
您在部门中的职位	□部门正职　□部门副职　□专业工程师/业务主管　□其他（请注明）_____
您的技术职称	□正高级　□副高级　□中级　□初级　□暂无职称

第二部分：全咨单位与业主单位能力

请按照参与项目的具体情况，结合自身体会，基于对下列描述的认同程度进行打分（1 分—完全不符合；2 分—不符合；3 分——一般；4 分—符合；5 分—非常符合）

全咨单位能力

1. 全咨单位能够提供充足且高质量的管理人员
2. 全咨单位的同类项目管理经验丰富
3. 全咨单位具有良好的项目前期策划能力
4. 全咨单位具备良好的设计管理能力
5. 全咨单位具备良好的进度、质量、投资管理能力

业主单位能力

1. 业主单位有全周期、全方位的动态管理意识
2. 业主单位对各参建方的监管是有效且合理的

3. 业主单位具备良好的组织协调能力
4. 业主单位提出的需求是明确且技术上可行的
5. 业主单位内部的决策程序是灵活且高效的

第三部分：组织间治理因素

请按照参与项目的具体情况，结合自身体会，基于对下列描述的认同程度进行打分（1分—完全不符合；2分—不符合；3分——一般；4分—符合；5分—非常符合）

信任
1. 我方相信项目其他参建方具备出色完成项目任务的能力
2. 我方相信项目其他参建方能够履行项目规定的义务
3. 我方相信项目其他参建方能够认真对待项目工作
4. 我方遇到困难时，项目其他参建方愿意给予支持和响应
5. 我方遇到管理难题时，项目其他参建方愿意为此献计献策

社会纽带
1. 我方与项目其他参建方有着密切的社会关系
2. 我方与项目其他参建方之间有一种"同舟共济"的感觉
3. 我方与项目其他参建方经常互访
4. 我方与项目其他参建方经常开展纯粹的社交活动
5. 我方与项目其他参建方经常互相帮助

结构纽带
1. 我们收集有关项目其他参建方的信息
2. 我们关注项目其他参建方的表现
3. 我们发展评估项目其他参建方的能力
4. 我们有一个明确的指标来衡量项目其他参建方的业绩
5. 我们通过使用项目其他参建方的信息来预测其未来表现

合同控制
1. 合同明确规定了各参建方的责任、权利与义务
2. 合同对违约行为设置了合理的处罚措施
3. 合同对特定风险的处理进行了明确的说明
4. 合同中对提前竣工、投资结余或项目评奖设置了合理的奖励条款

合同适应
1. 合同条款设置了一定的浮动范围，来应对潜在风险或不确定性事项
2. 针对潜在风险，合同条款能够提供相应的应对方案
3. 合同允许针对某些问题在事后对条款进行补充、调整或完善
4. 合同条款中的再谈判程序很灵活

合同协调
1. 合同可以有效促进各个参与主体之间相互监督

2. 合同条款鼓励各个参与主体在履行合同时能够积极主动、协调同步
3. 合同中规定的各个参与主体的权责是匹配的
4. 合同中对各个参与主体的授权是充分且合理的

第四部分：承包商合作行为与承包商能力

请按照参与项目的具体情况，结合自身体会，基于对下列描述的认同程度进行打分（1分—完全不符合；2分—不符合；3分——般；4分—符合；5分—非常符合）

承包商合作行为

1. 如果有利于项目，承包商愿意为业主提供有用的信息
2. 当发生会影响业主的变化或事项时，承包商会及时告知业主
3. 承包商与业主共同解决问题，而不是将问题推给对方
4. 承包商主动承担相应责任，以确保合作关系的运转
5. 当意外事项发生时，承包商会与业主协商新的解决方案，而不是固守过时的约定
6. 如果有必要，承包商愿意对合同条款内容作出改变

承包商能力

1. 承包商有丰富的全咨项目施工经验
2. 承包商能够提供充足且有质量的管理人员
3. 承包商具备良好的进度控制能力
4. 承包商具备良好的质量控制能力
5. 承包商具备良好的成本控制能力
6. 承包商具备良好的组织协调能力

第五部分：项目管理绩效评价

请按照参与项目的具体情况，结合自身体会，基于对下列描述的认同程度进行打分（1分—完全不符合；2分—不符合；3分——般；4分—符合；5分—非常符合）

1. 项目整体按项目前期策划进行
2. 项目基本实现了我方的目标
3. 项目基本实现了总体目标（包括但不限于投资、工期、质量、安全）
4. 业主对该项目的实施过程及结果表示满意
5. 各参建方相互之间的信任与合作水平得到提升，愿意再次合作